AI 서비스로 연결된, 메뉴 개발부터 비즈니스 성공까지

다차원 맛의 비밀

AI 서비스로 연결된, 메뉴 개발부터 비즈니스 성공까지

다차원 맛의 비밀

맛샘 **이종필**

Unlocking the Secret of Multidimensional Flavor

BAEKSAN

요리사뿐만 아니라, 식품 개발자, 조리전공 학생, 그리고 미식에 관심 있는 모든 이들에게 이 책은 귀중한 자산이 될 것입니다.

Not only for chefs, but also for food developers, culinary students, and anyone with an interest in gastronomy, this book will be an invaluable resource.

"다차원 맛의 비밀"은 미식의 세계에서 획기적인 변화를 일으킬 책으로, 모든 요리사와 식품 연구 개발자, 그리고 미식에 관심 있는 사람들에게 큰 도움이 될 것입니다.

저는 인터컨티넨탈 호텔에서 조리사로 첫발을 내디딘 이후, 동경(주)의 이사로 재직하며 다양한 요리 경험을 쌓아왔고, 대한민국 명장으로서 최고의 영예를 안을 수 있었습니다.

이 모든 과정에서 얻은 경험과 지식을 바탕으로, 저는 맛의 본질과 그 가능성을 끊임없이 탐구해 왔습니다.

"다차원 맛의 비밀"은 맛을 0차원부터 5차원까지 체계적으로 분석하여 독자들에게 새로운 미각의 지평을 열어줍니다.

이 책은 단순한 이론서가 아니라, 실제 요리 현장에서 적용할 수 있는 실용적인 조언과 구체적인 방법론을 제시하여 요리사들이나 식품 연구개발자들이 즉각적으로 활용할 수 있도록 구성되어 있습니다.

특히, 후배 조리사와 셰프에게 이 책은 자신의 요리 철학을 발전시키고, 보다 창의적이고 차별화된 메뉴를 개발하는 데 큰 도움이 될 것입니다.

식품 연구개발자에게는 제품 개발 과정에서의 문제 해결과 맛의 최적화에 필요한 도구와 기법을 제공하여, 소비자에게 더욱 매력적인 제품을 제시할 수 있도록 해줍니다.

저는 다차원적 맛의 개념을 깊이 이해하고, 이를 주방에서 실제로 구현하는 과정에서 많은 영감을 얻었습니다.

"다차원 맛의 비밀"은 그 깊이와 실용성을 갖춘 필독서로, 저뿐만 아니라, 요리사와 연구개발자들에게도 큰 영감을 줄 것이라 확신합니다. 특히 미식의 미래를 이끌어갈 후배들에게 꼭 추천하고 싶습니다.

동경(주) 이사, 대한민국 명장(요리)

왕철주

이 책은 맛의 기초부터 시작하여, 단순한 맛의 조합을 넘어선 복합적이고 심오한 맛의 세계를 이해하도록 돕습니다.

This book starts with the basics of flavor and helps you understand the complex and profound world of taste that goes beyond simple flavor combinations.

"다차원 맛의 비밀"은 요리와 미식의 세계에 혁신적인 접근을 제공하는 독보적인 책입니다. 저는 오랜 시간 요리와 맛의 세계에서 활동하며, 다양한 조리 기술과 맛에 대한 접근 방식을 접해왔습니다. 그러나 이 책에서 제시하는 다차원적인 맛의 개념은 그야말로 새로운 지평을 열어주었습니다.

이 책은 단순히 맛의 조합에 그치지 않고, 0차원에서 5차원 맛에 이르는 체계적인 접근을 통해 요리사들이 창의성을 극대화하고, 혁신적인 요리를 개발하는 데 있어 필수적인 지침을 제시합니다. 또한 맛의 기초부터 심화된 복합적인 맛의 세계까지 심도 있게 설명하며, 요리를 진정한 예술로 승화할 수 있는 기회를 제공합니다.

특히 이 책의 장점은 단순한 이론서가 아니라는 점입니다. 실제 주방에서 다차원 맛을 구현하고, 메뉴 개발에 적용할 수 있는 실용적인 조언과 사례들이 풍부하게 담겨 있어, 현장에서 바로 활용할 수 있는 지침서로 손색이 없습니다. 요리사로서 저 또한 이 책을 통해 새로운 아이디어와 영감을 얻었고, 이를 바탕으로 제 요리 세계를 확장할 수 있었습니다.

메뉴 개발, 프랜차이즈 설계, 요리 교육 등 다양한 분야에서 이 책이 제공하는 내용은 무궁무진한 가능성을 열어줄 것입니다. "다차원 맛의 비밀"은 요리사뿐만 아니라 요리에 관심 있는 모든 사람에게 큰 영감을 줄 수 있는 책입니다. 이 책이 많은 이들에게 널리 읽히고, 그들이 요리의 깊이를 더하는 데 큰 도움이 되기를 바랍니다.

저는 모히간 선 카지노 호텔, 임피리얼팰리스 호텔, 그랜드 워커힐 호텔의 헤드 셰프와 아워홈의 메뉴개발 팀장, 그리고 서울드래곤시티 호텔의 Executive Sous Chef로 활동하며 다양한 경험을 쌓았습니다. 그 경험을 통해 요리에서 맛의 중요성을 깊이 깨달았지만, 이 책은 저조차도 미처 경험하지 못한 새로운 방식으로 맛을 다차원적으로 탐구할 수 있도록 도와주었습니다.

이 책은 현대 요리사들이 필수적으로 읽어야 할 가치 있는 작품입니다.

대림대학교 호텔조리과 교수

이필우

다차원 맛의 비밀: 맛을 넘어선 여정

The Secrets of Multidimensional Flavor: A Journey Beyond Taste

맛은 오랫동안 미식의 세계에서 단순하고 직관적인 개념으로 여겨져 왔습니다. 단맛, 짠맛, 신맛, 쓴맛, 감칠맛과 같은 기본적인 맛들이 요리의 기초를 이루며, 우리는 이를 통해 다양한 음식을 즐겨 왔습니다. 그러나 부천대학교 호텔외식조리학과에서는 이러한 전통적인 맛의 개념을 넘어서, 더 깊고 복합적인 미식 경험을 탐구하고자 합니다. 우리는 맛을 5차원으로 확장하여, 셰프가 단순히 요리 기술만을 익히는 것이 아니라, 음식의 사회적, 문화적, 감정적 맥락을 깊이 이해하고 이를 바탕으로 고객과의 소통과 상업적 성공을 이끌어낼 수 있는 능력을 갖추도록 교육하고 있습니다.

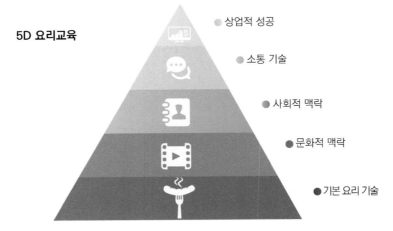

5D 요리교육

- 상업적 성공
- 소통 기술
- 사회적 맥락
- 문화적 맥락
- 기본 요리 기술

"다차원 맛의 비밀"은 우리가 맛을 어떻게 느끼고 경험하는지를 구성하는 여러 차원과 그 속에 숨겨진 비밀을 탐구하고자 합니다. 이 여정은 기본적인 맛의 차원에서 시작해, 복잡한 조합과 상호작용을 거쳐, 향기, 질감, 시간, 그리고 문화적 의미에 이르기까지 맛을 이해하는 새로운 관점을 제시합니다. 이는 단순한 요리 기술을 넘어, 고객의 감정을 이해하고, 감동적인 식사 경험을 제공하며, 나아가 브랜드 스토리텔링과 차별화된 마케팅 전략을 개발할 수 있는 중요한 도구로 작용합니다.

이 책의 핵심 개념은 맛이 단순한 감각적 경험이 아니라, 여러 차원이 상호작용하여 만들어내는 복합적인 현상이라는 것입니다. 0차원 맛에서 출발해 1차원의 맛 조합, 2차원의 향과의 상호작용, 3차원의 질감과 레이어, 4차원의 시간적 변화, 그리고 5차원의 사회적·문화적 의미까지, 이 책은 각 차원을 통해 더 깊고 풍부한 미식 경험을 탐구합니다.

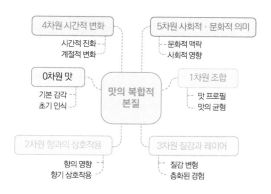

새로운 관점의 요리 예술

이 책은 단순한 이론서가 아닙니다. 부천대학교 호텔외식조리학과의 교육 철학에 따른 셰프, 미식 애호가, 그리고 요리에 관심 있는 모든 이들을 위한 실용적인 가이드입니다. 다차원 맛의 원리를 이해함으로써 독자들은 자신의 요리 수준을 한층 더 높이고, 의미 있는 식사 경험을 창출하며, 나아가 사람들과의 깊은 교감을 형성할 수 있을 것입니다. 이 책에서 다루는 개념들은 간단한 요리에서부터 복잡한 코스 요리에 이르기까지 다양한 요리에 적용될 수 있는 새로운 도구와 통찰력을 제공합니다.

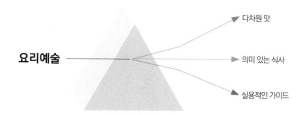

협력적 여정

다차원 맛의 개념은 오랜 연구, 실험, 그리고 셰프들과의 협력을 통해 발전된 결과입니다. 각 장은 과학적 통찰, 실용적 응용, 그리고 문화적 반성을 결합하여 독자들에게 정보를 제공함과 동시에 영감을 주기 위해 설계되었습니다. 부천대학교 조리학과는 학생들이 이 개념을 체계적으로 배우고, 이를 통해 성공적인 셰프이자 비즈니스 리더로 성장할 수 있도록 돕고 있습니다. 여러분이 이 책을 통해 맛의 새로운 차원을 발견하고, 그 비밀을 풀어나가는 여정에 동참하기를 바랍니다.

맛의 차원

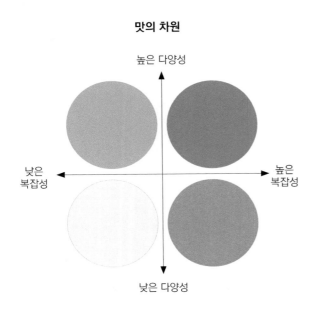

높은 다양성

낮은 복잡성 ← → 높은 복잡성

낮은 다양성

중요한 이유

오늘날 음식은 단순히 배를 채우는 것을 넘어, 강력한 표현, 연결, 치유의 매개체로 인식되고 있습니다. 따라서 맛의 전체 스펙트럼을 이해하는 것은 그 어느 때보다 중요합니다.

"다차원 맛의 비밀"은 맛의 세계를 새롭게 바라볼 수 있는 렌즈를 제공하고 복잡성을 포용하고 다양성을 존중하며, 음식과 문화, 감정 간의 깊은 연관성을 탐구합니다.

이 책의 페이지를 넘기며, 여러분이 실험하고 탐구하며 맛에 대한 이해를 확장해 나가기를 바랍니다. 다차원 맛의 비밀은 단순히 여러분이 맛보는 것에 그치지 않고, 이 맛을 어떻게 경험하고 해석하며 세상과 공유하는가에 대한 이야기입니다. 새로운 맛의 차원으로 여러분을 초대합니다.

필부의 짧은 생각을 정리한 이 책이 나올 수 있도록 허락해 주신 백산출판사 진욱상 대표님과 진성원 상무님, 책의 디자인 수준을 높여주신 오정은 실장님, 꼼꼼한 교정으로 책의 완성도를 높여주신 박시내 대리님께 감사드립니다.

깊은 미식의 열정과 호기심을 담아,

맛샘 **이종필**

CONTENTS

13

차례

첫걸음
First Steps

다차원 맛 기술에 대한 나의 철학적 접근
(My Philosophical Approach to Multidimensional Flavor Technology)

요리는 단순한 기술 이상의 것입니다. 그것은 철학이자 창의적 사고의 결과물입니다. 부천대학교에서 조리학을 가르치며, 저는 요리를 단순히 레시피를 따라 하는 행위로 가르치는 것에 한계를 느꼈습니다.

레시피를 단순히 외우고 재현하는 교육은 학생들이 기존의 것을 모방하는 데 그치게 하며, 창의적으로 새로운 것을 창조할 기회를 제한할 수 있습니다. 레시피는 일종의 틀이 되어, 창의적 사고를 억누를 수도 있습니다.

이러한 문제를 해결하기 위해 저는 "다차원 맛의 기술"이라는 개념을 구상하게 되었습니다. 이 기술은 맛을 0차원에서 5차원까지 확장하여 다차원적으로 접근함으로써, 학생들이 맛의 다양한 측면을 심도 있게 탐구하고 이해할 수 있도록 돕습니다. 이는 단순히 요리법을 배우는 것을 넘어, 맛의 본질과 구조를 파악하고 이를 기반으로 독창적이고 새로운 요리를 창조할 수 있는 능력을 키우는 데 목적이 있습니다.

다차원 맛의 여정

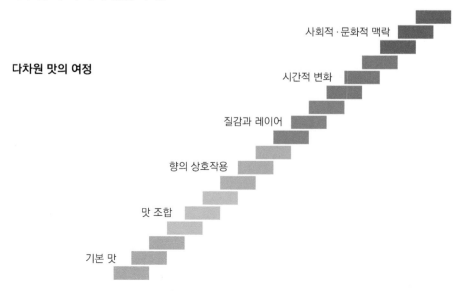

사회적 · 문화적 맥락

시간적 변화

질감과 레이어

향의 상호작용

맛 조합

기본 맛

다차원 맛의 기술이 제공하는 유익함

(The Benefits of Multidimensional Flavor Technology)

❶ 조리 학생들에게 제공하는 유익함

이 접근법은 학생들이 단순히 레시피를 외우는 것이 아니라, 맛의 근본적인 구조와 원리를 이해하도록 돕습니다. 학생들은 맛을 구성하는 여러 요소들을 체계적으로 분석하고, 이를 창의적으로 조합하여 자신만의 독창적인 요리를 개발할 수 있습니다. 이를 통해 학생들은 요리라는 창조적 예술에서 자신만의 길을 개척할 수 있게 됩니다.

❷ 현직 셰프들에게 제공하는 유익함

다차원 맛의 기술은 셰프들에게 새로운 창의적 맛을 개발할 수 있는 기초 지식을 제공합니다. 이 기술을 활용하면 셰프들은 맛을 구성하는 다양한 요소를 탐구하고, 이를 조합하여 이전에 경험하지 못한 맛의 조합을 창출할 수 있습니다. 이는 셰프들이 새로운 요리 트렌드를 선도하고, 고객들에게 차별화된 경험을 제공할 수 있도록 도와줍니다.

❸ 식품 개발자들에게 제공하는 유익함

다차원 맛의 접근은 식품 개발자가 연구개발 능력을 강화하는 데 큰 도움이 됩니다. 새로운 식품을 개발할 때, 맛의 다차원적 분석을 통해 더 풍부하고 복합적인 맛을 구현할 수 있으며, 이는 시장에서의 경쟁력을 높이는 중요한 요소가 될 수 있습니다. 다차원적인 접근은 기존에 없던 혁신적인 제품을 개발하는 데 큰 기여를 할 것입니다.

❹ 오너 셰프와 비즈니스 셰프들에게 제공하는 유익함

이 기술은 요리와 맛의 창의적 접근을 통해 마케팅과 고객과의 공감, 그리고 스토리텔링을 가능하게 합니다. 다차원 맛의 개념을 활용하여 새로운 요리와 메뉴를 개발함으로써 고객들에게 독특하고 감동적인 경험을 제공할 수 있습니다. 이는 브랜드 스토리를 강화하고, 고객과의 깊은 유대감을 형성하는 데 중요한 역할을 합니다. 또한, 프랜차이즈를 새롭게 만들거나 기존 프랜차이즈를 체계적으로 확장하는 데 있어서도, 다차원 맛의 기술은 강력한 도구가 될 것입니다. 체계적이고 차별화된 맛의 경험을 제공함으로써, 프랜차이즈의 성공 가능성을 크게 높일 수 있습니다.

다차원 맛의 기술이 제공하는 추가적인 유익함

(Additional Benefits of Multidimensional Flavor Technology)

❶ 풍부한 맛의 창조

다차원 맛의 개념을 적용하면 맛의 깊이와 복잡성을 극대화할 수 있습니다. 예를 들어, 4차원 맛에서 숙성이나 발효 과정을 통해 시간이 지남에 따라 변화하는 맛을 창출할 수 있습니다. 이는 음식을 더욱 흥미롭고 독창적으로 만들어 줍니다.

❷ 감각의 통합

다차원 맛의 기술은 단순히 미각에만 의존하지 않고, 후각, 촉각, 시각 등 다양한 감각을 통합합니다. 예를 들어, 2차원 맛에서는 냄새를 통해 맛에 인상과 표정을 더할 수 있고, 3차원 맛에서는 외형과 레이어를 통해 복합적인 맛을 구현할 수 있습니다. 이는 요리의 전반적인 경험을 풍부하게 하고, 더 큰 만족감을 제공합니다.

❸ 음식의 스토리텔링

5차원 맛에서는 사회적, 문화적 요소와 스토리텔링을 통해 음식에 더 깊은 의미를 부여할 수 있습니다. 이는 소비자들이 음식에 더 큰 감정적 연결을 느끼게 하고, 브랜드의 가치를 높일 수 있는 기회를 제공합니다.

❹ 혁신적인 요리 개발

다차원 맛의 기술을 활용하면 기존의 요리 방식에서 벗어나, 새로운 조리법이나 맛의 조합을 탐구할 수 있습니다. 이는 요리사나 식품 개발자가 차별화된 제품을 만들고, 시장에서 경쟁력을 갖출 수 있게 해줍니다.

❺ 교육과 응용 가능성

이 기술은 요리 교육에 응용되어, 학생들이 맛을 과학적이고 체계적으로 이해할 수 있도록 돕습니다. 이를 통해 미래의 요리사들이 더욱 창의적이고 깊이 있는 요리를 개발할 수 있는 능력을 함양할 수 있습니다.

결국, 다차원 맛의 기술은 단순히 맛을 만드는 방법을 넘어서, 맛을 예술의 한 형태로 승화시키는 데 큰 도움이 됩니다. 이는 상업적 성공뿐만 아니라, 음식의 문화적, 감정적 가치를 증대시키는 데도 중요한 역할을 합니다.

PART 1

다차원 맛의 개념과 이론적 기초
(Concepts and Theoretical Foundations of Multidimensional Flavor)

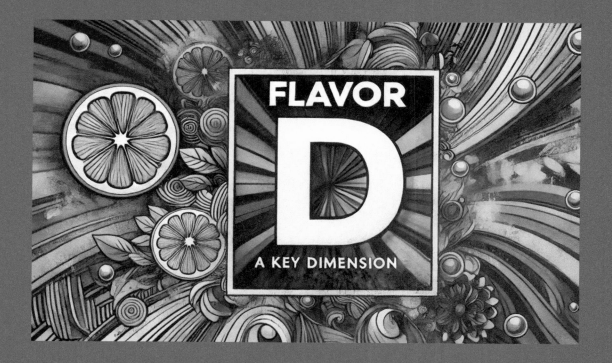

Part 1에서는 다차원 맛의 개념과 이론적 기초를 소개합니다. 다차원 맛은 맛을 단순한 요소로 보는 것이 아니라, 0차원에서 5차원까지 다양한 차원에서 이해하고 경험할 수 있는 복합적인 개념입니다. 이 부분에서는 각 차원이 어떻게 맛의 다양한 측면을 나타내며 결합하는지 탐구합니다.

Part 1은 맛의 정의와 개념을 설정하고, 이론적 배경을 바탕으로 맛을 과학적으로 분석합니다. 이를 통해 다차원 맛이 조리, 식품 개발, 그리고 미각 경험에 어떻게 적용될 수 있는지에 대한 기초를 제공합니다.

다차원 맛의 정의와 기본 개념
Definition and Basic Concepts of Multidimensional Flavor

UNIT 1 다차원 맛의 개념과 응용
———————— (Concepts and Applications of Multidimensional Flavor)

1. Flavor의 정의와 구성 요소

1) Flavor의 정의

Flavor는 미각(taste), 후각(smell), 그리고 다른 모든 감각적 요소(all sensory)를 통합하여 형성되는 복합적인 경험입니다. 이는 음식의 맛은 물론, 그 음식이 제공하는 모든 감각적 경험을 포괄합니다.

> **Flavor** = 미각(Taste) + 후각(Smell) + 감각적 요소(All Sensory)

2) Flavor의 구성 요소

(1) 미각(Taste)

- **기본 맛 요소:** 미각은 혀의 미뢰를 통해 감지되며, 단맛, 짠맛, 신맛, 쓴맛, 감칠맛, 지방 맛(이종필, 맛의기술, 2021) 등 6가지 기본 맛 요소로 구성됩니다. 이러한 기본 맛들은 각각의 음식에서 느껴지는 맛의 기초를 형성합니다.

(2) 후각(Smell)

- **향의 역할:** 후각은 음식의 Flavor를 형성하는 데 중요한 역할을 합니다. 음식이 입안에 들어가면, 비강을 통해 향이 감지되며, 이는 미각과 결합하여 더 복잡하고 풍부한 맛을 형성합니다.

(3) 감각적 요소(All Sensory)

- **촉각:** 음식의 질감과 온도는 중요한 감각적 요소입니다. 예를 들어, 음식의 바삭거림이나 부드러움, 그리고 온도는 맛의 경험에 중요한 영향을 미칩니다.
- **시각:** 음식의 색상과 모양은 맛에 대한 기대감을 형성하며, 시각적인 요소는 음식의 매력을 높이는 데 중요한 역할을 합니다.
- **청각:** 음식의 씹는 소리나 바삭거림과 같은 청각적 요소도 맛의 경험을 풍부하게 합니다.

3) 맛의 그릇 고분자 폴리머 식재료의 이해

단백질, 탄수화물, 지방, 물, 그리고 채소는 고분자 폴리머로 구성되어 있으며, 이들 자체로는 우리 혀의 미뢰에서 직접적으로 맛을 느끼지 못합니다. 이는 고분자 폴리머가 작은 이온 형태로 분해되지 않으면 미각 수용체에서 인식될 수 없기 때문입니다.

따라서 이러한 식재료에 6가지 기본 맛(단맛, 짠맛, 신맛, 쓴맛, 감칠맛, 지방 맛)과 4가지 보조 맛(아린 맛, 매운맛, 떫은맛, 시원한 맛)을 더하고, 향미 재료를 결합한 후 열을 가해야 비로소 3차원적인 풍부한 맛을 얻을 수 있습니다. 이러한 과정은 요리의 깊이와 복합성을 한층 높여주며, 미각 경험을 보다 입체적으로 만듭니다.

(1) 단백질(Proteins)

- **역할:** 단백질은 요리에서 구조를 형성하는 주된 요소로, 열을 가하면 응고되어 음식에 단단한 질감을 제공합니다. 단백질의 고분자 특성 때문에 자체적으로는 강한 맛을 느낄 수 없으나, 적절한 열 처리와 향미 재료를 추가하여 요리의 풍미를 높일 수 있습니다.
- **미각에 대한 영향:** 단백질은 직접적인 맛을 제공하지 않지만, 감칠맛과 같은 복합적인 맛을 형성하는 데 중요한 역할을 합니다.

(2) 탄수화물(Carbohydrates)

- **역할:** 탄수화물은 에너지원 역할을 하며, 특히 빵이나 파스타 같은 음식에서 질감을 형성하는 중요한 요소입니다. 단순 탄수화물은 단맛을 제공하지만, 복합 탄수화물은 맛보다 텍스처를 형성하는 데 더 큰 역할을 합니다.
- **미각에 대한 영향:** 탄수화물은 단맛을 내는 성분이지만, 그 자체로는 깊고 복합적인 맛을 형성하지 않기 때문에, 추가적인 향미 재료와 결합해야 풍부한 맛을 얻을 수 있습니다.

(3) 지방(Fats)

- **역할:** 지방은 요리에서 부드러운 질감을 제공하며, 고온에서의 조리 과정에서 음식에 고소함과 크리미한 맛을 더해줍니다. 지방은 향미를 전달하는 매개체로서 중요한 역할을 하며, 음식의 풍미를 지속시키고 깊이를 부여합니다.
- **미각에 대한 영향:** 지방 자체는 특정한 맛을 제공하지 않지만, 요리에서 다른 맛을 증폭시키고 전반적인 풍미를 향상하는 데 중요한 역할을 합니다. 부천대학교 호텔외식조리학과 이종필 교수는 지방을 기본 맛에 포함시켜 교육하고 있습니다. 요리의 맛에 가장 많은 영향을 미치며, 전문 셰프가 상업적으로 성공하기 위해 맛을 0차원으로 두고 응용하는 것이 장점이 많기 때문입니다. 지방 맛(지방산)은 과거에는 독립적인 맛으로 잘 인식되지 않았지만, 최근 연구에 의하면, 지방이 혀의 미각 수용체에 의해 감지되는 독립적인 맛으로 인정받고 있습니다. 지방산(fatty acids)은 혀에 존재하는 특정 수용체에 결합하여 미각 신호를 생성하며, 이로 인해 우리는 지방의 맛을 인지하게 됩니다. 이 때문에 지방 맛은 단맛, 짠맛, 신맛, 쓴맛, 감칠맛과 함께 기본적인 미각으로 간주될 수 있습니다.

(4) 물(Water)

- **역할:** 물은 식재료 내에서 화학 반응을 촉진하고, 음식의 촉촉한 질감을 유지하는 데 중요한 역할을 합니다. 물 자체는 맛을 내지 않지만, 다른 재료의 맛을 고르게 퍼지게 하는 역할을 합니다.
- **미각에 대한 영향:** 물은 요리의 질감과 구조를 형성하고, 향미 재료를 효과적으로 전달하는 데 중요한 매개체입니다.

(5) 채소(Vegetables)

- **역할:** 채소는 주로 탄수화물과 섬유질로 구성되어 있으며, 다양한 질감과 색감을 제공하여 요리의 시각적, 촉각적 경험을 풍부하게 합니다.
- **미각에 대한 영향:** 채소 자체는 약한 맛을 가지고 있으나, 열을 가하면 자연스러운 단맛과 감칠맛을 방출합니다. 또한 다양한 향신료와 함께 사용하면 요리에 독특한 향과 맛을 더해줍니다.

tip 고분자 폴리머 식재료의 맛과 향의 중요성

단백질, 탄수화물, 지방, 물, 그리고 채소는 고분자 폴리머로 구성되어 있어, 우리 혀의 미뢰에서는 맛을 이온으로 인식하기 때문에 이들 자체로는 맛을 직접 느끼지 못합니다. 따라서 이들 재료에 6가지 기본 맛(단맛, 짠맛, 신맛, 쓴맛, 감칠맛, 지방 맛)과 4가지 보조 맛(아린 맛, 매운맛, 떫은맛, 시원한 맛)을 추가하고, 향미 재료를 더한 후 열을 가해야 3차원적인 풍부한 맛을 얻을 수 있습니다. 이는 요리의 깊이와 복합성을 한층 높여줍니다.

4) 일반적인 요리 제조과정

일반적인 요리 제조 과정을 설명할 때, 맛의 그릇(식재료), 맛(추가되는 기본 및 보조 맛), 냄새(향신료와 허브), 그리고 질감(조리법에 의해 형성된 텍스처)의 개념을 종합적으로 고려할 수 있습니다.

일반적인 요리 제조과정을 표로 정리한 내용입니다. 이 표는 요리와 연구개발에 필요한 주요 요소들을 체계적으로 정리한 것이며, 각각의 요소가 요리의 맛, 향, 질감 형성에 어떻게 기여하는지를 나타냅니다.

이미지	카테고리	세부 사항
	질감 (Texture)	• Heat & Non-Heat 조리법 (예: 로스팅, 브레이징, 소테, 시머링, 주싱 등)
	냄새 (Smell)	• **냄새 그룹 5:** 스모키, 허브 & 스파이스, 신맛, 지방 맛, 발효 숙성
	맛 (Taste)	• **6가지 기본맛:** 단맛, 짠맛, 신맛, 쓴맛, 감칠맛, 지방 맛 • **4가지 보조맛:** 아린 맛, 매운맛, 떫은맛, 시원한 맛
	맛의 그릇 (Flavor Carriers)	• **단백질, 탄수화물, 지방, 물, 채소의 고분자 식재료**(맛을 직접 느끼지 않기 때문에 맛 첨가 필요)

아래는 연어 스테이크를 예로 들어 요리가 어떻게 완성되는지 설명한 내용입니다.

(1) 맛의 그릇: 고분자 폴리머로 구성된 식재료
- 연어 스테이크는 단백질, 지방, 물, 탄수화물로 이루어진 고분자 폴리머 식재료입니다. 연어 자체는 고분자 구조로 인해 혀의 미뢰에서 강한 맛을 직접 느끼지 못합니다.
- **고분자 폴리머의 역할:** 연어는 단백질과 지방을 주요 성분으로 가지고 있으며, 물과 함께 연어의 촉촉한 질감을 형성합니다. 하지만 이들 성분은 단독으로는 맛을 제공하지 않으므로, 기본 맛을 추가해야 요리의 맛이 풍부해집니다.

(2) 맛 추가: 기본 맛과 보조 맛
- **기본 맛:** 연어 스테이크에 간장(짠맛), 레몬(신맛), 버터(지방 맛), 설탕(단맛) 약간 등을 추가하여 6가지 기본 맛을 조화시킵니다. 이로 인해 연어의 기본 맛이 강조되며, 풍미가 더해집니다.
- **보조 맛:** 여기에 아린 맛(마늘 또는 양파), 매운맛(후추나 고추), 떫은맛(허브), 시원한 맛(민트 같은 허브)을 더할 수 있습니다.

(3) 냄새: 향신료와 허브를 통한 향미 추가
- **냄새 재료:** 연어는 자체적으로 냄새가 강하지 않으므로, 냄새 그룹에 속하는 향신료와 허브를 사용해 향을 더해줍니다. 예를 들어, 로즈마리(허브), 레몬 제스트(플로랄), 바질(스파이스) 등을 사용해 연어의 향미를 더욱 복잡하게 만듭니다.
- **냄새 그룹:** 향신료와 허브는 요리에 스모키, 허브, 스파이스 등의 향을 추가하여 복합적인 냄새를 제공합니다.

(4) 질감: 조리법을 통해 질감 변화
- **조리법 선택:** 연어 스테이크의 질감은 조리법에 따라 크게 달라집니다. 예를 들어, 시어링(Searing)과 같은 고온의 Heat 조리법을 사용하여 연어의 겉을 바삭하게 만들고, 내부는 촉촉하게 유지합니다.
- **Heat 조리법:** 스테이크를 굽는 과정에서 연어의 외부는 바삭해지고, 내부는 부드러워집니다. Non-Heat 조리법으로는 연어 타르타르처럼 생연어를 사용하는 방식도 있습니다.
- **질감 조절:** 연어의 질감은 고온에서 빠르게 구울 때 외부는 바삭해지고 내부는 부드럽게 남습니다. 시어링, 브로일링, 그릴링 등이 이에 해당하는 조리법입니다.

(5) 일반적인 요리 제조 과정 요약

① **맛의 그릇(식재료):** 연어, 닭고기, 소고기 등의 식재료는 고분자 폴리머로 구성되어 있어 그 자체로는 강한 맛을 내지 않습니다.

② **맛을 추가:** 6가지 기본 맛(단맛, 짠맛, 신맛, 쓴맛, 감칠맛, 지방 맛)과 4가지 보조 맛(아린 맛, 매운맛, 떫은맛, 시원한 맛)을 추가하여 식재료에 풍미를 더합니다.

③ **냄새 재료:** 허브, 향신료, 스모키 향 등을 통해 요리에 복합적인 냄새를 더합니다.

④ **조리법을 통한 질감 변화:** Heat 조리법과 Non-Heat 조리법을 사용하여 재료의 질감과 텍스처를 변형하고, 요리의 완성도를 높입니다.

이러한 과정으로 요리가 완성되며, 각 요소가 조화를 이루어 다차원적인 맛과 향, 질감을 제공하는 요리가 탄생하게 됩니다.

2. 맛의 0차원에서 5차원까지

맛의 0차원에서 5차원까지의 개념은 맛을 다차원적으로 이해하고 분석하는 접근법입니다. 이 접근법은 맛을 단순히 하나의 요소로 보는 것이 아니라, 다양한 차원에서 경험할 수 있는 복합적인 개념으로 확장합니다. 각 차원은 맛의 특정 측면을 강조하며, 이들 차원이 서로 결합하여 풍부하고 다채로운 맛의 경험을 만들어냅니다.

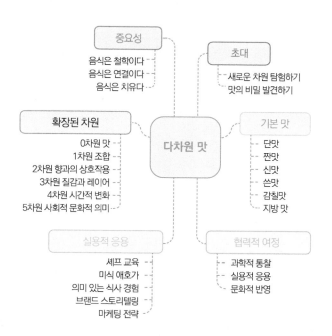

1) 0차원 맛

기본 맛의 단일 요소: 이 차원에서는 맛의 가장 기본적인 구성 요소들로 구성됩니다. 예를 들어, 단맛, 짠맛, 신맛, 쓴맛, 감칠맛, 그리고 지방 맛 같은 개별적인 맛 요소들이 여기에 속합니다. 이 맛들은 독립적으로 존재하며, 다른 요소들과 결합되지 않은 상태입니다.

2) 1차원 맛

단순한 맛의 조합: 0차원에서 독립적으로 존재하는 맛들이 두 개 이상 결합되어 새로운 맛을 형성합니다. 예를 들어, 단맛과 짠맛이 결합하여 단짠 맛을 만들어내는 것처럼, 이 차원에서는 맛의 선형적인 조합이 이루어집니다. 그러나 여전히 간단한 수준의 맛 결합입니다.

3) 2차원 맛

표면과 냄새의 결합: 이 차원에서는 맛과 냄새가 결합되어 맛의 경험을 확장시킵니다. 냄새는 맛의 인상과 표현을 크게 좌우하며, 그 결과 더 복합적이고 풍부한 맛을 제공합니다. 이 차원에서 맛은 단순한 조합을 넘어서, 향과 함께 다층적인 경험을 만들어냅니다.

4) 3차원 맛

맛의 레이어와 구조: 3차원에서는 여러 층의 맛이 쌓여 복합적이고 깊이 있는 맛을 형성합니다. 예를 들어, 라자냐와 같은 요리에서 다양한 재료와 조리법이 결합되어 각각의 층이 서로 다른 맛을 제공하며, 이들이 합쳐져 전체적인 맛의 구조를 만듭니다. 한 입 안에서 다양한 맛의 변화를 느낄 수 있는 경험입니다.

5) 4차원 맛

시간이 포함된 맛: 4차원에서는 시간의 흐름이 맛의 중요한 요소로 작용합니다. 숙성, 발효, 에이징 등의 과정을 통해 시간이 지남에 따라 맛이 깊어지고 변화하는 것을 경험할 수 있습니다. 예를 들어, 김치나 치즈의 발효 과정에서 시간이 지날수록 맛이 더 복잡하고 풍부해지는 현상이 여기에 해당합니다.

6) 5차원 맛

사회적, 문화적 의미가 더해진 맛: 이 차원에서는 맛에 사회적, 문화적, 감정적 의미가 더해져, 복합적인 경험이 됩니다. 특정 음식이 가지는 역사적 배경이나 문화적 상징성, 그리고 그 음식에 얽힌 개인적인 기억이나 감정이 맛에 더해져, 그 음식을 먹을 때 단순히 맛을 느끼는 것을 넘어서는 경험을 하게 됩니다. 예를 들어, 명절 음식이나 어릴 적 추억이 담긴 음식이 주는 감정적인 맛이 이에 해당합니다.

다차원적 맛의 개념은 맛을 보다 깊이 이해하고, 창의적이고 혁신적인 요리와 식품 개발에 활용할 수 있는 강력한 도구를 제공합니다. 이를 통해 요리사, 식품 개발자, 그리고 맛에 관심 있는 모든 사람들은 맛을 새로운 시각으로 탐구하고, 이전에 없던 맛의 조합과 경험을 창조할 수 있습니다.

UNIT 2 0차원 맛
(Zero-Dimensional Flavor)

1. 기본 개념

0차원 맛은 우리가 음식을 먹을 때 혀로 직접 느낄 수 있는 가장 기본적인 맛을 의미합니다. 이 맛들은 각각 독립적으로 존재하며, 다른 맛과 섞이지 않은 순수한 형태로 인지됩니다. 0차원 맛은 점(dot)으로 비유될 수 있는데, 각각의 맛(taste)이 점처럼 가장 기본적이고 단일한 형태로 존재하며, 모든 음식의 맛을 형성하는 근본적인 요소입니다. 이러한 0차원 맛은 다른 맛들과 조합되기 전에 독립적으로 인식되며, 음식의 전체적인 맛의 기초를 이루는 중요한 역할을 합니다.

다차원 맛의 비밀

이 기본적인 맛에는 6가지 주요 맛과 4가지 보조 맛이 포함됩니다.

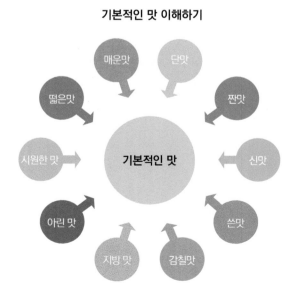

기본적인 맛 이해하기

기본적인 맛

매운맛 / 단맛 / 떫은맛 / 짠맛 / 시원한 맛 / 신맛 / 아린 맛 / 쓴맛 / 지방 맛 / 감칠맛

6가지 주요 맛
- 단맛(Sweetness)
- 짠맛(Saltiness)
- 신맛(Sourness)
- 쓴맛(Bitterness)
- 감칠맛(Umami)
- 지방 맛(Fatty taste)

4가지 보조 맛
- 아린 맛(Pungency)-마늘의 아린 맛
- 시원한 맛(Coolness)-무와 민트의 시원한 맛
- 떫은맛(Astringency)-익지 않은 감의 떫은맛
- 매운맛(Spiciness)-고추의 매운맛

필자는 지방 맛을 0차원의 기본 맛으로 설정함으로써, 지방이 단순히 풍미를 더하는 요소가 아니라 미각의 핵심적인 부분임을 강조하고자 했습니다.

지방은 혀의 미각 수용체에 의해 독립적으로 인지되며, 음식의 고소한 맛과 부드러운 질감을 결정짓는 중요한 역할을 합니다. 또한, 지방은 에너지 공급의 주요 원천으로서 본능적으로 선호되는 맛입니다. 지방 맛을 0차원으로 설정함으로써, 음식의 가장 기본적인 맛 요소로서 지방의 중요성을 재확인하고, 셰프들이 이를 효과적으로 응용하여 요리의 깊이와 풍미를 극대화할 수 있도록 하는 실용적이고 논리적인 기반을 제공합니다.

1) 기본적인 미각 수용체의 반응

지방 맛은 과거에는 독립적인 맛으로 잘 인식되지 않았지만, 최근 연구에서는 지방이 혀의 미각 수용체에 의해 감지되는 독립적인 맛으로 인정받고 있습니다. 지방산(fatty acids)은 혀에 존재하는 특정 수용체에 결합하여 미각 신호를 생성하며, 이로 인해 우리는 지방의 맛을 인지하게 됩니다. 이 때문에 지방 맛은 단맛, 짠맛, 신맛, 쓴맛, 감칠맛과 함께 기본적인 미각으로 간주될 수 있습니다.

2) 에너지 공급의 주요 원천으로서의 중요성

지방은 생체 에너지의 중요한 공급원으로서, 인간의 생존과 직결되는 필수 영양소입니다. 지방 맛을 인지하는 것은 본능적으로 고에너지 음식을 탐색하고 섭취하는 데 중요한 역할을 합니다. 따라서 지방 맛은 음식의 기본적인 맛을 형성하는 중요한 요소로 간주될 수 있으며, 다른 맛들과 함께 음식의 기초적인 맛을 결정짓는 중요한 역할을 합니다.

3) 맛의 인지적 경험에서의 독립성

지방 맛은 그 자체로 독립적인 미각적 경험을 제공합니다. 지방의 맛은 입안에서 느껴지는 부드럽고 고소한 느낌으로, 다른 기본 맛과는 구별되는 고유한 감각을 제공합니다. 이는 지방 맛이 다른 맛과 조합되기 전에 독립적으로 인지될 수 있음을 의미합니다. 따라서 지방 맛은 0차원 맛으로 설정하여, 가장 기본적인 맛으로서의 중요성을 강조할 수 있습니다.

4) 맛의 교육적 접근 및 응용

지방 맛을 0차원 맛으로 설정함으로써, 학생들이 음식의 기본적인 맛 요소를 보다 명확하게 이해하고 응용할 수 있습니다. 지방 맛이 기본 맛으로 인식됨에 따라, 셰프들은 이를 다른 맛과 결합하여 다양한 요리의 풍미를 조절하고, 더 복합적인 맛을 창조할 수 있는 기초적인 도구로 활용할 수 있습니다.

5) 음식의 풍미와 질감에 미치는 영향

지방은 음식의 풍미와 질감에도 큰 영향을 미칩니다. 지방은 음식에 고소함과 부드러움을 더해주며, 다른 맛들의 전달을 촉진하는 역할을 합니다. 지방 맛을 0차원 맛으로 설정함으로써, 이와 같은 지방의 중요한 역할을 기본 맛의 차원에서 명확히 인식하고 강조할 수 있습니다.

 핵심 정리

지방 맛을 0차원 맛으로 설정하는 것은, 지방이 음식의 기본적인 맛을 형성하는 중요한 요소임을 인정하고, 이를 바탕으로 셰프들이 다양한 요리에서 지방의 역할을 더 잘 이해하고 응용할 수 있도록 돕기 위한 논리적이고 실용적인 접근입니다. 이러한 이유로 지방 맛을 0차원 맛으로 설정하는 것은 학문적으로나 교육적으로 매우 타당하다고 할 수 있습니다.

3. 아린 맛, 시원한 맛, 떫은맛, 매운맛을 0차원으로 설정한 이유는?

필자는 아린 맛, 시원한 맛, 떫은맛, 매운맛을 0차원 맛으로 설정함으로써, 이들 감각적 요소들이 음식의 기본적인 맛 경험을 구성하는 필수적인 요소임을 강조하고자 했습니다.

매운맛은 전통적으로 미각보다는 통각(pain perception)으로 간주되어 왔습니다. 이는 매운맛이 혀의 미각 수용체가 아니라 통각 수용체(nociceptors)를 자극하여 느끼는 감각이기 때문입니다. 매운맛은 혀나 구강 내의 점막을 자극하여 뜨겁고 자극적인 느낌을 유발하는데, 이러한 특성 때문에 매운맛은 일반적으로 미각이 아닌 통각에 의해 발생하는 2차원 맛으로 분류될 수 있습니다.

비슷하게, 아린 맛, 시원한 맛, 떫은맛도 전통적으로 물리적 또는 화학적 자극에 의해 발생하는 감각으로 여겨졌습니다. 예를 들어

- **아린 맛(Pungency):** 생강이나 겨자에서 느껴지는 자극적인 맛으로, 화학적 자극이 혀와 코를 자극합니다.

- **시원한 맛(Coolness):** 박하나 멘톨에서 느껴지는 청량감으로, 구강 내의 온도 수용체를 자극하여 시원한 느낌을 줍니다.

- **떫은맛(Astringency):** 익지 않은 감이나 녹차에서 느껴지는, 입안을 바짝 조이게 하는 감각으로, 주로 타닌(tannins)에 의해 발생합니다.

이들 맛들은 단순히 혀의 미각 수용체에서 느끼는 기본 맛과는 다르게, 더 복합적인 감각적 요소들이 포함된다는 점에서 2차원 맛으로 분류될 수 있습니다. 그러나, 이러한 맛들을 0차원 맛으로 설정한 데에는 다음과 같은 중요한 이유와 논리가 있습니다.

1) 기본 맛으로의 인식

0차원 맛은 우리가 혀로 직접 느낄 수 있는 가장 기초적인 맛을 의미합니다. 이러한 맛들은 독립적이고 순수한 형태로 인지되며, 단맛, 짠맛, 신맛, 쓴맛, 감칠맛, 지방 맛과 함께 아린 맛, 시원한 맛, 떫은맛, 매운맛도 0차원 맛으로 포함됩니다. 이로 인해 각각의 맛이 단일하게 존재하고, 음식의 기본적인 맛을 형성하는 중요한 요소로 작용하게 됩니다.

2) 맛의 직관적 접근

셰프들이 요리를 구성할 때, 맛을 복잡하게 나누어 생각하는 것보다 기초적인 맛들을 먼저 고려하는 것이 실용적입니다. 아린 맛, 시원한 맛, 떫은맛, 매운맛을 0차원 맛으로 포함시키면, 이들 맛이 다른 어떤 맛보다 먼저 인지되고, 음식의 전체적인 맛을 결정하는 기본적인 구성 요소로서 중요한 역할을 하게 됩니다. 이렇게 설정함으로써 셰프들은 맛을 더 직관적으로 조합하고 응용할 수 있습니다.

3) 맛의 조화와 균형

아린 맛, 시원한 맛, 떫은맛, 매운맛은 다른 기본 맛들과 조합되어 복합적인 맛을 형성합니다. 이들 맛은 다른 맛을 보완하거나 강화하며, 맛의 조화와 균형을 이루는 데 중요한 역할을 합니다. 예를 들어, 매운맛은 단맛과 결합하여 그 강렬함을 부드럽게 만들 수 있고, 떫은맛은 다른 맛의 뒷맛을 조절하는 역할을 할 수 있습니다. 이러한 맛들을 0차원 맛으로 정의하면, 맛의 조화와 균형을 이루는 데 있어 기본적인 요소로 다루어질 수 있습니다.

4) 맛의 교육적 접근

맛을 설명하고 교육할 때, 0차원 맛은 가장 기본적인 개념으로서 학습자들이 쉽게 이해할 수 있습니다. 이 기본 맛들은 다른 맛과 결합하기 전의 순수한 형태로 존재하며, 교육 초기 단계에서 맛의 기초를 이해하는 데 도움을 줍니다. 또한, 이렇게 분류함으로써 복잡한 맛의 구조를 단계적으로 이해할 수 있는 기반을 제공합니다.

5) 응용의 용이성

마지막으로, 아린 맛, 시원한 맛, 떫은맛, 매운맛을 0차원 맛으로 포함시킴으로써 셰프들이 요리에서 이 맛들을 쉽게 응용할 수 있습니다. 이들 맛이 0차원 맛으로 정의되면, 복잡한 맛을 만들기 전에 기본적으로 고려해야 할 요소로 자리잡게 되어, 요리의 창의성을 높이는 데 기여할 수 있습니다.

핵심 정리

전통적인 관점에서는 매운맛, 아린 맛, 시원한 맛, 떫은맛이 2차원 맛에 가깝지만, 실용적인 요리 응용을 위해서 이들을 0차원 맛으로 분류하는 것도 충분히 논리적이고 실용적인 접근이라 할 수 있습니다.

지각된 맛의 복잡성을 단순화하여 이해하기 쉽게 만들기 위해, 필자는 아린 맛, 시원한 맛, 떫은맛, 매운맛을 0차원으로 재분류했습니다. 이를 통해 이들 맛이 독립적이고 순수한 형태로 존재하며, 다른 맛들과의 결합을 통해 복합적인 맛을 창출하기 전에 가장 기초적인 맛 경험으로서 인식될 수 있도록 했습니다. 이러한 접근은 특히 요리 교육과 실무에서 맛의 기초를 체계적으로 이해하고 응용할 수 있는 기초를 제공합니다.

학문적으로, 이러한 재분류는 미각과 감각적 경험을 보다 명확하게 정의하고, 셰프들이 이들 맛을 직관적이고 창의적으로 활용할 수 있도록 지원합니다. 이로써 요리의 맛을 구성하는 다차원적 요소들에 대한 이해를 확장하며, 실용적이면서도 학술적으로 타당한 맛의 분류 체계를 제시하고 있습니다.

UNIT 3 1차원 맛

(One-Dimensional Flavor)

1. 기본 개념

1차원 맛(One-Dimensional Flavor)은 두 가지 이상의 기본 맛이 결합하여 새로운 복합적인 맛을 만들어내는 초기 단계입니다. 이를 1차원 공간에 비유할 수 있는데, 기하학적으로는 점과 점이 만나 선을 이루듯이, 각각의 기본 맛이 서로 연결되면서 새로운 맛을 형성합니다.

각 기본 맛(단맛, 짠맛, 신맛, 쓴맛, 감칠맛, 지방 맛)은 각각 하나의 "점"으로 볼 수 있습니다. 이 점들이 서로 결합하여 상호작용하면, 단일 맛보다 더 복잡하고 흥미로운 1차원적인 맛이 탄생하게 됩니다.

예를 들어, 단맛(Sweetness)과 짠맛(Saltiness)을 생각해 보세요. 단맛과 짠맛이 각각 따로 있을 때는 단순한 맛입니다. 하지만 두 맛이 결합하면, 두 맛이 서로를 보완하고 강화하여, 소금 캐러멜처럼 더 복합적이고 풍부한 맛을 만들어냅니다.

단맛은 짠맛의 강한 자극을 부드럽게 해주고, 짠맛은 단맛의 지나친 달콤함을 억제하여, 둘이 함께 있을 때 더욱 흥미롭고 독특한 맛을 내는 것입니다. 이처럼 두 맛의 상호작용이 1차원 맛의 핵심입니다.

이 과정은 개별 맛들이 독립적으로 존재하는 상태에서 벗어나 서로 결합하면서 새로운 맛을 구성하는 중요한 단계입니다. 단순히 맛이 더해지는 것이 아니라, 서로를 보완하고 조화롭게 어우러지며 새로운 미각 경험을 제공하게 되는 것입니다.

2. 맛의 상호작용

맛과 맛이 결합할 때, 다양한 상호작용이 발생하며 이는 각각 맛의 연결된 선을 통해 설명할 수 있습니다. 이러한 상호작용은 다음과 같습니다.

1) 맛의 대비(Contrast)

대비는 서로 다른 두 가지 맛이 결합할 때, 각각의 맛이 더 강하게 느껴지는 현상을 말합니다. 맛의 대비는 각 맛의 특성을 더 선명하게 인식하게 하며, 이는 맛의 두 점이 만나 선을 이루면서 서로의 강도를 증폭시키는 과정으로 설명할 수 있습니다.

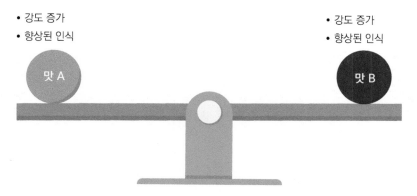

맛의 결합은 그들의 인식과 강도를 향상시킵니다.

(1) 단맛 – 신맛

단맛(Sweetness)과 신맛(Sourness)이 결합할 때, 두 맛은 각각 더 강하게 인식됩니다. 예를 들어, 레모네이드에서 설탕의 단맛과 레몬의 신맛이 함께 작용하여 상쾌하고 풍부한 맛을 제공합니다. 이 경우, 신맛은 단맛을 더 두드러지게 만들고, 단맛은 신맛을 부드럽게 조화시키며 전체적인 맛의 선명도를 높입니다.

(2) 짠맛 – 신맛

짠맛(Saltiness)과 신맛(Sourness)이 결합할 때도 대비 효과가 나타납니다. 예를 들어, 소금에 레몬즙을 첨가하면, 레몬의 신맛이 짠맛을 더욱 강하게 느껴지게 합니다. 이로 인해, 실제로 소금을 많이 사용하지 않았음에도 불구하고, 음식이 더 짜게 느껴집니다. 이는 신맛과 짠맛이 서로의 강도를 증폭시키는 결과로 나타납니다.

저염식과 풍미 강화에서의 활용

대비 효과는 요리에서 맛의 복합성을 높이는 데 사용될 뿐만 아니라, 건강을 위한 식이 조절에도 유용하게 활용될 수 있습니다. 특히 저염식이 필요한 경우, 소금의 양을 줄이면서도 짠맛을 충분히 느낄 수 있도록 하기 위해 레몬즙을 사용하는 방법이 효과적입니다. 레몬의 신맛이 짠맛을 증폭시키는 대비 효과를 이용하면, 소금을 적게 사용하더라도 음식이 만족스럽게 짜게 느껴질 수 있습니다. 마찬가지로, 단맛과 신맛의 조합은 디저트나 음료에서 상쾌하고 복합적인 맛을 만들어내어, 식사의 만족도를 높일 수 있습니다.

2) 맛의 억제(Suppression)

억제는 한 맛이 다른 맛을 덜 강하게 느끼게 하는 효과를 말합니다. 이는 맛의 두 점이 선으로 연결될 때, 한 점이 다른 점의 강도를 낮추거나 영향을 덜어주는 현상으로 설명할 수 있습니다. 억제 효과는 특정 맛이 다른 맛의 강도를 완화시키거나, 심지어 거의 느껴지지 않게 만드는 역할을 합니다.

단맛(Sweetness)이 쓴맛(Bitterness)을 억제하는 경우가 대표적입니다. 예를 들어, 커피에 설탕을 첨가하면, 커피의 본래 쓴맛이 덜 강하게 느껴지게 됩니다. 이는 단맛의 점이 쓴맛의 점과 연결되면서 쓴맛의 강도를 낮추는 선형적 상호작용을 나타내는 것입니다. 이와 같은 억제 효과는 다양한 요리와 식품에서 맛의 균형을 맞추는 데 중요한 역할을 합니다.

단맛이 쓴맛을 억제합니다

(그래프: 세로축 쓴맛, 가로축 단맛)

응용

쓴맛의 완화와 맛의 조화

억제 효과는 특히 쓴맛을 완화하거나 맛의 조화를 이루는 데 유용하게 활용됩니다. 예를 들어, 초콜릿 디저트에서 다크 초콜릿의 쓴맛을 설탕의 단맛으로 억제하면, 전체적인 풍미가 부드럽고 조화롭게 변합니다. 또한, 특정 약품이나 건강식품에서 쓴맛을 억제하기 위해 단맛이 사용될 수 있으며, 이를 통해 맛을 더 쉽게 받아들이게 할 수 있습니다. 이러한 억제 효과는 맛의 조합을 통해 전반적인 맛의 균형을 맞추고, 식감과 풍미를 개선하는 데 중요한 도구가 됩니다.

3) 맛의 상승(Enhancement)

상승은 한 맛이 다른 맛을 더 강하게 느끼게 하는 효과를 의미합니다. 이는 맛의 두 점이 만나 선이 강화되어 더 강한 맛으로 인식되는 과정으로 설명할 수 있습니다. 맛의 상승 효과는 특정 맛이 다른 맛의 강도를 증폭시켜, 전체적인 맛의 경험을 더 풍부하고 강렬하게 만듭니다.

감칠맛(Umami)이 단맛(Sweetness)이나 짠맛(Saltiness)을 더 강하게 느끼게 하는 것이 대표적인 사례입니다. 예를 들어, 파마산 치즈나 간장과 같은 감칠맛이 풍부한 재료를 요리에 첨가하면, 이들이 단맛이나 짠맛을 더욱 강하게 인식되도록 만듭니다. 감칠맛의 점이 단맛이나 짠맛의 점과 결합하면서, 그 선이 강화되어 전체적으로 더 깊고 풍부한 맛이 형성됩니다.

 응용

풍미 강화와 맛의 깊이 증가

상승 효과는 요리에서 맛의 깊이와 복합성을 강화하는 데 중요한 도구로 사용됩니다. 감칠맛이 풍부한 재료는 다른 맛을 증폭시켜 음식의 전반적인 풍미를 강화합니다. 예를 들어, 고기 요리에 감칠맛이 풍부한 재료(예: 간장, 된장)를 사용하면, 짠맛과 단맛이 더욱 강하게 인식되어 요리의 풍미가 극대화됩니다. 이와 같은 상승 효과를 통해 요리의 맛을 더 깊고 복잡하게 만들 수 있으며, 이는 고급 요리나 정교한 요리에서 특히 중요하게 작용합니다.

4) 맛의 상쇄(Masking)

상쇄는 한 맛이 다른 맛을 거의 느끼지 못하게 하는 현상을 말합니다.

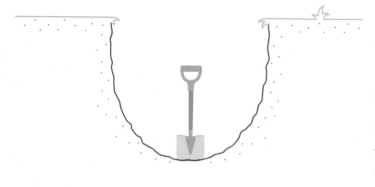

이는 강한 맛이 상대적으로 약한 맛을 덮어버리면서 발생하며, 맛의 두 점이 연결될 때 한 점이 다른 점을 압도하는 것으로 설명할 수 있습니다. 상쇄 효과는 특정 맛이 다른 맛의 인지 강도를 크게 감소시키거나 완전히 감추는 역할을 합니다.

맛의 상쇄현상에 대한 간단한 소개

(1) 커피 – 설탕

쓴맛이 강한 블랙커피에 설탕을 첨가하면, 커피의 쓴맛이 거의 느껴지지 않게 됩니다. 설탕의 단맛이 커피의 쓴맛을 상쇄하여, 원래 강했던 쓴맛이 덜 느껴지거나 사라지는 효과가 나타납니다.

(2) 다크 초콜릿 – 설탕

다크 초콜릿의 쓴맛이 강하지만, 초콜릿 제조 과정에서 설탕이 많이 첨가되면 쓴맛이 상쇄되어 더 달콤한 맛이 느껴집니다. 설탕의 단맛이 초콜릿의 쓴맛을 덮어버리면서 쓴맛이 거의 느껴지지 않게 됩니다.

(3) 강한 양념 – 단맛

매운 양념을 사용한 요리에 설탕이나 꿀을 첨가하면, 매운맛이 다소 부드러워지며 단맛이 매운맛을 일부 상쇄합니다. 예를 들어, 고추장을 사용할 때 설탕을 넣으면 고추장의 매운맛이 줄어들고, 더 달콤하게 느껴집니다.

(4) 카레 – 요거트

매운 카레에 요거트나 크림을 첨가하면, 카레의 강한 매운맛이 상쇄되어 더 부드럽고 크리미한 맛이 됩니다. 요거트의 부드러운 맛이 매운맛을 덮어주어, 매운맛이 크게 감소합니다.

(5) 감귤류 – 설탕

레몬이나 라임 주스에 설탕을 섞으면, 감귤류의 강한 신맛이 상쇄되어 달콤하고 상큼한 맛으로 변합니다. 설탕의 단맛이 신맛을 덮어주어, 신맛이 덜 강하게 느껴지게 됩니다.

(6) 토마토 기반 소스에 설탕을 첨가한 경우

토마토 소스의 신맛을 줄이기 위해 설탕을 첨가하면, 설탕의 단맛이 신맛을 상쇄시켜 소스가 더 부드럽고 균형 잡힌 맛을 가지게 됩니다. 이 방법은 토마토 소스나 케첩 같은 제품에서 흔히 사용됩니다.

(7) 간이 강한 음식

지나치게 짠 음식(예: 염장된 생선이나 치즈)에서는 짠맛이 다른 미묘한 맛을 상쇄해버릴 수 있습니다. 강한 짠맛이 다른 맛을 압도해, 음식의 복합적인 맛이 사라지고 짠맛만이 두드러지게 됩니다.

(8) 쓴맛을 감추기 위한 건강 음료

특정 건강 음료나 영양 보충제에서, 쓴맛을 덮기 위해 단맛이나 감칠맛이 강한 재료가 첨가되기도 합니다. 예를 들어, 단맛이 강한 과일 주스를 섞어 쓴맛을 상쇄시키는 경우입니다.

이러한 음식들에서 상쇄 효과는 특정 맛이 다른 맛을 덮어버리거나 그 강도를 크게 감소시키는 현상으로, 맛의 조화를 맞추고 불쾌한 맛을 줄이는 데 자주 사용됩니다.

맛의 조화와 불쾌한 맛의 감소

상쇄 효과는 요리와 식품 개발에서 맛의 균형을 맞추고, 특정 맛을 덮어주는 데 활용됩니다. 예를 들어, 제약산업에서 쓴 맛을 감추기 위해 강한 단맛을 첨가하거나, 쓴맛이 강한 식품에 감칠맛을 더해 불쾌한 맛을 완화하는 방법이 있습니다. 이와 같은 상쇄 효과를 잘 활용하면, 음식이나 음료에서 불쾌한 맛을 줄이면서도 맛의 조화를 유지할 수 있습니다. 또한, 디저트에서 쓴맛을 상쇄하기 위해 설탕을 사용하면, 전체적인 맛이 부드러워지고 즐거운 경험을 제공할 수 있습니다.

5) 맛의 변조(Modulation)

맛의 변조는 한 맛이 다른 맛의 특성을 변화시키는 현상을 의미하며, 이 과정에서 두 맛이 결합하여 새로운 선을 형성하고 본래의 맛이 변형되거나 변조됩니다. 변조 효과는 한 맛이 다른 맛에 영향을 미쳐 그 맛의 인식 방식을 바꾸고, 전체적인 미각 경험을 다르게 만드는 특징이 있습니다. 이는 전 세계 요리에서 중요한 요소로 작용하며, 특히 중국 요리에서 그 영향이 두드러집니다.

- **단맛 강화**
신맛으로 단맛을 변조하여 상쾌한 맛을 만듭니다.

- **복합성 만들기**
식초로 단맛을 변조하여 복합적인 맛 프로필을 만듭니다.

- **깊이 추가**
소금으로 쓴맛을 변조하여 더 풍부한 맛을 만듭니다.

- **상쾌한 변주**
민트로 단맛을 변조하여 시원하고 상쾌한 맛을 만듭니다.

**변조를 통해 톡톡한 맛 경험을
만드는 방법은?**

(1) 단맛 강화

- **레몬 - 설탕:** 레모네이드에서 레몬의 신맛이 설탕의 단맛과 결합하여, 단맛을 더 상쾌하고 산뜻하게 변조합니다. 이 과정에서 신맛과 단맛이 조화를 이루어, 레모네이드는 단순히 달콤한 음료가 아니라 청량감을 주는 상쾌한 음료로 완성됩니다.

(2) 복합성 만들기

- **발사믹 식초 - 딸기:** 발사믹 식초의 강한 신맛이 딸기의 단맛을 변조하여 더 깊고 복합적인 풍미를 만듭니다. 발사믹 식초와 딸기가 결합하면, 딸기의 단맛이 풍부하게 느껴지고, 신맛이 약간 더해져 맛의 층이 형성됩니다.

(3) 깊이 추가

- **소금 - 초콜릿:** 다크 초콜릿에 약간의 소금을 첨가하면, 소금의 짠맛이 초콜릿의 단맛과 쓴맛을 변조하여 더 복합적이고 입체적인 맛을 만듭니다. 소금은 단맛과 쓴맛을 동시에 강화하면서도, 초콜릿의 풍미를 변조하여 새로운 맛 경험을 제공합니다.

(4) 상쾌한 변조

- **민트 - 초콜릿:** 민트가 첨가된 초콜릿에서는 민트의 시원한 맛이 초콜릿의 단맛을 변조하여 청량감을 주는 독특한 맛을 형성합니다. 초콜릿의 단맛은 민트에 의해 더 상쾌하고 깔끔한 느낌으로 변조되며, 이는 민트 초콜릿 특유의 매력을 만들어냅니다.

(5) 중국 요리의 맛의 변조

중국 요리는 맛의 변조가 많이 일어나는 대표적인 예로 꼽힙니다. 다양한 재료와 조리법을 통해 기본 맛들이 서로 결합되고 변조되며, 독특하고 복잡한 맛의 경험을 제공합니다.

강도

맛 종류

중국 요리의 맛의 복합성 증가

① 단맛과 짠맛의 변조

• **동파육**: 중국의 대표적인 요리인 동파육(豚皮肉)은 설탕과 간장을 사용해 단맛과 짠맛이 조화
를 이루는 동시에 변조됩니다.
설탕의 단맛이 간장의 짠맛을 부드럽게 하고, 동시에 짠맛이 단맛을 더 깊고 풍부하게 만듭니
다. 이 과정에서 고기의 풍미가 한층 더 복합적으로 느껴지며, 맛의 변조를 통해 더욱 다층적
인 맛이 형성됩니다.

② 매운맛과 감칠맛의 변조

• **마라탕(麻辣烫)**: 중국의 마라탕은 매운맛과 감칠맛이 복합적으로 결합된 요리입니다. 마라
(麻)에서 비롯된 강렬한 매운맛이 감칠맛과 결합하여, 요리의 풍미를 더욱 깊고 중독성 있게
만듭니다. 매운맛은 감칠맛을 변조하여 맛의 인지 강도를 높이고, 감각적인 경험을 극대화합
니다.

③ 신맛과 단맛의 변조

• **탕수육**: 중국의 탕수육(糖醋肉)은 신맛과 단맛의 변조가 잘 드러나는 요리입니다. 식초의 신
맛과 설탕의 단맛이 결합하여 튀긴 고기의 풍미를 변화시키며, 달콤하면서도 새콤한 소스가
탕수육의 맛을 더욱 풍부하게 만듭니다.

맛의 변조는 다양한 요리에서 중요한 역할을 하며, 특히 중국 요리에서 그 복잡성과 풍미를 더
해주는 중요한 요소입니다. 변조를 통해 새로운 맛의 경험을 창출하고, 미각을 다차원적으로 확
장시킬 수 있습니다. 이를 통해 우리는 단순한 맛의 조합을 넘어, 맛의 변조를 통해 완성된 깊고
복합적인 미각 경험을 즐길 수 있습니다.

복합적인 맛 창출과 미각 경험의 변형

변조 효과는 요리와 식품 개발에서 새로운 맛을 창출하거나 기존 맛을 더욱 흥미롭게 만드는 데 활용됩니다. 예를 들어, 칵테일에서 신맛이 단맛을 변조하여 더 상쾌한 음료를 만들거나, 디저트에서 단맛과 쓴맛을 조합하여 쓴맛의 강도를 조절하면서도 새로운 맛을 형성할 수 있습니다. 또한, 특정 요리에서 감칠맛이 다른 맛의 특성을 변화시켜 더 깊고 풍부한 풍미를 만들어낼 수 있습니다. 이러한 변조 효과를 통해 요리의 맛을 더욱 다채롭고 매력적으로 만들 수 있으며, 이는 미식 경험을 한층 더 발전시키는 중요한 방법입니다.

6) 맛의 상실(Loss)

상실은 한 맛이 너무 강하여 다른 맛과 결합할 때, 원래의 맛이 사라지거나 잃어버리는 현상을 의미합니다. 이 현상은 맛의 점들이 연결될 때, 특정 맛의 점이 너무 강력하게 작용하여, 그 결과 선이 단절되고 다른 맛이 느껴지지 않게 되는 과정으로 설명할 수 있습니다. 상실 효과는 특정 맛이 너무 압도적일 때 발생하며, 다른 맛들이 제대로 인식되지 않는 경우입니다.

너무 강한 짠맛(Saltiness)이 다른 맛을 전부 상실하게 만들 수 있습니다. 예를 들어, 소금이 과도하게 첨가된 음식에서는 원래 포함되어 있던 단맛, 신맛, 감칠맛 등이 거의 느껴지지 않고, 짠맛만이 강하게 남게 됩니다. 이 경우, 짠맛의 점이 다른 모든 맛의 점을 압도하면서, 원래의 맛이 사라지거나 상실되는 현상이 발생합니다.

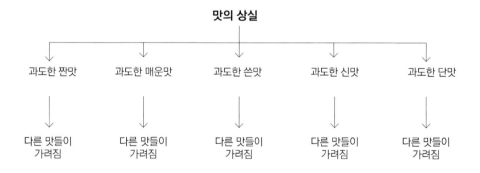

(1) 과도하게 짠 음식

소금을 너무 많이 사용한 음식에서는 짠맛이 다른 모든 맛을 압도하여, 원래 존재하던 단맛, 신맛, 감칠맛 등이 거의 느껴지지 않게 됩니다. 예를 들어, 소금이 과도하게 들어간 수프나 소스에서는 짠맛이 강해져 다른 맛들이 상실되고, 오직 짠맛만이 지배적인 맛으로 남게 됩니다.

42

다차원 맛의 비밀

(2) 너무 매운 음식

매운 고추나 매운 소스를 지나치게 많이 사용한 음식에서는 매운맛이 다른 모든 맛을 압도하여, 원래 존재하던 단맛, 감칠맛, 또는 풍부한 향신료의 맛이 거의 느껴지지 않게 됩니다. 예를 들어, 고추가 많이 들어간 매운 카레에서는 매운맛이 너무 강해져 다른 향신료의 복합적인 풍미가 상실되고, 오직 매운맛만이 지배적인 맛으로 남게 됩니다.

(3) 쓴맛이 강한 음식

커피가 너무 진하게 추출되었거나 다크 초콜릿의 쓴맛이 지나치게 강할 경우, 쓴맛이 다른 모든 맛을 압도하여 원래 존재하던 단맛이나 감칠맛이 거의 느껴지지 않게 됩니다. 예를 들어, 다크 초콜릿에서 쓴맛이 너무 강하면, 초콜릿의 고소한 맛이나 단맛이 상실되고, 쓴맛만이 지배적인 맛으로 남게 됩니다.

(4) 과도한 신맛

레몬즙이나 식초를 너무 많이 사용한 음식에서는 신맛이 다른 모든 맛을 압도하여, 원래 존재하던 단맛이나 감칠맛 등이 거의 느껴지지 않게 됩니다. 예를 들어, 레몬즙이 과도하게 들어간 드레싱에서는 신맛이 너무 강해져 다른 재료들의 미묘한 맛이 상실되고, 오직 신맛만이 지배적인 맛으로 남게 됩니다.

(5) 지나치게 달콤한 디저트

설탕이 과도하게 들어간 디저트에서는 단맛이 다른 모든 맛을 압도하여, 원래 있던 과일의 신맛이나 디저트의 고소한 맛이 거의 느껴지지 않게 됩니다. 예를 들어, 설탕이 너무 많이 들어간 케이크에서는 단맛이 너무 강해져 다른 재료들의 맛이 상실되고, 오직 단맛만이 지배적인 맛으로 남게 됩니다.

맛의 균형과 조화 유지

상실 효과는 요리에서 맛의 균형을 유지하기 위한 경고로 작용합니다. 한 가지 맛이 지나치게 강하면, 다른 맛들이 상실되어 요리의 전체적인 풍미가 훼손될 수 있습니다. 이를 방지하기 위해, 셰프들은 각 맛의 강도를 조절하고, 모든 맛이 조화를 이루도록 신중하게 배합합니다. 예를 들어, 간이 과도한 음식에서는 짠맛을 줄여 원래의 다른 맛을 회복시키는 방법이 필요합니다. 상실 효과를 이해하고 조절함으로써, 복합적이고 조화로운 맛을 유지할 수 있으며, 이를 통해 요리의 품질을 높일 수 있습니다.

7) 맛의 순응(Adaptation)

순응은 지속적으로 한 가지 맛을 느끼다 보면, 그 맛에 대해 감각이 둔해져 감도가 떨어지는 현상을 말합니다. 이는 특정 맛의 점이 계속해서 동일한 선을 따라가면서 더 이상 새로운 감각을 제공하지 못하는 상태로 설명할 수 있습니다. 순응 현상은 시간이 지남에 따라 미각 수용체가 해당 맛에 적응하여, 그 맛이 점차 덜 강하게 느껴지는 현상입니다.

(1) 짠맛에 대한 순응

짠 음식을 계속 먹다 보면 처음에는 매우 짜게 느껴졌던 음식이 시간이 지남에 따라 덜 짜게 느껴지기 시작합니다. 예를 들어, 감자칩을 처음 먹을 때는 짠맛이 강하게 느껴지지만, 계속해서 먹다 보면 그 짠맛에 순응하여 덜 짜게 느껴집니다. 이 순응 효과는 미각 수용체가 지속적인 짠맛 자극에 적응하면서 감도가 떨어지기 때문에 발생합니다.

(2) 매운맛에 대한 순응

매운 음식을 처음 먹을 때는 매운맛이 매우 강하게 느껴지지만, 지속적으로 매운 음식을 먹다 보면 그 강도가 덜 느껴지게 됩니다. 예를 들어, 매운 라면을 처음 먹을 때는 입이 타는 듯한 매운맛을 느끼지만, 자주 먹다 보면 같은 라면의 매운맛이 덜 강하게 느껴지게 됩니다. 이는 매운맛에 대한 순응이 일어나면서 미각 수용체가 매운맛에 둔감해지기 때문입니다.

(3) 단맛에 대한 순응

단맛이 강한 음식을 계속 먹다 보면 처음에는 매우 달게 느껴졌던 음식이 시간이 지나면서 덜 달게 느껴집니다. 예를 들어, 초콜릿을 계속해서 먹다 보면 처음의 달콤함이 점차 줄어들고, 더 이상 처음처럼 달게 느껴지지 않게 됩니다. 이 현상은 단맛에 대한 순응이 일어나면서 미각 수용체가 단맛에 덜 민감해지기 때문에 발생합니다.

(4) 신맛에 대한 순응

신맛이 강한 음식을 지속적으로 섭취하면, 처음에는 매우 신맛이 강하게 느껴졌던 음식이 시간이 지나면서 신맛이 덜 느껴집니다. 예를 들어, 신맛이 강한 사탕을 계속해서 먹다 보면, 처음에는 입안이 얼얼할 정도로 신맛이 강하게 느껴지지만, 계속해서 먹다 보면 그 신맛에 순응하여 신맛이 덜 느껴지게 됩니다.

(5) 쓴맛에 대한 순응

커피나 다크 초콜릿과 같이 쓴맛이 강한 음식을 계속 섭취하면, 처음에는 그 쓴맛이 매우 강하게 느껴지지만, 지속적으로 섭취하다 보면 쓴맛에 순응하여 덜 쓴맛으로 느껴지게 됩니다. 예를 들어, 처음에는 매우 쓴맛이 강하게 느껴지던 에스프레소가 자주 마시다 보면 그 쓴맛이 덜 강하게 느껴지게 됩니다.

 응용

맛의 변화를 통한 미각 경험의 유지

순응 효과는 요리와 식품 개발에서 맛의 다양성과 변화를 유지하는 필요성을 강조합니다. 지속적으로 동일한 맛이 반복되면 감각이 둔화될 수 있으므로, 셰프들은 맛의 변화를 통해 미각을 계속 자극하는 방법을 고려해야 합니다. 예를 들어, 요리 과정에서 다른 맛을 첨가하거나 맛의 강도를 조절하여 미각이 순응하지 않도록 할 수 있습니다. 또한, 여러 코스 요리에서 맛의 변화와 대비를 통해 각 코스가 독특한 감각적 경험을 제공하도록 구성할 수 있습니다.

3. 맛의 조절변수로서의 신맛

신맛(Sourness)은 미각 경험에서 중요한 조절변수로서, 다른 맛의 인지 강도와 전반적인 맛의 구조에 중요한 영향을 미칩니다. 신맛은 주로 산성 성분(예: 구연산, 아세트산)에 의해 유발되며, 이는 혀에 있는 미각 수용체를 자극하여 산미를 느끼게 합니다. 신맛은 다른 맛을 강조하거나 억제하고, 음식의 전체적인 풍미를 조절하는 데 필수적인 역할을 합니다.

다음으로, 신맛의 조리과학적 기능과 학문적 중요성에 대해 체계적으로 살펴보겠습니다.

1) 신맛의 조리과학적 역할

(1) 맛의 균형과 조화

신맛은 음식의 맛을 조절하는 중요한 요소로, 특히 단맛, 짠맛, 지방 맛과 같은 다른 맛의 강도를 조절하는 데 사용됩니다. 신맛은 이러한 맛들의 과도함을 억제하고, 전체적인 맛의 균형을 유지하는 데 중요한 역할을 합니다.

예를 들어, 신맛은 단맛의 과도한 느낌을 억제하면서도, 단맛의 밝고 신선한 측면을 강조하여 더 복합적인 맛을 창출합니다. 이 과정에서 신맛은 단맛과의 상호작용을 통해 음식의 풍미를 더욱 복잡하고 다채롭게 만듭니다.

(2) 기름진 음식에서의 신맛의 기능

기름진 음식에서 신맛은 지방의 느끼함을 상쇄시키고, 입안의 감각을 깨끗이 정리하는 데 중요한 역할을 합니다. 이는 신맛이 지방을 분해하거나, 입안의 미각 수용체를 다시 활성화하여 느끼함을 줄이는 기능을 통해 이루어집니다. 신맛은 기름진 요리에 첨가되어, 그 요리의 풍미를 더 산뜻하고 가볍게 만들어주며, 전반적인 맛의 조화를 이루게 합니다.

대표적인 예로, 레몬즙이나 식초가 샐러드 드레싱이나 기름진 소스에 첨가될 때, 이러한 신맛이 음식의 전반적인 맛을 더 균형 잡히게 만드는 역할을 합니다.

(3) 맛의 대비와 강화

신맛은 다른 맛의 대비를 강화하는 데도 사용됩니다. 이는 신맛이 특정 맛을 더 두드러지게 하거나, 반대로 그 맛을 억제함으로써 음식의 전반적인 맛을 조정하는 기능을 합니다.

예를 들어, 신맛은 짠맛과 결합할 때 짠맛의 자극을 줄여주면서도, 그 맛을 더 풍부하고 복합적으로 만드는 역할을 합니다. 이는 신맛이 짠맛과 함께 미각 수용체에 작용하여, 그 맛의 인지적 경험을 변화시키기 때문입니다.

2) 신맛의 중요성

(1) 맛의 조절변수로서의 필수성

신맛은 요리의 맛을 균형 있게 만들고, 다른 맛을 조절하는 데 필수적인 역할을 합니다.

신맛이 없다면 단맛, 짠맛, 지방 맛 등은 쉽게 과도해지거나 단조롭게 느껴질 수 있으며, 신맛은 이를 적절히 조절해 주어야만 맛의 조화가 이루어집니다. 이는 신맛이 요리에서 필수적인 조미료로서가 아닌, 맛의 전반적인 구조를 조절하는 핵심적인 조절변수임을 나타냅니다.

(2) 미각 경험의 풍부화

신맛은 산미를 제공할 뿐만 아니라 요리의 전체적인 맛의 경험을 풍부하게 만드는 중요한 요소입니다. 신맛은 단맛과 짠맛의 상호작용을 통해 복합적이고 다층적인 미각 경험을 제공하며, 궁극적으로 요리의 품질을 높입니다. 또한, 신맛은 다양한 문화적 요리에서 핵심적인 역할을 하며, 각각의 요리에서 고유한 맛의 프로파일을 형성하는 데 기여합니다.

신맛은 조리과학과 학문적 연구에서 필수적인 조절변수로, 음식의 전반적인 맛을 조절하고 최적화하는 데 중요한 역할을 합니다. 신맛의 체계적인 연구와 조리과학적 응용은 요리의 맛을 설계하고 조절하는 데 있어 필수적인 지침을 제공하며, 이를 통해 더 복합적이고 균형 잡힌 미각 경험을 창출할 수 있습니다.

4. 맛의 조절변수로서의 매운맛

매운맛(Spiciness)은 미각 경험에서 중요한 조절변수로서, 다른 맛의 인지 강도와 전반적인 맛의 구조에 중대한 영향을 미칩니다. 매운맛은 주로 캡사이신과 같은 화합물에 의해 유발되며, 이는 혀에 있는 통각 수용체(nociceptors)를 자극하여 뜨겁고 자극적인 감각을 느끼게 합니다. 매운맛은 다른 맛을 강조하거나 억제하면서 음식의 전체적인 풍미를 조절하는 데 필수적인 역할을 합니다.

다음으로, 매운맛의 조리과학적 기능과 학문적 중요성에 대해 체계적으로 살펴보겠습니다.

1) 매운맛의 조리과학적 역할

(1) 맛의 강조와 억제

매운맛은 음식의 맛을 조절하는 중요한 요소로, 특히 짠맛, 단맛, 신맛과 같은 다른 맛의 강도를 변화시키는 데 사용됩니다. 매운맛은 특정 맛을 더욱 두드러지게 하거나, 반대로 그 맛을 억제하는 기능을 통해 요리의 전체적인 맛을 조절합니다.

예를 들어, 매운맛은 짠맛을 더욱 강렬하게 느껴지도록 하며, 단맛과 결합할 때 단맛의 지나친 부드러움을 억제하여 더 깊고 복합적인 맛을 창출합니다. 이 과정에서 매운맛은 단맛, 짠맛, 신맛과의 상호작용을 통해 음식의 풍미를 더욱 자극적이고 다층적으로 만듭니다.

(2) 기름진 음식에서의 매운맛의 기능

기름진 음식에서 매운맛은 느끼함을 상쇄하고, 입안의 감각을 깨우는 데 중요한 역할을 합니다. 매운맛은 기름진 음식에 첨가되어, 그 요리의 풍미를 더 강렬하고 활기차게 만들어주며, 전반적인 맛의 균형을 이루게 합니다.

대표적인 예로, 고추나 후추와 같은 매운 재료가 기름진 소스나 튀김 요리에 첨가될 때, 매운맛이 음식의 전반적인 맛을 더 생동감 있게 만드는 역할을 합니다.

(3) 맛의 지속성과 감각적 자극

매운맛은 감각적 자극을 통해 맛의 지속성을 높이는 역할을 합니다. 매운 자극이 입안에 남아 다른 맛의 기억을 연장하며, 이는 전반적인 미각 경험의 지속성을 높입니다.

특히, 매운맛은 요리의 강렬한 피니시(끝맛)를 만들어내어, 맛의 인상을 더 오래 지속하는 데 기여합니다.

2) 매운맛의 중요성

(1) 맛의 조절변수로서의 필수성

매운맛은 요리의 맛을 강조하고, 다른 맛을 조절하는 데 필수적인 역할을 합니다. 매운맛이 없다면 짠맛, 단맛, 지방 맛 등은 쉽게 과도해지거나 단조롭게 느껴질 수 있으며, 매운맛은 이를 적절히 조절해 주어야만 맛의 조화가 이루어집니다. 이는 매운맛이 요리에서 단순한 자극제 이상의 역할을 하며, 맛의 전반적인 구조를 조절하는 핵심적인 조절변수임을 나타냅니다.

매운맛의 강도는 일반적으로 스코빌 척도(Scoville Scale)로 측정됩니다. 이 척도는 매운맛의 주요 성분인 캡사이신(capsaicin) 함량을 기준으로 매운맛의 강도를 수치화한 것입니다. 여기 몇 가지 대표적인 고추와 그들의 매운맛 강도를 소개합니다.

(2) 매운맛의 강도별 구분

① **벨 페퍼(Bell Pepper)**: 0~100 SHU

벨 페퍼는 거의 매운맛이 없는 고추로, 샐러드나 요리에 자주 사용됩니다.

② **파프리카(Paprika)**: 100~500 SHU

파프리카는 가벼운 매운맛을 지니고 있으며, 주로 가루로 만들어 요리의 색과 맛을 더하는 데 사용됩니다.

③ **할라피뇨(Jalapeño)**: 2,500~8,000 SHU

할라피뇨는 중간 정도의 매운맛을 지닌 고추로, 멕시코 요리에서 자주 사용됩니다.

④ **세라노(Serrano)**: 210,000~23,000 SHU

세라노 고추는 할라피뇨보다 강한 매운맛을 가지고 있으며, 다양한 요리에 매운맛을 더하는 데 사용됩니다.

⑤ **카이엔 페퍼(Cayenne Pepper)**: 230,000~50,000 SHU

카이엔 페퍼는 고운 가루 형태로 많이 사용되며, 요리에 강렬한 매운맛을 추가하는 데 자주 사용됩니다.

⑥ **타이 페퍼(Thai Pepper)**: 250,000~100,000 SHU

타이 페퍼는 아시아 요리에서 흔히 사용되며, 강렬한 매운맛을 제공합니다.

⑦ **하바네로(Habanero)**: 2100,000~350,000 SHU

하바네로는 매우 강한 매운맛을 지닌 고추로, 주로 매운 소스나 고추 소스에 사용됩니다.

⑧ **고스트 페퍼(Ghost Pepper)**: 2800,000~1,041,427 SHU

고스트 페퍼는 세계에서 가장 매운 고추 중 하나로, 극한의 매운맛을 자랑합니다.

⑨ 캐롤라이나 리퍼(Carolina Reaper): 21,400,000~2,200,000 SHU

현재 세계에서 가장 매운 고추로 알려진 캐롤라이나 리퍼는 극도로 강한 매운맛을 가지고 있어, 매우 소량으로만 사용됩니다.

Carolina Reaper

(3) 단계별 매운맛과 요리 응용

매운맛의 강도에 따라 다양한 단계에서 매운맛을 조절할 수 있습니다. 요리에서 매운맛의 강도를 적절하게 조절하는 것은 요리의 균형을 맞추고, 다른 맛들과의 조화를 이루는 데 중요한 역할을 합니다.

1단계: 순한 매운맛(Mild Spiciness)

혀끝에서 느껴지는 가벼운 매운맛으로, 대부분의 사람들이 편안하게 즐길 수 있는 수준입니다. 후추나 가벼운 고추류(예: 피망)에서 느껴지는 매운맛이 이 단계에 속합니다.

• **예시**: 김치 초보자용(Beginner-level Kimchi), 순한 살사 소스(Mild Salsa), 파프리카(Paprika)

2단계: 중간 매운맛(Medium Spiciness)

혀와 입안에서 더 강한 자극을 주는 매운맛이지만, 여전히 대부분의 사람들에게 큰 부담 없이 즐길 수 있는 수준입니다. 조금 더 강한 고추류(예: 할라피뇨)에서 느껴지는 매운맛입니다.

- 예시: 중간 매운맛 카레(Medium-spicy Curry), 중간 강도의 김치(Moderately Spicy Kimchi), 할라피뇨(Jalapeños)

3단계: 강한 매운맛(Hot Spiciness)

혀, 입천장, 목구멍에 강한 자극을 주며, 이 단계에서부터는 땀이나 눈물, 콧물이 나올 수 있습니다. 고추의 매운맛이 확실히 느껴지며, 매운맛에 익숙하지 않은 사람들은 이 단계에서 불편함을 느낄 수 있습니다.

- 예시: 청양고추(Cheongyang Chili Peppers), 매운 떡볶이(Spicy Tteokbokki), 매운 라면(Spicy Ramen)

4단계: 극강 매운맛(Extreme Spiciness)

입안 전체에 극심한 통증을 느낄 수 있으며, 소량의 섭취로도 강렬한 매운맛이 오랜 시간 지속됩니다. 이 단계의 매운맛은 매운맛에 극도로 강한 사람만이 도전할 수 있으며, 대부분의 사람들에게는 고통스러운 수준입니다.

- 예시: 캐롤라이나 리퍼(Carolina Reaper), 고스트 페퍼(Ghost Peppers), 하바네로(Habanero), 매운 소스 챌린지용 제품(Spicy Sauce Challenge Products)

매운맛의 단계별 조절은 요리의 맛을 세밀하게 조정하는 데 중요한 역할을 합니다. 각 단계에서 매운맛이 적절히 사용될 때, 요리의 전반적인 맛의 구조를 강화하고, 미각 경험을 풍부하게 할 수 있습니다. 이를 통해 매운맛은 단순한 자극을 넘어서, 요리의 품질을 높이는 중요한 조절변수로 기능합니다.

(4) 미각 경험의 풍부화

매운맛은 요리의 전체적인 맛의 경험을 풍부하게 만드는 중요한 요소입니다. 매운맛은 단맛과 짠맛의 상호작용을 통해 복합적이고 다층적인 미각 경험을 제공하며, 궁극적으로 요리의 품질을 높입니다. 또한, 매운맛은 다양한 문화적 요리에서 핵심적인 역할을 하며, 각각의 요리에서 고유한 맛의 프로파일을 형성하는 데 기여합니다.

덧붙여 매운맛은 조리과학과 학문적 연구에서 필수적인 조절변수로, 음식의 전반적인 맛을 조절하고 최적화하는 데 중요한 역할을 합니다. 매운맛의 체계적인 연구와 조리과학적 응용은 요리의 맛을 설계하고 조절하는 데 있어 필수적인 지침을 제공하며, 이를 통해 더 복합적이고 균형 잡힌 미각 경험을 창출할 수 있습니다.

응용

1차원 맛의 개념은 실제 요리와 식품 개발에서 매우 중요합니다. 특히 소스 개발이나 조미료 배합에서는 이 원리를 이해하고 적용하는 것이 필수적입니다. 이 과정에서 맛의 상호작용을 고려하여, 학생들이 다양한 맛의 조합을 통해 어떤 결과가 나타나는지 이해하는 것이 중요합니다. 이는 미각 수용체에서 발생하는 화학적 반응과 맛의 상호작용을 기반으로 하며, 맛의 선형적 결합이 새로운 맛을 창출하는 과정을 체계적으로 학습하게 합니다.

다차원 맛의 비밀

UNIT 4 2차원 맛
(Two-Dimensional Flavor)

1. 기본 개념

2차원(2D)은 길이(Length)와 너비(Width)로 구성된 평면적인 공간을 의미합니다. 이 차원에서는 모든 것이 평면 위에 존재하며, 높이(Height)는 고려되지 않습니다. 2차원에서의 표현은 주로 선이나 면으로 이루어지며, 이를 통해 물체의 형태와 구조를 단순하게 나타낼 수 있습니다.

2차원 맛(Two-Dimensional Flavor)은 맛과 향이 결합하여 만들어지는 평면적인 맛 경험 혹은 음식의 인상과 표정을 의미합니다. 이 차원에서는 기본적인 맛(예: 단맛, 짠맛, 신맛, 쓴맛, 감칠맛)과 함께 향(Smell)이라는 또 다른 요소가 결합되어, 보다 풍부한 맛을 형성합니다. 예를 들어, 단순한 토마토 소스에 바질이나 오레가노와 같은 허브를 첨가하면, 소스의 기본 맛에 허브의 향이 더해져 한층 더 깊고 입체적인 풍미가 형성됩니다. 이처럼 2차원 맛은 단순히 미각(taste)에서 끝나는 것이 아니라, 후각(smell)과의 상호작용을 통해 더 넓은 맛의 스펙트럼을 경험할 수 있습니다.

2. 상업적 메뉴 개발의 유익함

2차원 맛을 이해하는 것은 상업적 관점에서 메뉴를 개발하는 데 매우 중요합니다. 고객들은 단순히 한 가지 맛보다는 복합적이고 풍부한 맛을 경험하기를 원합니다. 2차원 맛을 활용하여 기본 맛과 향이 조화를 이루는 요리를 개발하면, 고객의 만족도를 높일 수 있습니다.

예를 들어, 레몬 제스트를 활용해 생선 요리에 신선한 향을 더하거나, 허브를 활용해 소스의 풍미를 증대시키는 등, 2차원 맛의 응용은 다양한 형태의 메뉴 개발에 활용될 수 있습니다.

이와 같이 2차원 맛의 개념은 단순한 맛의 조합을 넘어, 향과의 결합을 통해 보다 복합적이고 매력적인 맛을 창출하는 데 기여합니다. 이는 교육과 상업적 활용 모두에서 큰 가치를 지닙니다.

3. 표면적 특성

여기서 "표면적 특성"은 음식의 표면에서 첫 번째로 인지되는 맛, 향, 질감을 포함하는 개념으로, 음식의 전반적인 미각 경험에 중요한 영향을 미칩니다.

2차원 맛은 미각적 경험뿐만 아니라, 냄새와의 상호작용을 통해 음식에 개성과 인상, 그리고 지역적, 문화적 특성을 부여합니다. 이 차원에서 음식의 향은 그 자체로 음식의 맛을 강화하며, 특정 지역의 음식 문화와 정체성을 형성하는 데 중요한 역할을 합니다.

음식의 표면적 특성은 시각, 후각, 미각, 그리고 촉각적인 요소들이 결합된 초기 감각 경험을 말합니다. 이는 음식을 처음 접했을 때, 즉 음식의 표면에서 먼저 인지되는 향과 맛, 그리고 질감의 조합을 포함합니다. 표면적 특성은 다음과 같은 요소들로 구성됩니다.

1) 첫인상(First Impression)

음식의 첫인상은 주로 시각적 요소(색, 모양), 후각적 요소(향), 그리고 초기의 미각적 요소로 구성됩니다. 이 첫인상은 음식에 대한 전체적인 기대감을 형성합니다.

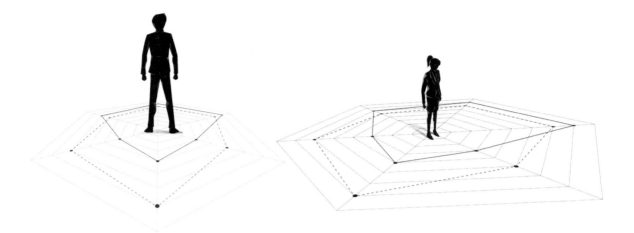

2) 음식에 초기 인식을 주는 향과 냄새(Aroma and Smell)

음식의 표면에서 발산되는 향과 냄새는 2차원 맛의 핵심 요소입니다. 향은 음식을 먹기 전에 후각을 자극하여, 음식의 맛에 대한 초기 인식을 형성합니다. 이 냄새는 음식의 표면적 특성과 후각적 상호작용을 통해 음식의 풍미를 풍부하게 만듭니다.

3) 질감(Texture)

2차원 맛(Two-Dimensional Flavor)은 맛과 냄새의 상호작용을 통해 음식의 복합적인 풍미를 형성하는 개념입니다.

음식의 겉부분에서 느껴지는 질감은 표면적 특성의 중요한 부분입니다. 바삭함, 부드러움, 크러스트의 두께 등은 모두 음식을 처음 접했을 때 인지되는 촉각적인 요소로, 미각 경험에 큰 영향을 미칩니다.

2차원 맛에서 질감(Texture)

● **질감의 구성 요소**

1. **바삭함(Crunchiness)**
   바삭함은 음식의 겉부분에서 느껴지는 경쾌하고 빠른 소리와 느낌으로, 주로 튀김 요리나 신선한 채소에서 나타납니다. 이 질감은 음식을 처음 접했을 때 인지되는 촉각적인 요소로, 음식의 신선함과 조리 방법을 반영합니다. 바삭함은 후각과 미각을 자극하여 전체적인 맛을 더욱 생동감 있게 만듭니다.

2. **크리미함(Creaminess)**
   크리미함은 부드럽고 풍부한 질감으로, 주로 유제품이나 에멀전 소스에서 나타납니다. 이 질감은 입안에서 느껴지는 부드러운 촉감을 통해 음식의 풍미를 확장하고, 부드럽고 감미로운 맛을 제공합니다. 크리미함은 특히 단맛이나 감칠맛과 잘 어울리며, 음식의 표면적 특성을 부드럽게 감싸줍니다.

3. **씹힘성(Chewiness)**
   씹힘성은 음식이 씹힐 때 느껴지는 저항력으로, 고기나 곡물, 특정 빵류에서 주로 나타납니다. 이 질감은 음식을 천천히 씹으면서 맛이 점진적으로 인지되도록 돕고, 미각 경험을 오래 지속시키는 역할을 합니다. 씹힘성은 음식의 밀도와 조리법에 따라 달라지며, 입안에서 맛의 구조를 더욱 복합적으로 만듭니다.

4. 부드러움(Tenderness)

부드러움은 음식의 겉과 속이 모두 부드럽게 느껴지는 질감으로, 주로 고기나 잘 익은 채소에서 나타납니다. 이 질감은 음식을 입안에 넣었을 때 느껴지는 편안함과 함께, 부드럽고 섬세한 맛을 제공합니다. 부드러움은 음식의 숙성도와 조리 시간이 중요한 요소로 작용하며, 미각 경험에 부드러운 풍미를 더합니다.

5. 수분감(Moisture)

수분감은 음식의 촉촉한 질감으로, 입안에서의 풍미 분포와 감각적 경험에 중요한 영향을 미칩니다. 음식이 얼마나 촉촉한지에 따라 맛이 입안에 퍼지는 방식과 강도가 달라지며, 맛의 생동감과 깊이를 더해줍니다. 수분감은 또한 음식의 신선함과 조리 방법을 반영하며, 촉촉함이 유지될수록 맛이 더욱 풍부하게 인지됩니다.

● **2차원 맛과 질감의 상호작용**

2차원 맛에서 질감은 표면적 특성과 결합하여 음식의 전체적인 미각 경험을 형성합니다. 질감은 음식의 첫인상에 강력한 영향을 미치며, 맛이 입안에 퍼지는 방식과 함께 후각적인 요소와 결합하여 복합적인 풍미를 만들어냅니다. 예를 들어, 바삭한 피자 도우는 씹을 때마다 크리미한 치즈와 토마토 소스의 풍미가 점차 퍼지게 하며, 이 과정에서 후각과 미각이 상호작용하여 풍부한 맛을 제공합니다.

 핵심 정리

질감은 2차원 맛의 핵심 요소로서, 음식의 표면적 특성과 결합하여 입체적인 미각 경험을 형성합니다. 질감은 단순한 물리적 특성을 넘어, 음식의 맛과 후각적 요소를 강화하고 조화롭게 결합하여 음식의 풍미를 극대화합니다. 이처럼 질감은 음식의 전체적인 맛을 구성하는 중요한 부분으로, 미각 경험의 깊이와 풍부함을 결정짓는 요소입니다.

4) 표면의 맛(Surface Flavor)

음식의 표면에서 느껴지는 첫 번째 맛은 조리 과정에서 표면에 집중된 양념, 소스, 또는 향신료에 의해 형성됩니다. 이는 음식을 입에 넣었을 때 첫 번째로 인지되는 맛으로, 음식의 전반적인 풍미를 결정짓는 중요한 요소입니다.

다차원 맛의 비밀

2차원 맛은 요리에서 향신료와 허브, 그리고 다양한 조리 기법을 활용하여 음식의 표면적 특성을 강화하는 데 중요한 역할을 합니다.

예를 들어, 스테이크에 로즈메리나 타임을 뿌리거나, 피자에 바질을 올리는 것처럼, 이러한 향신료와 허브는 음식의 향과 맛을 더욱 풍부하게 만들어줍니다. 또한, 스모킹(훈연) 기법을 통해 음식에 스모키한 향을 더하는 것도 2차원 맛의 일환입니다. 이러한 방법들은 음식의 첫인상을 강하게 만들고, 풍미를 다채롭게 하여, 전체적인 미각 경험을 더욱 깊이 있게 만듭니다.

4. 냄새 그룹

2차원 맛은 기본 맛에 냄새가 더해져, 음식의 인상과 표정을 형성하는 중요한 역할을 합니다. 이 차원에서는 기본적인 맛(예: 단맛, 짠맛, 신맛, 쓴맛, 감칠맛)과 더불어 다양한 향(냄새)이 결합되어 음식에 깊이 있는 풍미를 제공합니다. 2차원 맛은 단순히 혀에서 느껴지는 맛뿐만 아니라 코를 통해 느껴지는 냄새와의 조화를 통해 더 복합적이고 입체적인 미각 경험을 만들어냅니다.

음식의 향은 미각과 밀접하게 연결되어 있으며, 향이 맛을 어떻게 강화하고 변조하는지에 따라 음식의 전체적인 인상이 크게 달라질 수 있습니다. 2차원 맛을 형성하는 데 중요한 냄새 그룹은 다음과 같습니다.

냄새그룹은 5그룹으로 분류됩니다.

첫 번째, 아로마틱스(Aromatics) 즉, 허브와 스파이스 냄새 그룹

두 번째, 신맛 냄새 그룹(Sour Smell Group)

세 번째, 지방 냄새 그룹(Fatty Smell Group)

네 번째, 스모키 냄새 그룹(Smoky Smell Group)

마지막으로 발효 및 숙성 냄새 그룹(Fermented and Aged Smell Group)입니다.

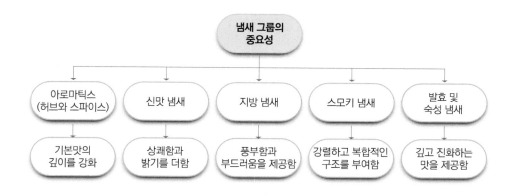

1) 아로마틱스(Aromatics) 허브와 스파이스 냄새 그룹

(1) 정의

허브와 스파이스는 음식의 향을 강화하고, 기본 맛을 더욱 풍부하게 만드는 역할을 합니다. 아로마틱스(Aromatics)는 허브와 스파이스 외에도, 미르포아(Mirepoix)나 마늘, 생강과 같은 향이 강한 채소를 포함하여 요리의 향과 풍미를 극대화하는 재료 그룹입니다. 이러한 아로마틱스 재료들은 요리의 향미를 복잡하게 만들고, 다양한 요리 차원을 제공하는 핵심 요소입니다.

(2) 예시

• **허브:** 바질, 오레가노, 타임, 로즈메리 등은 소스와 스튜에 깊이를 더하며, 단순한 향을 넘어서 음식의 풍미를 확장합니다.

• **스파이스:** 계피, 정향, 커리, 후추 등의 향신료는 요리에 독특한 표정과 복합적인 맛을 부여합니다.

- **아로마틱스 채소:** 미르포아(Mirepoix)는 양파, 셀러리, 당근을 사용한 기본 향미 조합으로, 수프나 스튜, 소스의 기본 맛을 만들어냅니다. 마늘과 생강은 강렬한 향과 약간의 매운맛을 더해, 특히 아시아 요리에서 필수적인 요소로 사용됩니다.

(3) 활용

- **허브와 스파이스:** 주로 소스, 마리네이드, 로스트 요리에서 중요한 역할을 합니다. 예를 들어, 로즈메리는 로스트 치킨이나 감자 요리에서 깊은 향을 더하고, 계피와 정향은 디저트나 카레 요리에 복합적인 풍미를 더합니다.
- **아로마틱스 채소:** 미르포아는 프랑스 요리에서 국물과 소스의 기초로 사용되며, 마늘과 생강은 볶음 요리나 스튜에서 강한 향을 더해 음식의 풍미를 더욱 풍부하게 만듭니다. 이 채소들은 특히 요리 초반에 기름에 살짝 볶아내어 향을 끌어내는 데 사용됩니다.

이처럼 허브, 스파이스, 아로마틱스 채소는 요리의 향과 맛을 복합적이고 깊이 있게 만들어주며, 여러 차원의 맛을 완성하는 데 중요한 역할을 합니다.

• 참고자료 • 이종필(2023). 치유의 맛. 백산출판사. 52페이지

2) 신맛 냄새 그룹(Sour Smell Group)

(1) 정의
신맛 냄새 그룹에는 주로 시트러스 계열의 과일이나 식초에서 오는 향이 포함됩니다.

(2) 예시
레몬, 라임, 식초 등의 신맛 냄새는 상쾌하고 활력을 주는 특성이 있습니다. 이러한 향은 단맛이나 감칠맛과 결합하여 음식에 생동감을 더합니다.

(3) 활용
신맛 냄새는 드레싱, 마리네이드, 소스, 해산물 요리에 사용되며, 음식에 상쾌함과 산뜻함을 부여하여 요리의 밸런스를 맞추는 데 기여합니다.

3) 지방 냄새 그룹(Fatty Smell Group)

(1) 정의
지방 냄새 그룹은 버터, 치즈, 오일 등에서 나오는 풍부한 향을 포함합니다.

(2) 예시
버터에서 나오는 크리미한 향, 치즈의 진한 향, 올리브 오일의 풍미가 대표적입니다. 예를 들어, 브리 치즈의 풍미는 크림 소스에 깊이 있는 향을 더해줍니다.

(3) 활용
지방 냄새는 소스, 페이스트리, 구이 요리에서 중요한 역할을 하며, 음식의 전체적인 맛을 풍부하게 하고 부드러운 질감을 더합니다. 특히, 지방 냄새 그룹은 음식의 풍미를 강조하고, 질감과 결합하여 다층적인 맛 경험을 제공합니다.

(4) 나라별 대표 양념 지방
다음 표는 나라별 대표적인 양념 지방을 정리한 것입니다. 그 나라의 양념 지방을 쉽게 사용하려면 다음과 같이 생각하고 사용하세요. 이탈리아 참기름은 올리브오일, 프랑스 참기름은 버터라고 생각하고 사용한다면 지방의 활용도가 높아질 것입니다.

나라 (Country)	대표 양념 지방 (Key Seasoning Fat)	설명 (Description)
한국(Korea)	참기름(Sesame Oil)	고소한 향과 맛을 더하는 필수적인 양념. 나물, 비빔밥, 육회 등에 사용
이탈리아(Italy)	올리브 오일(Olive Oil)	신선하고 풍부한 맛을 제공. 파스타, 샐러드, 피자 등에 사용
프랑스(France)	버터(Butter)	부드럽고 고소한 풍미를 더함. 소스, 페이스트리, 빵 등에 사용
영국(UK)	비프 드리핑 (Beef Dripping)	고소한 맛과 바삭한 식감을 제공. 피시 앤 칩스, 로스트 요리 등에 사용
멕시코(Mexico)	라드(Lard)	깊은 맛과 풍미를 더함. 타말레, 타코, 엔칠라다 등에 사용
인도(India)	기(Ghee)	고소하고 깊은 맛을 더함. 커리, 달, 비리야니 등에 사용
동남아시아 (Southeast Asia)	코코넛 오일 (Coconut Oil)	고소하고 향긋한 맛을 제공. 튀김 요리, 디저트 등에 사용
서아프리카 (West Africa)	팜유(Palm Oil)	진한 색과 고소한 맛을 더함. 수프, 스튜 등에 사용
모로코(Morocco)	아르간 오일(Argan Oil)	견과류 향과 깊은 맛을 제공. 쿠스쿠스, 타진 등에 사용
중국(China)	피넛 오일(Peanut Oil), 고추기름(Chili Oil)	피넛 오일은 고소한 맛을 더함. 튀김 요리, 볶음 요리에 사용. 고추기름은 매운 맛과 향을 더함. 딤섬, 냉면 등에 사용
일본(Japan)	세사미 오일 (Toasted Sesame Oil)	고소한 맛을 더함. 소스, 드레싱, 나물 요리에 사용
호주(Australia)	마카다미아 오일 (Macadamia Oil)	부드럽고 고소한 맛을 제공. 샐러드 드레싱, 구이 요리에 사용
독일(Germany)	포크 라드(Pork Lard)	깊은 풍미를 더함. 소시지 제조, 베이킹에 사용
미국(USA)	베이컨 그리스 (Bacon Grease), 쇼트닝(Shortening)	베이컨 그리스는 고소하고 짭짤한 맛을 더함. 채소 볶음, 달걀 요리에 사용. 쇼트닝은 부드럽고 바삭한 식감을 제공. 파이 크러스트, 베이킹에 사용
스페인(Spain)	하몽 지방(Jamón Fat)	깊은 맛과 고소한 향을 더함. 타파스, 스튜 등에 사용
오스트리아(Austria)	호박씨유 (Pumpkin Seed Oil)	견과류 풍미를 더함. 샐러드 드레싱, 수프 등에 사용
그리스(Greece)	엑스트라 버진 올리브 오일 (Extra Virgin Olive Oil)	신선하고 풍부한 맛을 제공. 샐러드, 구운 요리에 사용
튀르키예(Turkey)	타히니(Tahini)	참깨 페이스트로 고소한 맛을 더함. 후무스, 드레싱 등에 사용
브라질(Brazil)	팜핵유 (Palm Kernel Oil)	고소한 맛과 크리미한 질감을 제공. 무페카(Moqueca) 스튜에 사용
중동(Middle East)	자타르 오일(Za'atar Oil)	자타르 허브와 혼합된 오일로, 고소하고 상쾌한 향을 더함. 빵, 샐러드, 구이 요리에 사용
우즈베키스탄 (Uzbekistan)	양고기 지방 (Lamb Fat)	플로프(Plov)와 같은 전통 요리에 사용되어 깊고 풍부한 맛을 더함

앞의 표는 각국의 대표적인 지방을 한눈에 볼 수 있도록 정리했으며, 조리학과 학생들이나 셰프들이 전 세계의 다양한 지방을 이해하고, 각각의 요리에서 어떻게 사용되는지 배우는 데 큰 도움이 될 것입니다.

4) 스모키 냄새 그룹(Smoky Smell Group)

(1) 정의
스모키 냄새 그룹은 훈연된 고기, 구운 채소, 바비큐 등에서 나오는 훈연 향을 포함합니다.

(2) 예시
훈연한 베이컨이나 구운 고기는 강한 맛과 향을 제공하며, 스모키 향이 요리의 깊이를 더합니다.

(3) 활용
스모키 냄새는 바비큐, 훈제 고기, 그릴 요리 등에 사용되며, 음식에 강렬하고 복합적인 구조를 부여합니다. 스모키 향은 주로 고기 요리에서 사용되지만, 때로는 채소나 치즈 등에도 적용되어 그 독특한 향을 강화할 수 있습니다.

(4) 훈연에 사용되는 나무의 종류와 그 특징
훈연에 사용되는 나무의 종류와 그 특징을 정리한 도표를 작성했습니다.

나무 종류 (Wood Type)	특징 (Characteristics)	사용 예시 (Usage Examples)
히코리 (Hickory)	강렬하고 풍부한 훈제 향과 짭짤한 맛을 더함	바비큐, 훈제 돼지고기, 소고기, 베이컨
체리 (Cherry)	달콤하고 부드러운 훈제 향을 제공하며, 고기에 붉은 색감을 더해줌	훈제 닭고기, 오리, 햄, 스테이크
사과나무 (Applewood)	은은한 단맛과 과일 향을 더하며, 부드러운 훈연 맛을 제공	닭고기, 돼지고기, 생선, 치즈
메이플(Maple)	달콤하고 섬세한 훈제 향을 제공	훈제 베이컨, 햄, 치즈, 가금류
오크(Oak)	중간 정도의 강도와 균형 잡힌 훈제 향을 제공	소고기, 돼지고기, 양고기, 생선
피칸(Pecan)	히코리보다 부드럽고 달콤한 훈제 향을 제공	닭고기, 돼지고기, 해산물
호두나무 (Walnut)	강하고 쌉쌀한 훈제 향을 제공하며, 주로 블렌딩에 사용됨	소고기, 돼지고기, 야채
포도나무 (Grape Vine)	가볍고 과일향이 가미된 훈제 향을 제공	가금류, 돼지고기, 양고기
전나무(Fir)	가볍고 소나무 향이 가미된 훈제 향을 제공	생선, 닭고기, 소시지
자작나무(Birch)	달콤하고 향긋한 훈제 향을 제공	훈제 생선, 야채, 돼지고기
헤이즐넛나무 (Hazelnut)	달콤하고 견과류 풍미가 더해진 훈제 향을 제공	훈제 가금류, 치즈, 생선
배나무(Pearwood)	부드럽고 달콤한 훈제 향을 제공	가금류, 돼지고기, 생선
포플러(Poplar)	부드럽고 중립적인 훈제 향을 제공	훈제 생선, 야채, 치즈
피치나무(Peach)	달콤하고 약간의 과일 향을 더해줌	닭고기, 돼지고기, 생선
아몬드나무 (Almond)	달콤한 견과류 향이 있는 훈제 향을 제공	가금류, 돼지고기, 해산물
잣나무(Pine)	매우 강한 훈제 향을 제공하며, 가급적 사용을 자제함	훈제 가금류, 주로 다른 나무와 혼합 사용
볏짚 (Rice Straw)*	은은한 향과 함께 고소한 맛을 더함. 한국에서 주로 사용되며, 독특한 향을 제공	삼겹살 훈연, 장어 구이

• **볏짚(Rice Straw)**은 한국 요리에서 독특한 풍미를 더하기 위해 사용되는 전통적인 훈연 재료로, 삼겹살이나 장어구이 같은 요리에서 많이 사용됩니다. 볏짚을 사용하여 훈연한 음식은 특유의 은은하고 고소한 향을 가지며, 한국 전통 음식에 깊이 있는 맛을 더해줍니다.

다차원 맛의 비밀

5) 발효 및 숙성 냄새 그룹(Fermented and Aged Smell Group)

(1) 정의
발효와 숙성 과정에서 발생하는 냄새는 복합적이고 깊이 있는 향을 제공합니다.

(2) 예시
치즈, 된장, 발효된 채소(김치)에서 나오는 발효 향은 음식에 강한 깊이와 풍미를 더합니다. 예를 들어, 파르메산 치즈는 파스타 요리에 복합적인 맛을 부여하며, 된장은 한국 요리에 깊고 복합적인 맛을 더합니다.

(3) 활용
발효 및 숙성 냄새는 발효된 식재료를 사용한 요리에서 주로 나타나며, 요리에 복잡한 미각 경험을 제공하는 데 중요한 역할을 합니다. 이러한 향은 음식의 장기적인 맛과 깊이를 결정하는 중요한 요소입니다.

2차원 맛은 음식에 인상과 표정을 부여하는 중요한 차원으로, 냄새 그룹의 결합이 중요한 역할을 합니다. 아로마틱스, 신맛, 지방, 스모키, 발효 및 숙성 냄새 그룹은 각각 음식의 맛을 변조하고, 음식의 전체적인 미각 경험을 다채롭고 깊이 있게 만듭니다. 이러한 2차원 맛의 조합은 단순한 맛을 넘어서, 음식에 풍부한 인상을 심어주며, 더 기억에 남는 미식 경험을 제공합니다.

UNIT 5 3차원 맛
(Three-Dimensional Flavor)

1. 기본 개념

3차원(Three-Dimensional)이란, 물리적 공간에서 길이(Length), 너비(Width), 높이(Height)의 세 축을 가지는 개념으로, 이는 우리가 실생활에서 경험하는 모든 물체의 입체적 구조를 설명하는 데 사용됩니다. 이러한 3차원 개념을 맛의 세계에 적용하면, 맛 또한 단순히 한 가지 요소에 의한 것이 아니라, 여러 맛의 층이 겹쳐져 복합적이고 입체적인 경험을 만들어낸다는 것을 의미합니다.

3차원 맛(Three-Dimensional Flavor)은 다양한 맛이 독립적인 층(layer)으로 존재하면서도 서로 상호작용하여 조화로운 맛을 형성하는 복합적인 맛 경험을 뜻합니다. 각 층은 개별적인 맛을 유지하면서도 다른 층과의 결합을 통해 더 깊고 풍부한 맛을 만들어내며, 이러한 과정은 마치 여러 층의 건축물이 하나의 구조로 완성되는 것과 유사합니다.

2. 상업적 메뉴 개발의 유익함

3차원 맛의 개념은 상업적 메뉴 개발에서도 큰 이점을 제공합니다. 메뉴 개발자나 셰프들은 이 개념을 활용하여 소비자들에게 새로운 미각 경험을 제공할 수 있는 복합적인 요리를 설계할 수 있습니다. 여러 맛의 층을 조합하여 입체적이고 기억에 남는 풍미를 만들어내는 것은, 레스토랑에서 차별화된 메뉴를 개발하고 고객의 만족도를 높이는 데 필수적입니다. 예를 들어, 라자냐와 같은 요리는 각 층의 맛이 결합하여 풍부한 미각 경험을 제공하며, 이를 통해 고객은 더 깊이 있는 맛을 경험하게 됩니다.

3. 3차원 맛의 구조: 레이어(layer)의 개념

1) 레이어란 무엇인가?

레이어(Layer)는 요리에서 각 재료가 제공하는 맛, 질감, 그리고 향이 독립적으로 인식될 수 있도록 구성된 맛의 층을 의미합니다. 예를 들어, 라자냐처럼 여러 재료가 층을 이루는 요리에서 각 층은 파스타, 고기, 치즈, 소스 등으로 구성되며, 이 재료들이 겹쳐지면서 복합적이고 다차원적인 맛을 만들어냅니다.

2) 맛의 층위

각 재료는 저마다의 고유한 맛을 가지고 있으며, 이러한 맛들이 서로 조화를 이루거나 대조를 이루며 전체적인 맛을 더욱 풍부하게 만듭니다. 예를 들어, 크리미한 소스와 쫄깃한 파스타는 서로 조화롭게 어우러지며, 소스와 치즈가 결합하여 새로운 차원의 맛을 더해줍니다.

3) 레이어의 역할

(1) 맛의 구성 요소로서의 레이어

레이어는 요리의 재료와 조리법에 따라 맛을 구성하는 기본 단위로 작용합니다. 각 레이어는 독립적으로 맛을 내지만, 이들이 겹쳐지면서 더욱 복합적이고 깊은 맛을 만들어냅니다. 3차원 맛의 구조는 단순히 맛의 조합이 아니라, 층이 쌓이면서 만들어지는 다차원적인 맛 경험을 의미합니다.

(2) 맛의 독립성과 상호작용

- **독립적 맛:** 각 층은 독립적으로 존재하며, 그 자체로 완성된 맛을 제공합니다. 예를 들어, 라자냐에서 파스타는 쫄깃한 질감을 제공하고, 치즈는 크리미한 맛을 더하는데, 이 둘은 개별적으로도 완벽한 맛을 형성합니다.
- **상호작용:** 맛의 층들이 겹쳐지면 서로 상호작용을 하게 됩니다. 예를 들어, 라자냐에서 고기의 풍미는 치즈의 부드러움과 결합하여 더 깊고 풍부한 맛을 형성합니다. 이로 인해, 전체적인 맛은 각 레이어의 단순한 합 이상의 경험을 제공합니다.

(3) 조리법에 의한 레이어

조리법에 따라 같은 재료도 다른 레이어를 형성할 수 있습니다. 예를 들어, 옥수수 수프를 만들 때 옥수수를 튀기고, 삶고, 굽고, 생으로 갈아 섞으면 각 조리법이 다른 레이어를 형성하여 복합적인 맛을 냅니다. 이러한 방식으로 조리법은 요리의 레이어를 더욱 다차원적으로 구성할 수 있습니다.

4) 맛의 레이어

(1) 짠맛의 레이어

짠맛도 단순한 소금의 짠맛이 아니라, 다양한 재료의 결합으로 레이어를 형성할 수 있습니다. 예를 들어, 시저 샐러드의 소금 간은 단순한 소금의 짠맛이 아니라 우스터셔 소스, 파르미지아노 레지아노 치즈, 엔초비, 베이컨 등의 재료가 함께 결합되어 복합적인 짠맛의 레이어를 형성합니다.

(2) 감칠맛의 레이어

감칠맛 역시 여러 재료의 조합으로 더 깊은 맛을 낼 수 있습니다. 버섯, 토마토, 간장 등 감칠맛을 내는 재료들이 겹쳐지면 감칠맛의 레이어가 더욱 복합적으로 작용합니다.

(3) 신맛의 레이어

신맛의 레이어는 샐러드 드레싱에서 자주 발견됩니다. 오일과 식초를 3:1 비율로 섞을 때, 한 가지 식초 대신 두 가지 이상의 식초(예: 발사믹 식초 + 레드와인 식초)를 사용하면 신맛의 레이어가 형성됩니다. 이로 인해 샐러드는 한층 더 복합적인 맛을 냅니다.

5) 시간에 따른 맛의 변화

(1) 맛의 시간적 변화

3차원 맛은 시간이 지남에 따라 각 재료의 맛이 서로 배어들면서 변화를 겪습니다. 예를 들어, 라자냐가 오븐에서 구워지면 각 재료가 서로 섞이며 더 풍부한 맛을 내고, 조리 과정에서 시간이 경과할수록 맛의 레이어가 점차 결합되어 더 복합적이고 깊은 맛을 냅니다.

4. 프랑스 소스의 레이어 이해

1) 소스란 무엇인가?

소스는 요리의 풍미와 질감을 완성하는 중요한 요소로, 외형, 질감, 맛, 냄새의 네 가지 주요 요소로 구성됩니다. 각 레이어는 다양한 조리법과 재료를 통해 개별적으로 구축되고, 조화롭게 결합되며 수십만 가지 파생 소스를 만들 수 있습니다.

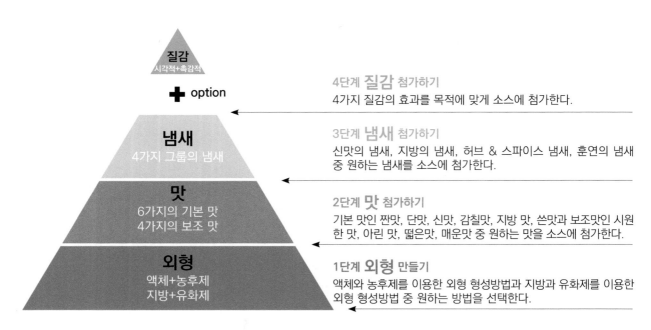

질감
시각적+촉감적

+ option

냄새
4가지 그룹의 냄새

맛
6가지의 기본 맛
4가지의 보조 맛

외형
액체+농후제
지방+유화제

4단계 질감 첨가하기
4가지 질감의 효과를 목적에 맞게 소스에 첨가한다.

3단계 냄새 첨가하기
신맛의 냄새, 지방의 냄새, 허브 & 스파이스 냄새, 훈연의 냄새
중 원하는 냄새를 소스에 첨가한다.

2단계 맛 첨가하기
기본 맛인 짠맛, 단맛, 신맛, 감칠맛, 지방 맛, 쓴맛과 보조맛인 시원
한 맛, 아린 맛, 떫은맛, 매운맛 중 원하는 맛을 소스에 첨가한다.

1단계 외형 만들기
액체와 농후제를 이용한 외형 형성방법과 지방과 유화제를 이용한
외형 형성방법 중 원하는 방법을 선택한다.

• 참고문헌 • 이종필 • 황경환(2022). Sacue Lab. 백산출판사. 77페이지

70

다차원 맛의 비밀

(1) 소스 제조의 4단계

• **1단계: 외형 형성**

외형은 소스의 첫인상을 결정짓는 중요한 요소입니다. 외형을 형성하는 방법에는 두 가지가
있습니다.

  · **육수와 농후제 결합:** 고기나 채소 육수를 베이스로 하여 전분, 밀가루 등의 농후제를 사용
  하여 농도를 조절합니다.

  · **지방과 유화제 결합:** 버터, 크림과 같은 지방 성분을 유화제와 결합하여 소스의 부드럽고
  매끄러운 질감을 형성합니다.

• **2단계: 맛 첨가**

소스의 기본 맛을 구성하는 다양한 요소를 추가하여 깊고 복합적인 맛을 만듭니다. 이때 추
가되는 맛은 6가지 기본 맛과 4가지 보조 맛으로 구성됩니다.

  · **기본 맛:** 단맛, 짠맛, 신맛, 쓴맛, 감칠맛, 지방 맛

  · **보조 맛:** 시원한 맛, 아린 맛, 떫은맛, 매운맛

- **3단계: 냄새 첨가**

  향신료와 허브를 사용하여 소스에 풍부한 향을 더합니다. 총 5가지 주요 냄새 그룹이 소스에 첨가될 수 있습니다.

  - **지방의 냄새:** 버터나 올리브 오일 등 지방 성분에서 나오는 고소한 향
  - **신맛의 냄새:** 식초나 레몬에서 나오는 산미의 상쾌한 향
  - **허브 & 스파이스 냄새:** 타임, 로즈메리, 바질 등의 허브 및 향신료에서 나오는 향
  - **훈연의 냄새:** 훈제한 재료에서 나오는 깊고 진한 스모키 향
  - **발효 냄새:** 간장, 된장, 고추장, 김치, 두반장 등 발효된 재료에서 나오는 독특하고 복합적인 향. 발효 과정에서 만들어지는 깊은 감칠맛과 고유의 향은 소스에 풍미를 더하고 요리의 깊이를 강화합니다.

- **4단계: 질감 첨가 (Adding Texture)**

  소스에 Heat & Non Heat 조리법을 적용하여 다양한 식재료 질감을 만든 후에 추가하여 요리의 복합성을 높입니다. 질감은 보완 효과, 상승 효과, 그리고 가니시 효과를 제공합니다.

  - **보완 효과:** 다양한 재료가 결합되어 맛을 보완하고 균형을 잡아 줍니다.
  - **상승 효과:** 특정 재료들이 결합할 때 서로의 맛을 더욱 강조하고 강화하는 역할을 합니다.
  - **가니시 효과:** 최종적으로 장식 역할을 하며 시각적인 요소와 함께 질감을 풍부하게 합니다.

(2) 소스 제조 과정의 맛의 층

- **맛의 층(Layers of Flavor):** 소스는 한 가지 맛이 아닌, 여러 층의 맛이 결합된 구조로 형성됩니다. 예를 들어, 짠맛 레이어는 단순히 소금으로만 구성되는 것이 아니라, 파르미지아노 레지아노의 짠맛, 우스터셔 소스의 짠맛, 베이컨의 짠맛이 결합되어 복합적인 맛을 형성합니다.
- **감칠맛과 신맛의 층:** 시저 샐러드 드레싱에서처럼, 감칠맛과 신맛은 다양한 재료를 통해 복합적으로 표현될 수 있습니다. 오일 3:식초 1의 비율로 드레싱을 만들 때, 두 가지 이상의 식초를 사용해 신맛의 레이어를 만들어 낼 수 있습니다.

2) 프랑스 소스의 예시

(1) 브라운 소스(Demi-Glace)

모체 소스인 브라운 소스에서 시작하여 다양한 파생 소스를 만들 수 있습니다. 예를 들어, 보르도 소스(Bordelaise)는 레드 와인을 베이스로 하고, 마데라 소스(Madere)는 마데라와인을 더해 단맛의 레드와인의 레이어를 형성합니다.

이런 방식으로 소스를 제조하는 것은 하나의 레이어를 쌓는 것뿐 아니라, 다양한 레이어 간의 상호작용을 통해 복잡하고 깊이 있는 맛을 창출하는 과정입니다.

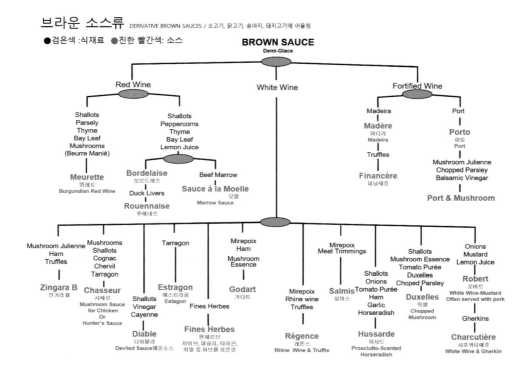

• 참고문헌 • 이종필 외(2020). All About Sauce. 백산출판사. 63페이지
Peterson, James (2017). Sauces: Classical and Contemporary Sauce Making. Harvest.

5. 일본 소스와 양념의 레이어 이해

일본 소스와 양념의 레이어를 이해하기 위한 요리 체계는 일본 요리의 깊이와 풍부함을 이해하는 데 매우 중요한 역할을 합니다. 일본 요리에서는 다양한 소스와 양념이 조합되어 복합적이고 다차원적인 맛을 창출합니다. 이를 위해 각 소스의 재료와 조리법을 잘 이해하는 것이 필수적입니다.

1) 기본 소스의 구조

일본의 소스는 기본적으로 다시, 미소(된장), 간장(쇼유), 미림, 청주(사케) 등의 재료를 바탕으로 합니다. 각각의 기본 재료들이 결합되어 다양한 소스가 만들어지며, 여기에 달걀, 설탕, 참깨 등의 추가 재료가 들어가며 맛이 한층 깊어집니다. 이 과정에서 만들어지는 소스들은 레이어(layer)로 나눌 수 있으며, 각 레이어는 고유한 맛과 향을 제공해 요리 전체의 맛을 복합적으로 만듭니다.

2) 레이어의 개념

- **1단계 - 외형 형성**: 소스의 외형은 식재료의 농축성분과 유화제를 사용해 만들어집니다. 예를 들어, 미소(된장)와 미림(단맛을 주는 조리술)을 사용해 걸쭉한 농도를 만들거나, 다시나 간장을 사용해 얇고 투명한 소스를 형성합니다.
- **2단계 - 맛 첨가**: 소스에 기본 맛(단맛, 짠맛, 신맛, 감칠맛 등)을 첨가하는 단계입니다. 예를 들어, 일본 요리에서는 미림과 간장의 조합으로 짠맛과 단맛이 동시에 나타나는 맛을 만듭니다.
- **3단계 - 냄새 첨가**: 허브나 향신료, 또는 해산물과 같은 재료를 사용해 향을 더하는 단계입니다. 일본에서는 와사비나 유자 등의 향이 자주 사용되며, 향신료의 향이 요리 전체의 풍미를 끌어올립니다.
- **4단계 - 질감 첨가**: 마지막으로, 소스의 질감을 조절해 요리의 완성도를 높입니다. 예를 들어, 달걀흰자나 전분을 첨가해 농도를 조절하거나, 튀김옷을 입혀 바삭한 질감을 더합니다.

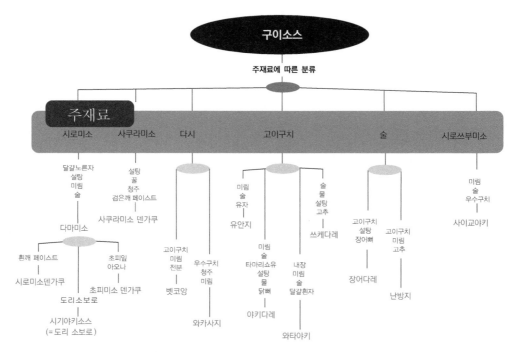

• 참고문헌 • 참고문헌 : 이종필(2021). 맛의 기술. 백산출판사. 464페이지

다차원 맛의 비밀

3) 주요 일본 소스와 그 레시피

• **야키다레**(焼きだれ): 구이 요리에서 사용되는 소스로, 닭꼬치와 같은 구이 요리에 광택을 주고 맛을 농축하기 위해 사용됩니다.

레시피

재료: 간장 500g, 미림 500g, 청주 100g, 다마리쇼유(농축 간장) 100g, 설탕 200g, 물 1kg, 닭뼈 1kg,
　　　구운 대파, 마늘, 생강

과정: 모든 재료를 넣고 약 1L가 될 때까지 끓인 후, 닭꼬치나 구이 요리에 바릅니다.

• **장어다레**(鰻だれ): 장어 구이에 자주 사용되는 달콤하고 짭짤한 소스입니다.

레시피

재료: 청주 360g, 간장 180g, 설탕 90g, 장어뼈, 생강, 마늘, 대파

과정: 모든 재료를 넣고 약한 불에서 끓여 소스를 농축한 후 체에 걸러냅니다.

- **미소덴가쿠(味噌田楽):** 미소 소스를 발라 구운 요리로, 두부나 곤약을 미소로 덮어 만든 덴가쿠는 대표적인 일본 요리입니다.

레시피

재료: 시로미소(흰 된장) 200g, 흰깨 페이스트 70g, 달걀노른자 1개, 설탕 25g, 미림 25g, 청주 100g
과정: 재료를 넣고 저어가며 끓입니다. 구운 두부나 곤약에 발라 다시 한번 구워내 완성합니다.

4) 용어 설명

- **미림(みりん):** 일본 요리에서 단맛을 내는 전통적인 조미료로, 알코올과 설탕이 혼합된 재료입니다.
- **사케(酒):** 일본식 청주로, 요리에서 쓴맛을 없애고 감칠맛을 더해주는 역할을 합니다.
- **다마리쇼유(たまり醬油):** 간장을 농축하여 만든 소스로, 일반 간장보다 짙고 강한 맛을 냅니다.
- **덴가쿠(田楽):** 대나무에 끼운 두부나 곤약을 구워서 소스를 바르는 요리로, 덴가쿠 법사의 춤에서 유래된 이름입니다.
- **유안지(柚庵地):** 유자 향을 더한 소스로, 생선이나 고기 절임 요리에 자주 사용됩니다.

일본의 소스와 양념은 다양한 레이어로 구성되며, 각 레이어가 요리의 맛, 냄새, 질감에 영향을 줍니다. 이러한 소스와 양념을 활용하여 요리를 체계적으로 만들어낼 수 있으며, 이를 통해 복합적이고 풍부한 맛의 구조를 쌓아올릴 수 있습니다.

6. 중국 요리의 맛의 변조와 레이어 이해

1) 맛의 변조란 무엇인가?

중국 요리에서 "맛의 변조"는 기본 재료와 양념들이 조리 과정 중 상호작용하며 다양한 차원으로 확장되고, 서로 다른 맛의 층(Layer)이 결합하여 복합적인 맛을 만들어내는 과정을 의미합니다. 이 과정은 단순한 맛의 결합이 아닌, 재료와 조리법, 그리고 열처리 과정에서 발생하는 화학적 반응을 통해 각 재료가 본래의 맛을 넘어서 깊고 다층적인 풍미를 형성하는 것입니다.

중국 요리에서는 다양한 소스와 향신료가 이러한 변조의 핵심 역할을 하며, 이를 통해 각 요리는 독특한 맛의 층을 형성하고 복합적인 맛을 제공합니다. 변조 과정은 맛이 변화하고 새로운 차원의 맛을 끌어내는 과정이기 때문에, 단순한 하나의 맛이 아닌 여러 맛이 어우러져 깊고 풍부한 풍미를 형성하는 중요한 요소입니다.

2) 중국 요리에서의 맛의 레이어

중국 요리의 맛의 레이어는 재료가 제공하는 다양한 맛의 층으로 구성되며, 이는 조리법, 양념, 열처리 과정 등을 통해 형성됩니다. 각 레이어는 독립적인 맛을 제공하면서도 상호작용을 통해 전체적인 맛의 경험을 풍부하게 만듭니다. 중국 요리에서 특히 중요한 것은 이 레이어들이 한데 어우러져 새로운 맛을 창출하는 변조 과정입니다.

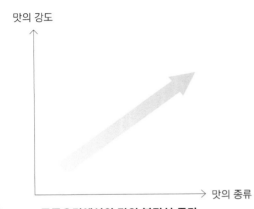

맛의 강도

맛의 종류

중국요리에서의 맛의 복잡성 증가

(1) 재료의 맛 레이어

- **주재료(Main Ingredients)**: 고기(육류, 肉類), 해산물(해물, 海鮮類), 채소(野菜類) 등은 각기 다른 기본 맛(단맛, 짠맛, 감칠맛 등)과 결합하여 다양한 요리를 제공합니다.

- **보조재료(Supporting Ingredients)**: 대파(長葱), 생강(生薑), 마늘(大蒜), 고추(辣椒) 등의 보조 재료는 주재료의 맛을 보완하며 깊이감을 더해 줍니다.

(2) 조리법에 따른 레이어

- **볶음(炒, Stir-frying)**: 고온에서 재료를 빠르게 볶아 향미를 살리며, 외부는 바삭하고 내부는 촉촉한 식감을 형성하는 것이 특징입니다.

- **찜(蒸, Steaming)**: 재료를 천천히 익혀 본연의 맛을 유지하면서도 육즙이 풍부하게 남아 있어, 깊고 부드러운 맛을 형성합니다.

- **튀김(炸, Deep-frying)**: 튀김 기법은 재료에 바삭한 식감을 부여하며, 튀김옷이 소스와 결합하면서 새로운 레이어를 형성하게 됩니다.

3) 중국요리에서 짠맛 양념

(1) 짠맛 양념의 역할

짠맛(鹹味)은 중국 요리의 다섯 가지 기본 맛인 단맛(甘味), 신맛(酸味), 매운맛(辣味), 감칠맛(鮮味) 중 하나로, 요리의 맛을 강조하고 다른 맛과 조화를 이루는 데 중요한 역할을 합니다. 중국 요리에서 짠맛을 낼 때는 소금뿐만 아니라 간장, 굴소스, 장유미(발효된 간장 계열), 해유미(해산물에서 우러나온 짠맛) 등을 사용하여 복합적인 맛을 형성합니다. 짠맛 양념은 주재료의 맛을 보완하고 향상시키며, 특히 중국 요리에서 다양한 소스와 재료들이 결합하여 짠맛이 풍부하고 깊게 형성됩니다.

(2) 짠맛 양념의 주요 재료

① 소금(鹽, Salt)

소금은 가장 기본적인 짠맛을 제공하며, 재료 본연의 맛을 끌어내고 다른 양념과의 조화를 이루게 합니다. 중국 요리에서는 일반 소금 외에도 천일염이나 바다 소금이 주로 쓰이며, 고기, 해산물, 채소 등 다양한 재료와 함께 사용됩니다.

② 간장(醬油, Soy Sauce)

깊고 복합적으로 만듭니다. 생추간장(新抽醬油, Light Soy Sauce)은 주로 짠맛을 강조하는 데 사용되고, 노추간장(老抽醬油, Dark Soy Sauce)은 깊은 색과 감칠맛을 추가하는 역할을 합니다. 간장은 특히 볶음 요리(炒, Stir-frying)와 찜 요리(蒸, Steaming)에서 많이 사용됩니다.

③ 굴소스(蠔油, Oyster Sauce)

굴소스(蠔油)는 굴에서 우러난 풍부한 감칠맛과 함께 짠맛을 제공하는 소스로, 해산물뿐만 아니라 육류, 채소 요리에도 널리 사용됩니다. 굴소스는 감칠맛과 짠맛이 복합적으로 작용하여 요리의 맛을 풍부하게 만듭니다.

④ 두반장(豆瓣醬, Doubanjiang)

두반장은 발효된 콩과 고추를 주재료로 만든 장으로, 짠맛과 매운맛을 동시에 제공하며 사천 요리에 주로 사용합니다. 두반장은 특히 마파두부(麻婆豆腐)나 매운 찜 요리에서 중요한 역할을 하며, 요리에 복합적인 짠맛과 매운맛을 결합합니다.

⑤ 절임(腌, Pickling)

절인 부추(腌韭菜), 절인 채소(腌菜), 절인 청양고추(腌辣椒)와 같은 절임류는 소금과 함께 짠맛을 제공하며, 요리에 신선한 풍미를 더합니다. 이들은 주로 냉채 요리나 볶음 요리의 조미료로 사용됩니다.

(3) 짠맛 양념의 조리법

짠맛 양념은 다양한 조리법과 결합하여 주재료의 맛을 한층 더 끌어올립니다. 중국 요리에서 짠맛 양념은 소금의 역할뿐만 아니라 다양한 양념을 통해 맛의 층을 쌓아가는 방식으로 사용됩니다.

① 볶음 요리(炒, Stir-frying)

소금, 간장, 굴소스 등 짠맛 양념을 사용하여 재료를 고온에서 빠르게 볶아내는 방식으로, 재료의 외부는 바삭하고 내부는 촉촉한 식감을 유지하면서 짠맛이 고르게 배어들게 합니다.

② 찜 요리(蒸, Steaming)

찜 요리는 재료의 본연의 맛을 유지하면서도 짠맛 양념이 천천히 스며들도록 합니다. 재료의 육즙과 짠맛 양념이 어우러져 부드럽고 깊은 맛을 형성합니다.

③ 튀김 요리(炸, Deep-frying)

짠맛 양념을 바른 재료를 튀김옷을 입혀 바삭하게 튀겨내어, 외부의 바삭함과 내부의 촉촉함을 유지하면서 짠맛이 균형을 이룹니다.

④ 절임(腌, Pickling)

소금과 간장으로 절여둔 재료는 짠맛이 깊이 배어들고, 시간이 지나면서 감칠맛과 복합적인 맛을 형성합니다. 이러한 절임 방식은 주로 냉채 요리나 찜 요리에 사용됩니다.

(4) 짠맛 양념의 레이어 이해

중국 요리의 짠맛 양념은 한 가지 맛으로 끝나는 것이 아니라, 다양한 재료와 결합해 복합적인 맛의 층을 형성합니다. 아래는 짠맛 양념이 형성하는 레이어의 예시입니다.

① 주재료와 결합된 레이어

고기, 해산물, 채소 등 주재료가 짠맛 양념과 결합하여 본연의 맛과 짠맛이 어우러져 새로운 맛의 층을 형성합니다. 예를 들면 굴소스와 소고기가 결합하면, 소고기의 감칠맛과 굴소스의 짠맛이 복합적으로 어우러져 풍부한 맛이 납니다.

② 조리법에 따른 레이어

짠맛 양념은 볶음, 찜, 튀김 등 조리법에 따라 다르게 작용하며, 맛의 변화를 제공합니다. 예를 들어, 간장을 사용한 볶음 요리에서는 간장의 짠맛과 감칠맛이 재료에 빠르게 배어들어 깊은 맛을 형성합니다.

③ 양념의 조합을 통한 레이어

짠맛 양념은 다양한 양념과 결합하여 복합적인 맛의 층을 형성합니다. 예를 들어, 간장과 두반장을 함께 사용하면 짠맛과 매운맛이 결합되어 새로운 차원의 맛이 만들어집니다.

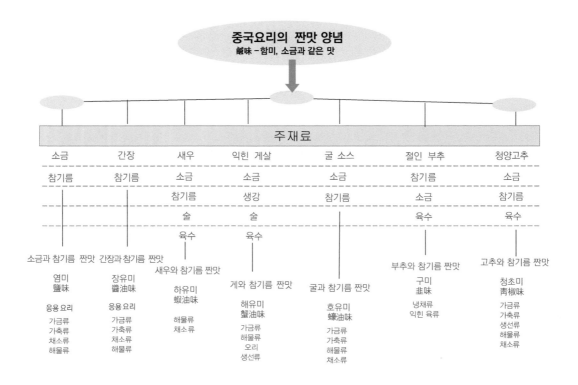

중국요리의 짠맛 양념
鹹味 – 함미, 소금과 같은 맛

주재료

소금	간장	새우	익힌 게살	굴 소스	절인 부추	청양고추
참기름	참기름	소금	소금	소금	참기름	소금
		참기름	생강	참기름	소금	참기름
		술	술		육수	육수
		육수	육수			

소금과 참기름 짠맛　간장과 참기름 짠맛

새우와 참기름 짠맛

게와 참기름 짠맛

굴과 참기름 짠맛

부추와 참기름 짠맛

고추와 참기름 짠맛

염미 鹽味	장유미 醬油味	하유미 蝦油味	해유미 蟹油味	호유미 蠔油味	구미 韭味	청초미 靑椒味
응용 요리	응용 요리				냉채류 익힌 육류	
가금류 가축류 채소류 해물류	가금류 가축류 채소류 해물류	해물류 채소류	가금류 해물류 오리 생선류	가금류 가축류 해물류 채소류		가금류 가축류 생선류 해물류 채소류

• 참고문헌 • 이종필(2021). 맛의 기술. 백산출판사. 426페이지

(5) 짠맛 양념을 사용한 대표 요리 예시

- **소금과 참기름 짠맛(鹽味):** 소금과 참기름을 사용하여 요리의 기본적인 짠맛을 강조하며, 주로 채소류나 고기 요리에 사용됩니다.

- **간장과 참기름 짠맛(醬油味):** 간장과 참기름을 결합하여 깊이 있는 짠맛과 감칠맛을 더하며, 육류나 해산물 요리에 주로 사용됩니다.

- **새우와 참기름 짠맛(蝦味):** 새우의 감칠맛과 짠맛을 활용하여 해산물 요리에 사용되며, 특히 새우장과 같은 절임 요리에 적합합니다.

- **마파두부(麻婆豆腐):** 두반장과 간장을 사용하여 두부에 짠맛과 매운맛이 결합된 복합적인 맛을 제공합니다. 시간이 지나면서 두부가 소스에 배어들어 더욱 깊고 복합적인 맛이 형성됩니다.

- **사천식 훠궈(火鍋):** 매운 국물에 간장과 굴소스를 첨가하여 재료를 끓여내는 요리로, 국물의 짠맛이 재료에 배어들고 재료의 맛이 국물에 스며들어 복합적인 맛을 만들어냅니다.

• 소고기 찜(蒸牛肉): 소고기에 간장과 소금을 베이스로 한 양념을 발라 찜으로 요리해, 짠맛과 육즙이 어우러진 부드럽고 깊은 맛을 제공합니다.

이와 같이, 중국 요리에서 짠맛 양념은 단순한 소금의 역할은 물론, 재료와 양념, 조리법이 결합하여 복합적인 맛을 형성하는 데 중요한 역할을 합니다.

7. Heat & Non Heat 조리법

3차원 맛에서의 조리법은 음식의 맛과 구조를 복합적이고 다차원적으로 형성하는 데 중요한 역할을 합니다. 가열 조리법(Heat Cooking Methods)과 비가열 조리법(Non-Heat Cooking Methods)을 체계적으로 정리하여, 맛의 층과 구조가 어떻게 형성되는지 학문적으로 설명해보겠습니다.

1) 가열 조리법(Heat Cooking Methods)

가열 조리법은 식재료의 물리적, 화학적 변화를 유도해 복합적인 맛과 질감을 형성합니다. 이 과정에서 마이야르 반응이나 캐러멜라이제이션 같은 화학 반응이 일어나며, 식재료의 풍미가 더욱 깊어집니다.

(1) 지방과 오일 없는 건열 조리
   (Dry Heat Cooking, without Fat and Oil)
이 카테고리의 조리법은 지방이나 오일을 사용하지 않고 식재료를 열로 조리하는 방법입니다. 이 방법들은 식재료의 외부를 바삭하게 만들고, 내부는 촉촉하게 유지하면서 자연스러운 맛을 강조합니다.

① 핫 스모킹(Hot Smoking)
뜨거운 연기로 식재료를 익히면서 풍부한 스모키 향을 부여하는 조리법으로 훈제 고기, 생선 등을 만드는 데 사용됩니다.

② 공기 건조/탈수(Air Drying/Dehydrating)

식재료에서 수분을 제거하여 보존성을 높이고, 맛을 농축시키는 방법으로 과일, 채소, 고기 등을 탈수하여 저장하거나 간식으로 활용합니다.

③ 바비큐(Barbecuing)

낮은 온도에서 장시간 동안 연기로 천천히 익히는 방식으로, 식재료에 깊은 풍미를 더합니다. 바비큐 립, 훈제 고기 등이 대표적입니다.

④ 베이킹(Baking)

오븐에서 건조한 열로 식재료를 익히는 방법입니다. 주로 밀가루가 포함된 음식을 굽는 데 사용됩니다. 빵, 케이크, 쿠키 등을 구울 때 사용됩니다.

⑤ 로스팅(Roasting)

오븐에서 고온으로 식재료를 바삭하게 구워내는 방법으로 고기, 채소 등을 구울 때 사용됩니다.

⑥ 그릴링(Grilling)

직화나 숯불에서 식재료를 빠르게 고온에서 익히는 방법으로 스테이크, 생선, 채소 등을 그릴에서 구울 때 사용됩니다.

⑦ 토칭(Torching)

토치(불꽃)를 사용하여 식재료의 표면을 빠르게 구워내는 방법으로 렘 브륄레의 설탕 표면을 캐러멜화할 때 사용됩니다.

⑧ 브로일링(Broiling)

오븐의 상단에서 고온의 열로 식재료를 빠르게 구워내는 방법으로 고기나 생선의 겉을 바삭하게 굽는 데 사용됩니다.

가열조리법과 풍미 변화 및 Layer(층)

	조리법	풍미변화	Layer(층)
1	핫 스모킹 (Hot Smoking)	스모키한 향이 식재료에 스며들어 깊고 복합적인 맛이 형성됨	스모키한 향이 외부에 층을 형성하며, 내부는 본래 맛을 유지함
2	공기 건조/탈수 (AirDrying/Dehydrating)	수분 제거로 맛이 농축되고, 단맛과 고소한 맛이 강화됨	단일 맛을 농축시키는 과정으로, 깊이 있는 단맛과 고소한 맛을 강화
3	바비큐(Barbecuing)	긴 조리 시간과 낮은 온도로 식재료의 식감이 연해지고 맛이 깊어짐	연기와 향신료가 표면에 층을 형성하며, 내부는 촉촉하게 유지됨
4	베이킹(Baking)	고소한 맛과 함께 부드러운 식감, 밀도 있는 질감이 형성됨	고온에서 표면이 먼저 익으며, 내부는 부드러운 층을 형성함
5	로스팅(Roasting)	고온 조리로 인해 마이야르 반응이 발생, 풍미가 농축되고 식감이 바삭해짐	외부는 바삭하고 내부는 부드럽게 층이 형성됨
6	그릴링(Grilling)	스모키한 향과 바삭한 외부 질감이 더해져 풍부한 맛을 형성	스모키한 향이 외부에 층을 형성하며, 겉은 바삭하고 속은 촉촉하게 유지됨
7	토칭(Torching)	표면이 캐러멜화되어 달콤하고 식감이 바삭해짐	표면에 달콤한 캐러멜화 층이 형성되고, 내부는 부드럽게 유지됨
8	브로일링(Broiling)	짧은 시간에 고온으로 조리되어 바삭한 표면과 진한 맛을 형성	외부에 진한 맛과 바삭한 층이 형성되고, 내부는 촉촉하게 유지됨

83

Part 1 · 다차원 맛의 개념과 이론적 기초

(2) 지방과 오일을 사용하여 건열 조리(Dry Heat Cooking, with Fat and Oil)

이 카테고리의 조리법은 지방이나 오일을 사용하여 식재료를 조리하는 방법으로, 풍부한 맛과 바삭한 질감을 제공합니다.

① 스웨팅(Sweating)

약간의 기름을 사용해 식재료를 저온에서 천천히 익히는 방법으로 주로 향신료와 채소의 맛을 부드럽게 추출하는 데 사용됩니다. 스웨팅은 양파, 마늘 등을 부드럽게 익혀 풍미를 추출합니다.

② 시어링(Searing)

고온에서 짧은 시간 동안 식재료의 표면을 빠르게 익혀 겉은 바삭하게, 내부는 촉촉하게 유지하는 방법입니다. 시어링은 스테이크, 생선 등을 시어링하여 겉을 바삭하게 만듭니다.

③ 글레이징(Glazing)

조리 후 소스나 설탕 등을 식재료 표면에 바르거나 끼얹어 윤기와 맛을 더하는 방법으로 닭 날개에 글레이즈를 발라 바삭하게 구울 때 사용됩니다.

④ 스터 프라잉(Stir-frying)

팬에 소량의 기름을 두르고, 고온에서 식재료를 빠르게 볶아내는 방법으로 채소, 고기 등을 빠르게 익혀내는 데 사용됩니다.

⑤ 그리들 쿠킹(Griddle Cooking)

평평한 철판이나 팬에서 오일을 사용해 식재료를 익히는 방법으로 팬케이크, 버거 등을 그리들에서 익힐 때 사용됩니다.

⑥ 딥 프라잉(Deep Frying)

다량의 오일에 식재료를 완전히 담가 고온에서 튀기는 방법으로 감자튀김, 치킨 등을 튀길 때 사용됩니다.

⑦ 팬 프라잉(Pan Frying)

팬에 기름을 약간 두르고 식재료를 고온에서 조리하는 방법으로 달걀 프라이, 생선 등을 팬에 굽는 데 사용됩니다.

⑧ 소테잉(Sautéing)

팬에 소량의 기름을 두르고 식재료를 빠르게 익히는 방법으로 얇게 썬 채소나 고기를 빠르게 볶아낼 때 사용됩니다.

지방과 오일을 사용한 건열 조리법과 풍미 변화 및 Layer(층)

	조리법	풍미변화	Layer(층)
1	스웨팅(Sweating)	향신료와 채소의 자연스러운 맛이 부드럽게 추출되며, 깊은 풍미가 형성됨	부드러운 맛과 질감이 층을 형성하여, 풍미가 깊어짐
2	시어링(Searing)	고온 조리로 인해 표면이 바삭해지며, 내부의 육즙이 농축되어 풍미가 강화됨	바삭한 외부와 촉촉한 내부로 층이 형성되어, 식감이 다양해짐
3	글레이징(Glazing)	소스나 설탕으로 인해 달콤하고 바삭한 외부층이 형성되어, 식재료의 맛이 더욱 풍부해짐	윤기 있고 달콤한 외부층이 형성되어, 맛의 농도를 높임
4	스터 프라잉(Stir-frying)	빠르게 볶는 과정에서 맛이 농축되고, 재료의 본연의 풍미가 살아남	외부는 바삭하고 내부는 촉촉한 층이 형성되어, 식감이 다양해짐
5	그리들 쿠킹 (Griddle Cooking)	균일한 열로 익혀, 바삭하고 고소한 외부층이 형성되며 내부는 촉촉함을 유지함	균일한 열로 인해 바삭한 외부와 촉촉한 내부가 층을 형성함
6	딥 프라잉 (Deep Frying)	오일로 인해 식재료가 바삭하게 튀겨지고, 풍부한 맛이 유지됨	오일로 인해 바삭한 외부층과 촉촉한 내부층이 형성되어, 맛과 식감이 다양해짐
7	팬 프라잉 (Pan Frying)	바삭한 식감과 함께, 풍부한 맛이 형성되며, 식재료의 고유한 풍미가 강화됨	바삭한 외부와 풍부한 내부층이 형성되어, 식감이 다양해짐
8	소테잉(Sautéing)	빠른 조리로 인해 맛이 농축되고, 식재료의 본래 맛과 질감이 유지됨	빠른 조리로 인해 외부는 바삭하고 내부는 촉촉한 층이 형성됨

2) 습열 조리법(Moist-Heat Cooking Methods)

습열 조리법은 물, 스팀, 스톡 등을 이용해 식재료를 부드럽게 익히고, 풍미를 전체적으로 퍼뜨리는 방법입니다.

① **삶기(Boiling/Simmering):** 물 또는 스톡에서 식재료를 익히는 방식. 식재료의 조직이 부드러워지고, 풍미가 액체에 흡수됩니다.

② **찌기(Steaming):** 뜨거운 증기를 이용해 식재료를 익히는 방법. 식재료의 본래 맛을 유지하면서도 부드럽고 촉촉한 질감을 형성합니다.

③ 푹 삶기(Poaching): 끓는 점 이하의 저온에서 천천히 익히는 방식. 섬세한 식재료의 맛과 질감을 보존합니다.

④ 푹 끓이기(Stewing/Braising): 식재료를 액체와 함께 저온에서 오랜 시간 익히는 방법. 깊고 풍부한 맛이 형성되며, 식재료의 조직이 부드럽게 변합니다.

습열조리법과 풍미 변화 및 Layer(층)

	조리법	풍미변화	Layer(층)
1	삶기 (Boiling/Simmering)	식재료의 조직이 부드러워지며, 풍미가 액체에 흡수되어 깊은 맛이 형성됨	외부는 촉촉하고 내부는 부드럽게 층이 형성됨
2	찌기(Steaming)	식재료의 본래 맛을 유지하면서도 부드럽고 촉촉한 질감이 형성됨	식재료의 본래 맛이 층을 이루며 부드럽고 촉촉한 질감이 형성됨
3	푹 삶기(Poaching)	섬세한 식재료의 맛과 질감이 보존되며, 부드럽고 깔끔한 맛이 형성됨	외부는 부드럽고 내부는 촉촉한 층이 형성되어 섬세한 맛이 형성됨
4	푹 끓이기 (Stewing/Braising)	식재료의 조직이 부드러워지고, 깊고 풍부한 맛이 형성됨	깊은 맛이 액체와 함께 층을 형성하며, 식재료가 전체적으로 부드러워짐

3) 복합 조리법(Combination Cooking Methods)

복합 조리(Combination Cooking)는 두 가지 이상의 조리 기법을 결합하여 식재료의 맛과 질감을 최적화하는 방법입니다. 이러한 조리법은 식재료의 외부와 내부를 동시에 조리하거나, 특정 맛을 강화하는 데 사용됩니다. 복합 조리법은 주로 가열 방식과 습열 방식을 결합하여 복잡한 요리를 완성하는 데 사용됩니다. 아래는 수비드, 브레이징, 팟 로스팅, 스튜잉, 프레셔 쿠킹에 대한 학문적이고 체계적인 설명입니다.

① 수비드(Sous Vide)
• **사용한 조리법:** 저온 조리
수비드는 식재료를 진공 밀봉한 후, 저온의 물에서 오랜 시간 동안 천천히 조리하는 방법입니다. 이 과정에서 식재료는 일정한 온도에서 균일하게 조리되며, 내부와 외부가 고르게 익습니다.
수비드는 저온에서 긴 시간 동안 조리함으로써, 식재료의 수분과 영양소를 보존하고, 맛을 농축합니다. 진공 밀봉 상태에서 조리하기 때문에 산화나 수분 손실이 없으며, 식재료의 자연스러운 풍미가 유지됩니다. 고기, 생선, 채소 등 다양한 식재료에 적용되며, 특히 스테이크, 연어, 달걀 요리에 자주 사용됩니다.

② 브레이징(Braising)

- **사용한 조리법:** 시어링 + 저온 조리

브레이징은 먼저 식재료를 고온에서 시어링(겉면을 빠르게 굽는 과정)한 후, 액체(스톡, 와인 등)와 함께 뚜껑을 덮어 저온에서 천천히 조리하는 방법입니다.

브레이징은 두 단계로 이루어집니다. 첫 번째 단계는 고온에서 시어링하여 표면에 맛있는 크러스트를 형성하고, 두 번째 단계는 저온에서 액체와 함께 천천히 조리하여 내부가 부드럽고 촉촉해지도록 합니다. 이 과정에서 액체는 맛을 더하고, 식재료는 풍부한 풍미를 얻습니다. 육류, 가금류, 채소 등을 조리할 때 사용되며, 오소부코, 쇼트 립스와 같은 요리에 자주 사용됩니다.

③ 팟 로스팅(Pot Roasting)

- **사용한 조리법:** 시어링 + 저온 로스팅

팟 로스팅은 고기를 팬이나 냄비에서 시어링한 후, 저온에서 덮개를 덮고 천천히 구워내는 방법입니다. 이 조리법은 고기를 부드럽고 촉촉하게 만드는 데 적합합니다.

팟 로스팅은 고온에서 시어링하여 풍미를 강화한 후, 저온에서 장시간 조리하여 고기의 조직이 부드러워지고 육즙이 가득 차게 합니다. 이 방법은 식재료의 수분을 보존하고, 풍미를 농축하는 데 효과적입니다. 쇠고기, 돼지고기, 양고기 등의 육류를 조리할 때 사용되며, 로스트 비프, 포크 로스트와 같은 요리에 적합합니다.

④ 스튜잉(Stewing)

- **사용한 조리법:** 저온 조리 + 시머링

스튜잉은 작은 크기로 자른 식재료를 액체(스톡, 와인 등)와 함께 저온에서 오랜 시간 동안 천천히 조리하는 방법입니다. 이 과정에서 모든 재료가 고르게 익고, 맛이 조화롭게 혼합됩니다.

스튜잉은 액체와 함께 식재료를 천천히 끓여서 조리하는 방법으로, 식재료의 풍미가 액체에 녹아들고, 액체는 농축되어 소스 역할을 합니다. 이 과정에서 식재료의 조직은 부드럽게 변하며, 풍부한 맛을 제공합니다. 쇠고기 스튜, 치킨 스튜, 채소 스튜 등 다양한 요리에 사용됩니다. 특히 추운 계절에 적합한 요리로 알려져 있습니다.

⑤ 프레셔 쿠킹(Pressure Cooking)

• **사용한 조리법:** 압력 조리

프레셔 쿠킹은 고압 상태에서 식재료를 빠르게 조리하는 방법입니다. 압력이 높아지면 물의 끓는 점이 상승하여, 식재료가 더 높은 온도에서 조리됩니다.

압력솥을 사용해 높은 압력과 온도에서 조리함으로써 조리 시간을 단축하고, 식재료의 풍미와 영양소를 보존합니다. 압력 조리법은 특히 단단한 식재료를 부드럽게 만드는 데 효과적입니다. 콩류, 고기, 감자, 쌀 등의 조리에 자주 사용되며, 육류를 빠르게 부드럽게 하거나, 콩을 신속히 익힐 때 유용합니다.

복합조리법과 풍미 변화 및 Layer(층)

	조리법	사용한 조리법	풍미변화	Layer(층)
1	수비드 (Sous Vide)	저온 조리	저온에서 긴 시간 조리하여 식재료의 수분과 영양소를 보존, 맛이 농축되고 식재료 본연의 풍미가 유지됨	균일한 익힘으로 인해 겉과 속이 고르게 조리되어 식재료의 본연의 맛과 질감을 살림
2	브레이징 (Braising)	시어링 + 저온 조리	시어링으로 표면에 크러스트를 형성, 저온에서 액체와 함께 천천히 조리하여 식재료가 부드럽고 촉촉하게 변함	겉은 갈색 크러스트, 내부는 부드럽고 촉촉한 질감으로 고기와 소스의 조화가 이루어짐
3	팟 로스팅 (Pot Roasting)	시어링 + 저온 로스팅	시어링으로 겉면에 풍미를 더하고, 저온 로스팅으로 고기가 부드럽고 육즙이 풍부해짐	바삭한 겉면과 촉촉한 내부의 대조적 질감이 특징, 육즙이 가득한 내부 질감
4	스튜잉 (Stewing)	저온 조리 + 시머링	액체와 함께 천천히 끓여 식재료의 풍미가 액체에 녹아들며, 액체는 농축되어 깊은 소스의 풍미가 깊어짐	재료들이 고르게 익고, 액체가 농축되어 깊은 맛과 부드러운 질감을 형성
5	프레셔 쿠킹 (Pressure Cooking)	압력 조리	고압과 높은 온도에서 빠르게 조리되어 조리 시간이 단축되며, 식재료가 부드럽고 풍미가 농축됨	압력 조리로 인해 식재료가 부드럽고 촉촉해지며, 풍미가 빠르게 농축됨

(1) 복합 조리법으로 조리한 요리들

① 프랑스: 부르기뇽(Boeuf Bourguignon)

• **조리 기법:** 시어링 + 브레이징

부르기뇽은 프랑스의 대표적인 요리로, 쇠고기를 큼직하게 썰어 시어링(겉면을 갈색으로 빠르게 익힘)한 후, 레드 와인, 스톡, 허브 등을 넣어 오랜 시간 동안 천천히 브레이징(저온에서 액체와 함께 조리)하여 만드는 요리입니다. 시어링을 통해 고기의 표면에 갈색 크러스트를 형성하여 풍미를 더하고, 브레이징을 통해 고기를 부드럽고 촉촉하게 만들어줍니다. 이 과정에서 와인과 스톡이 고기에 흡수되면서 깊은 풍미를 형성합니다.

② 이탈리아: 오소부코(Osso Buco)

• **조리 기법:** 시어링 + 브레이징

오소부코는 이탈리아의 전통 요리로, 송아지 정강이 고기를 시어링하여 갈색으로 익힌 후, 화이트 와인, 토마토, 채소와 함께 브레이징하여 부드럽게 만드는 요리입니다. 시어링 단계에서 고기의 맛을 강화하고, 브레이징 단계에서 고기를 부드럽고 촉촉하게 만드는 것이 이 요리의 핵심입니다. 토마토와 와인 소스가 고기에 스며들어 복합적인 맛을 형성합니다.

③ 일본: 야키니쿠(Yakiniku)

• **조리 기법:** 마리네이드 + 그릴링

야키니쿠는 일본에서 인기 있는 고기 요리로, 고기를 마리네이드(양념에 재워 풍미를 더함)한 후 그릴에서 빠르게 구워내는 방식으로 조리됩니다. 마리네이드는 고기에 풍미를 더하고, 질감을 부드럽게 하며, 그릴링을 통해 고기의 겉을 바삭하게 만들면서도 내부는 촉촉하게 유지합니다. 소스와 함께 제공되어 고기의 풍미가 극대화됩니다.

④ 중국: 동파육(Dong Po Rou)

• **조리 기법:** 브레이징 + 찜

동파육은 중국에서 유명한 돼지고기 요리로, 두껍게 썬 돼지고기를 간장, 설탕, 술, 향신료와 함께 브레이징한 후, 약한 불에서 오랜 시간 동안 찜으로 마무리하는 조리법을 사용합니다. 브레이징을 통해 돼지고기에 진한 맛을 입히고, 찜 과정에서 고기가 부드럽게 익으며, 겉은 풍미 가득한 소스가 입혀지고 내부는 촉촉하게 유지됩니다.

⑤ 미국: 바비큐 브리스킷(BBQ Brisket)

• **조리 기법**: 스모킹 + 로스팅

미국 남부의 대표적인 요리인 바비큐 브리스킷은 소고기 가슴살(브리스킷)을 저온에서 오랜 시간 동안 스모킹(훈제로 향을 더함)하여 풍부한 스모키 향을 입히고, 이후 로스팅(오븐에서 구움)하여 부드럽고 촉촉한 질감을 만들어냅니다. 스모킹 단계에서 고기에 깊은 향과 맛을 더하고, 로스팅을 통해 고기가 부드럽게 변하며, 육즙이 풍부한 결과를 얻습니다.

⑥ 멕시코: 몰레 포블라노(Mole Poblano)

• **조리 기법**: 소테 + 브레이징

몰레 포블라노는 멕시코의 전통적인 초콜릿과 칠리를 기반으로 한 소스를 사용하는 요리입니다. 칠리, 견과류, 초콜릿 등을 먼저 소테(Sautéing)하여 맛을 내고, 이후 소스와 함께 고기를 브레이징(Braising)하여 풍부한 맛을 형성합니다. 소테 단계에서 재료의 고소함과 달콤한 맛을 끌어내고, 브레이징을 통해 고기가 소스를 흡수하면서 풍부한 맛과 질감을 만듭니다.

다차원 맛의 비밀

⑦ 스페인: 파에야(Paella)

• **조리 기법**: 소테 + 시머링 + 브로일링

파에야는 스페인의 대표적인 요리로, 다양한 조리법을 결합해 풍미를 극대화한 요리입니다. 먼저, 올리브 오일에 양파, 마늘, 토마토 등을 소테(Sautéing)하여 향을 내고, 이후 쌀과 해산물, 육류를 추가한 뒤, 육수를 부어 시머링(Simmering, 약한 불에서 천천히 끓임)하여 쌀에 풍미가 스며들게 합니다. 마지막으로, 쌀을 팬에 브로일링(Broiling, 겉면을 바삭하게 구움)하여 파에야의 시그니처인 바삭한 식감을 만듭니다. 이 과정에서 쌀은 고소하고 깊은 맛을 흡수하며, 바삭한 겉면과 촉촉한 속면의 대비가 매력적인 결과를 낳습니다.

⑧ 영국: 웰링턴 비프(Beef Wellington)

• **조리 기법**: 시어링 + 베이킹 + 로스팅

웰링턴 비프는 영국의 전통 요리로, 다양한 조리법이 결합된 복합 요리입니다. 먼저, 소고기 필레를 시어링(겉면을 고온에서 빠르게 익힘)하여 겉면에 갈색 크러스트를 형성해 풍미를 더하고, 그 위에 머시룸 뒥셀(버섯 페이스트)을 바른 후, 얇은 페이스트리로 감싸 베이킹(오븐에서 구움)합니다. 베이킹을 통해 페이스트리가 바삭하게 구워지고, 내부의 고기는 로스팅

(오븐에서 고온으로 구움)되어 촉촉하게 유지됩니다. 이 요리는 외부의 바삭함과 내부의 부드러운 고기의 대조적인 질감이 특징입니다.

⑨ 이탈리아: 라자냐(Lasagna)

• **조리 기법:** 스웨팅 + 시머링 + 베이킹

라자냐는 이탈리아의 대표적인 파스타 요리로, 다양한 조리법이 결합된 복합 요리입니다. 먼저, 양파, 마늘, 고기를 스웨팅(Sweating, 약한 불에서 천천히 익힘)하여 부드럽게 익힌 후, 토마토 소스와 함께 시머링(Simmering, 약한 불에서 끓임)하여 깊은 맛을 형성합니다. 이후, 라자냐 면과 소스를 층층이 쌓아 베이킹(오븐에서 구움)하여 완성합니다. 베이킹 과정에서 모든 재료가 어우러지며, 겉은 바삭하고 속은 촉촉한 질감을 제공합니다.

⑩ 프랑스: 부야베스(Bouillabaisse)

• **조리 기법:** 스웨팅 + 시머링

부야베스는 프랑스 남부의 전통 해산물 스튜로, 다양한 조리법이 결합된 요리입니다. 먼저, 양파와 마늘을 스웨팅하여 부드럽게 익힌 뒤, 토마토와 허브를 추가해 향을 더합니다. 이후 다양한 해산물과 육수를 함께 넣고, 시머링하여 깊은 맛을 형성합니다. 이 과정에서 해산물의 신선한 맛이 농축되고, 풍부한 해산물 향과 허브 향이 어우러집니다. 부야베스는 특히 다양한 해산물의 조화를 통해 복합적이고 풍부한 맛을 느낄 수 있는 요리입니다.

⑪ 중국: 홍샤오로우(Hong Shao Rou)

• **조리 기법:** 시어링 + 브레이징 + 글레이징

홍샤오로우는 중국의 전통 요리로, 두 가지 이상의 조리법을 결합하여 만들어집니다. 먼저, 삼겹살을 시어링(고온에서 겉면을 갈색으로 빠르게 익힘)하여 겉을 바삭하게 익히고, 이후 간장, 설탕, 향신료와 함께 브레이징(액체와 함께 저온에서 천천히 조리)하여 삼겹살에 진한 맛을 스며들게 합니다. 마지막으로, 남은 소스를 사용하여 고기를 글레이징(소스를 입혀 윤기를 더함)하여 풍미를 강화합니다. 이 요리는 겉은 바삭하고, 속은 부드러우며, 달콤하고 짭짤한 맛이 특징입니다.

복합조리법으로 조리한 요리의 풍미 변화 및 Layer(층)

	요리	복합 조리법	풍미변화	Layer(층)
1	부르기뇽 (Boeuf Bourguignon)	시어링 + 브레이징	시어링으로 고기의 겉면에 크러스트 형성, 브레이징으로 고기를 부드럽고 촉촉하게 만듦	겉은 갈색 크러스트, 내부는 부드럽고 촉촉한 질감으로 고기와 소스의 조화
2	오소부코 (Osso Buco)	시어링 + 브레이징	시어링으로 고기 맛 강화, 브레이징으로 와인과 토마토 소스가 고기에 스며들어 복합적인 맛 형성	겉은 갈색 크러스트, 내부는 부드럽고 촉촉한 고기와 소스의 조화
3	야키니쿠 (Yakiniku)	마리네이드 + 그릴링	마리네이드로 고기에 풍미 추가, 그릴링으로 겉은 바삭하고 내부는 촉촉하게 조리	마리네이드로 인한 깊은 풍미와 그릴링으로 인한 바삭한 겉면, 촉촉한 내부
4	동파육(Dong Po Rou)	브레이징 + 찜	브레이징으로 고기에 진한 맛을 입히고, 찜으로 고기가 부드럽게 익음	외부는 진한 소스가 입혀지고, 내부는 촉촉하고 부드러운 고기
5	바비큐 브리스킷 (BBQ Brisket)	스모킹 + 로스팅	스모킹으로 깊은 스모키 향을 더하고, 로스팅으로 고기가 부드럽고 촉촉해짐	스모킹으로 인한 깊은 풍미와 로스팅으로 인한 촉촉하고 부드러운 질감
6	몰레 포블라노 (Mole Poblano)	소테 + 브레이징	소테로 재료의 고소함과 깊은 맛을 끌어내고, 브레이징으로 고기에 소스가 스며들며 풍부한 맛 형성	소테로 인한 고소한 풍미, 브레이징으로 인한 깊고 풍부한 소스와 고기의 조화
7	파에야(Paella)	소테 + 시머링 + 브로일링	소테로 향을 내고, 시머링으로 쌀에 풍미가 스며들며, 브로일링으로 겉은 바삭하고 속은 촉촉해짐	겉은 바삭한 쌀, 내부는 촉촉하고 풍미 가득한 쌀과 해산물
8	웰링턴 비프(Beef Wellington)	시어링 + 베이킹 + 로스팅	시어링으로 고기의 겉면에 갈색 크러스트 형성, 베이킹으로 페이스트리가 바삭하게 구워지고, 로스팅으로 고기가 촉촉하게 유지됨	바삭한 페이스트리, 부드럽고 촉촉한 고기, 버섯 페이스트의 조화
9	라자냐 (Lasagna)	스웨팅 + 시머링 + 베이킹	스웨팅으로 재료의 풍미를 부드럽게 끌어내고, 시머링으로 깊은 맛을 형성, 베이킹으로 겉은 바삭하고 속은 촉촉한 질감 완성	부드러운 속재료, 촉촉한 소스, 바삭한 겉면의 층층이 쌓인 구조
10	부야베스 (Bouillabaisse)	스웨팅 + 시머링	스웨팅으로 재료의 부드러움을 끌어내고, 시머링으로 깊은 맛을 형성하여 해산물의 신선한 맛이 농축됨	부드럽고 깊은 맛의 베이스, 신선한 해산물의 풍부한 향과 맛이 어우러짐
11	홍샤오로우 (Hong Shao Rou)	시어링 + 브레이징 + 글레이징	시어링으로 겉을 바삭하게 익히고, 브레이징으로 진한 맛을 더하며, 글레이징으로 윤기와 풍미를 강화	겉은 바삭한 소스층, 내부는 촉촉하고 부드러운 고기

다차원 맛의 비밀

4) 비가열 조리법(Non-Heat Cooking Methods)

비가열 조리법은 열을 가하지 않고 식재료를 조리하는 방법으로, 주로 식재료 본연의 맛과 질감을 유지하는 데 중점을 둡니다. 이 방법은 신선한 맛과 질감을 살리면서도 독특한 미각 경험을 제공합니다.

(1) 화학적 조리법(Chemical Cooking Methods)

화학적 반응을 이용해 식재료를 조리하는 방법입니다. 주로 산성, 염기성 환경에서 발생하는 변화를 이용합니다.

① 솔팅(Salting)

소금을 이용해 식재료의 수분을 제거하거나 맛을 강화하는 방법으로 소금이 수분을 흡수하고, 미생물의 성장을 억제하며, 맛을 농축시킵니다.

② 산도 조절(Acidifying)

식초, 레몬 주스 등 산성 물질을 사용해 식재료의 pH를 낮추고 맛을 조정하는 방법으로 산성 환경이 미생물 성장을 억제하고 신맛을 부여하여 보존성을 높입니다.

③ 큐어링(Curing)

소금, 설탕, 허브 등을 이용해 식재료의 수분을 제거하고 맛을 농축시키는 방법으로 미생물 활동을 억제하고, 풍미를 강화하며, 보존성을 높입니다.

④ 마리네이드(Marinating)

산성 또는 염기성 재료에 식재료를 담가 맛을 배게 하고, 질감을 부드럽게 만드는 방법으로 산성 환경에서 단백질 변성이 일어나 식재료가 익는 효과를 얻습니다.

⑤ 세비체(Ceviche)

신선한 해산물을 레몬 주스 또는 라임 주스에 담가 화학적으로 익히는 방법으로 산성 성분이 단백질을 변성시켜 식감과 맛이 변합니다.

⑥ 절임(Pickling)

식재료를 소금물, 식초, 허브 등에 담가 발효하거나 저장하는 방법으로 발효 과정에서 맛이 복합적으로 변하고, 신선한 질감을 유지합니다. (발효 과정은 생물학적 변화로도 분류 가능)

화학적 조리법과 풍미 변화 및 Layer(층)

	조리법	풍미변화	Layer(층)
1	솔팅(Salting)	소금이 수분을 제거하고, 미생물 성장을 억제하며, 맛이 농축됨	소금이 침투해 식재료의 표면이 단단해지고 내부는 부드러워지며, 풍미가 균일하게 농축됨
2	산도 조절 (Acidifying)	산성 환경이 신맛을 부여하고, 미생물 성장을 억제하여 보존성을 높임	산성 물질이 외부를 부드럽게 하고 내부는 촉촉하게 유지하며, 신맛이 겹쳐진 층을 형성함
3	큐어링(Curing)	소금과 설탕이 식재료의 수분을 제거하며, 풍미가 농축되고 보존성이 높아짐	큐어링 과정에서 표면은 단단해지고 내부는 촉촉한 층이 형성되며, 맛이 농축됨
4	마리네이드 (Marinating)	산성 환경에서 단백질 변성이 일어나 맛이 깊어지고, 질감이 부드러워짐	표면이 부드럽게 변성되며, 내부는 풍미가 깊어지고 단단한 층이 형성됨
5	세비체 (Ceviche)	산성 성분이 단백질을 변성시켜 식감이 변화되고, 신선한 맛이 강조됨	산성 물질이 단백질을 변성시켜 부드러운 외부층과 촉촉한 내부층을 형성함
6	절임 (Pickling)	발효 및 산성 환경에서 식재료의 맛이 복합적으로 변하고, 신선한 질감이 유지됨	발효 및 산성에 의해 외부는 단단해지고 내부는 부드러우며, 복합적인 맛의 층이 형성됨

(2) 물리적 조리법(Physical Cooking Methods)

물리적 변화를 통해 식재료를 조리하는 방법입니다. 이는 식재료의 물리적 특성을 이용해 맛과 질감을 변화시킵니다.

① 탈수(Dehydrating)

식재료에서 수분을 제거해 보존성을 높이고, 맛을 농축시키는 방법으로 수분 제거로 인해 맛이 농축되고, 식재료의 보존성이 높아집니다.

② 진공 밀봉(Vacuum Sealing)

식재료를 진공 상태로 밀봉해 산화와 부패를 방지하고 보존성을 높이는 방법으로 공기를 제거하여 산화를 억제하고, 식재료의 신선함을 유지합니다.

③ 소킹(Soaking)

식재료를 물에 담가 부드럽게 하거나 불리는 방법으로 수분이 흡수되어 식재료가 부드러워지고, 조리 시간이 단축됩니다.

④ 하이-스피드 블렌딩/퓌레잉(High-Speed Blending/Pureeing)

고속 블렌더를 사용해 식재료를 매끄럽게 퓌레 형태로 만드는 방법으로 고속 블렌더가 식재료를 균일하게 분쇄해 퓌레 형태로 만듭니다.

⑤ 주싱(Juicing)

신선한 과일이나 채소에서 주스를 추출해 섭취하는 방법으로 과일이나 채소를 압착하거나 블렌딩하여 주스를 추출합니다.

⑥ 냉장 숙성(Dry-Aging)

고기나 치즈를 저온에서 오랜 시간 동안 숙성하여 맛을 농축하고, 부드러운 질감을 형성하는 방법으로 저온과 시간의 경과로 인해 식재료의 풍미가 농축되고, 질감이 부드러워집니다.

물리적 조리법과 풍미 변화 및 Layer(층)

	조리법	풍미변화	Layer(층)
1	탈수 (Dehydrating)	수분 제거로 인해 맛이 농축되고, 식재료의 보존성이 높아짐	외부는 건조하고 내부는 농축된 맛을 유지하며, 복합적인 맛의 층이 형성됨
2	진공 밀봉 (Vacuum Sealing)	산화 및 부패가 억제되고, 신선함과 보존성이 향상됨	진공 밀봉으로 식재료의 풍미가 유지되고, 부드러운 질감이 형성됨
3	소킹 (Soaking)	수분이 흡수되어 식재료가 부드러워지고, 풍미가 자연스럽게 살아남	흡수된 수분이 외부를 부드럽게 하고, 내부는 촉촉한 층이 형성됨
4	하이-스피드 블렌딩/ 퓌레잉(High-Speed Blending/Pureeing)	식재료가 균일하게 분쇄되어 풍미가 농축되고, 부드러운 질감이 형성됨	부드럽고 균일한 퓌레층이 형성되어, 풍부한 맛과 질감을 제공함
5	주싱 (Juicing)	신선한 과일과 채소의 자연스러운 맛과 영양소가 추출됨	추출된 주스가 균일한 층을 형성하며, 신선하고 진한 맛을 제공함
6	냉장 숙성 (Dry-Aging)	시간의 경과로 풍미가 농축되고, 식재료의 질감이 부드럽고 깊어짐	시간의 경과로 농축된 풍미와 부드러운 질감의 층이 형성됨

(3) 생물학적 조리법(Biological Cooking Methods)

생물학적 조리법은 미생물의 활동을 통해 식재료의 성질을 변화시키는 조리 방법입니다. 이 방법은 발효, 배양, 발아 등 미생물이나 효소의 작용을 통해 식재료의 맛, 질감, 영양소를 변화시키며, 자연스럽고 건강한 방식으로 식재료를 가공합니다. 생물학적 조리법의 특징은 식재료가 살아 있는 생물체의 활동에 의해 변화를 겪는다는 점이며, 이는 식품의 발효, 숙성, 발아와 같은 과정을 포함합니다.

① 발효/퍼먼팅(Fermenting)

발효는 미생물(주로 세균, 효모, 곰팡이)의 활동을 통해 식재료가 자연스럽게 변화하는 과정입니다. 미생물은 식재료에 포함된 당을 분해하여 산, 알코올, 가스 등을 생성하며, 이를 통해 식품의 맛, 향, 질감, 그리고 보존성이 변화됩니다.

미생물이 식재료 내의 당을 발효시켜 산, 알코올, 가스를 생성하며, 이 과정에서 식재료의 성질이 변화합니다. 발효는 종종 산성 환경을 형성하여 유해한 미생물의 성장을 억제하고, 식품을 보존하는 데 중요한 역할을 합니다. 김치, 된장, 간장, 요거트, 치즈, 빵, 맥주, 와인 등이 발효 과정을 통해 만들어집니다.

② 배양/컬처링(Culturing)

배양은 특정 미생물을 식재료에 접종하여 발효 또는 숙성하는 과정입니다. 배양 과정에서 미생물이 증식하고, 이들이 생성하는 효소가 식재료의 맛, 향, 질감을 변화시킵니다.

특정 미생물이 당을 분해하거나 다른 성분을 변형시켜 식재료의 특성을 변화시킵니다. 배양은 주로 온도와 습도를 조절하여 최적의 미생물 환경을 조성하고, 이를 통해 일정한 맛과 질감을 유지합니다. 요거트, 치즈, 사워크라우트, 크림, 발효 버터 등이 배양 과정을 통해 만들어집니다.

③ 발아/스프라우팅(Sprouting)

발아는 곡물이나 콩류를 물에 담가 싹을 틔우는 과정으로, 이 과정에서 영양가가 증가하고 소화가 용이한 형태로 변형됩니다. 발아된 식재료는 생채소와 같은 신선한 맛과 질감을 가지며, 다양한 요리에 활용됩니다.

발아 과정에서 효소가 활성화되고, 곡물이나 콩류에 저장된 영양소가 분해되어 더 쉽게 소화되고 흡수될 수 있는 형태로 변합니다. 또한, 비타민 C와 같은 영양소가 새롭게 형성되기도 합니다. 스프라우트 샐러드, 생채소 샐러드, 빵 반죽에 첨가되는 밀 싹 등이 발아 과정을 거친 식재료입니다.

생물학적 조리법과 풍미 변화 및 Layer(층)

	조리법	풍미변화	Layer(층)
1	발효/퍼먼팅 (Fermenting)	미생물이 식재료를 발효시켜 독특한 풍미와 질감이 형성되며, 보존성이 향상됨	발효 과정에서 형성된 층이 식재료의 깊고 복합적인 맛과 풍미를 제공함
2	배양/컬처링 (Culturing)	미생물 활동을 통해 식재료의 맛이 깊어지고, 향이 풍부해지며, 질감이 부드러워짐	배양된 미생물이 생성한 효소와 유익한 성분이 층을 형성하며, 풍부한 맛과 질감을 제공함
3	발아/스프라우팅 (Sprouting)	발아 과정에서 효소가 활성화되어 영양소가 증가하고, 신선한 맛과 부드러운 질감이 형성됨	발아된 식재료가 외부는 부드럽고 내부는 신선한 층을 형성하여 영양가 높은 식품을 제공함

3차원 맛에서의 조리법은 다양한 방식으로 맛의 층과 구조를 형성합니다. 가열 조리법은 식재료에 열을 가해 풍미를 집중시키고, 복합적인 맛을 형성하는 데 중점을 두며, 비가열 조리법은 식재료의 본래 맛과 질감을 유지하면서도 화학적, 물리적 변화를 통해 독특한 미각 경험을 제공합니다. 이 두 가지 조리법을 적절히 조합함으로써, 요리사는 더 깊고 복잡한 미각 경험을 제공할 수 있습니다.

3차원 맛의 설계와 구현

3차원 맛의 개념은 요리에서 복합적인 맛의 구조를 설계하고 구현하는 데 중요한 역할을 합니다.

이 개념은 요리의 다양한 층을 설계함으로써, 입체적이고 풍부한 미각 경험을 만들어냅니다.

예시: 라자냐의 3차원 맛 구조

라자냐(Lasagna)는 3차원 맛의 대표적인 예입니다. 이 요리에서는 파스타, 고기, 치즈, 소스 등 다양한 재료들이 각각 독립적인 맛의 레이어를 형성하고, 이 레이어들이 차곡차곡 쌓여져 전체적으로 깊이 있는 맛을 만들어냅니다.

각 레이어는 재료의 조합과 조리법에 따라 다르게 구성되며, 이러한 구조는 라자냐를 먹는 동안 다양한 맛의 변화를 경험하게 합니다.

다차원 맛의 비밀

예: 라자냐 (1인분 레시피) (단백질, 탄수화물, 지방, 물, 채소, 양념, 냄새 재료로 분류)

● 재료

단백질(Protein)
- 다진 소고기(Ground Beef): 100g
- 리코타 치즈(Ricotta Cheese): 1/4컵
- 모차렐라 치즈(Mozzarella Cheese): 1/4컵
- 파마산 치즈(Parmesan Cheese): 1큰술

탄수화물(Carbohydrates)
- 라자냐 면(Lasagna Noodles): 2~3장
- 토마토 소스(Tomato Sauce): 1컵
- 토마토 페이스트(Tomato Paste): 1큰술

지방(Fats)
- 올리브 오일(Olive Oil): 1큰술
- 리코타 치즈(Ricotta Cheese): 1/4컵(공통 재료)
- 모차렐라 치즈(Mozzarella Cheese): 1/4컵(공통 재료)
- 파마산 치즈(Parmesan Cheese): 1큰술(공통 재료)

물(Water)
- 우유(Milk): 1/4컵
- 베샤멜 소스(Béchamel Sauce): 1/4컵 (베샤멜 소스에 물 포함)

채소(Vegetables)
- 다진 양파(Onion, finely chopped): 1/4개
- 다진 마늘(Garlic, minced): 1쪽
- 신선한 바질 잎(Fresh Basil Leaves): 장식용

양념(Seasoning)
- 소금(Salt): 약간 (전체 재료의 0.9%를 맞추기 위해 계산 가능)

냄새 재료(Aromatic and Herb/Spice)
- 건조 허브 혼합(Dried Herb Mix, 바질, 오레가노 등): 1작은술
- 신선한 바질 잎(Fresh Basil Leaves): 장식용 (허브 스파이스)
- 다진 마늘(Garlic, minced): 1쪽 (아로마틱스)
- 후추(Pepper): 약간

● 만드는 방법

1. 라자냐 면 준비
- 큰 냄비에 물을 끓이고 약간의 소금을 넣습니다. 라자냐 면을 넣고 부드러워질 때까지 약 8~10분간 삶습니다.
- 면이 다 익으면 물기를 빼고 올리브 오일을 약간 뿌려 서로 붙지 않도록 돕니다.

2. 소고기 소스 준비
- 팬에 올리브 오일을 두르고 다진 양파와 마늘을 넣어 투명해질 때까지 볶습니다.
- 다진 소고기를 넣고 갈색이 될 때까지 볶습니다.
- 토마토 소스와 토마토 페이스트, 건조 허브 혼합을 넣고 잘 섞은 후, 약한 불로 10분 정도 끓입니다. 소금과 후추로 간을 맞춥니다.

3. 치즈 레이어 준비
- 리코타 치즈를 볼에 담고, 우유와 섞어 부드럽게 만듭니다.
- 모차렐라 치즈와 파마산 치즈를 준비합니다.

4. 라자냐 층 쌓기
- 오븐용 용기에 약간의 소고기 소스를 바닥에 깔고, 라자냐 면을 한 장 올립니다.
- 면 위에 소고기 소스를 얹고, 그 위에 리코타 치즈 혼합물을 바릅니다.
- 모차렐라 치즈와 파마산 치즈를 뿌린 후, 다시 라자냐 면을 올립니다.
- 이 과정을 반복하여 라자냐를 층층이 쌓아갑니다. 마지막으로 면을 올린 후 베샤멜 소스를 얹고 모차렐라 치즈를 골고루 뿌립니다.

5. 굽기
- 180℃로 예열된 오븐에서 25~30분간, 치즈가 녹고 황금빛이 될 때까지 굽습니다.

6. 완성 및 서빙
- 오븐에서 꺼내 5분 정도 식힌 후, 신선한 바질 잎을 얹어 장식합니다.
- 1인분으로 잘라서 서빙합니다.

● 3차원 맛에 대한 스토리텔링
라자냐를 한 입 베어 물 때, 당신은 단순히 하나의 맛을 느끼는 것이 아니라, 서로 다른 여러 층의 맛이 입안에서 어우러지는 복합적인 경험을 하게 됩니다. 라자냐는 요리의 "3차원 맛"을 완벽하게 표현하는 대표적인 음식입니다.

첫 번째 층 – 토마토와 소고기의 깊은 풍미: 가장 먼저 느껴지는 것은 진한 토마토 소스와 소고기의 풍부한 맛입니다. 토마토의 신맛과 달콤함, 그리고 소고기의 고소하고 깊은 맛이 한데 어우러져 입안 가득 퍼집니다. 이 층은 라자냐의 기본이자, 다른 모든 맛을 받쳐주는 토대입니다.

두 번째 층 – 부드러운 리코타 치즈의 크리미함: 그 다음으로는 리코타 치즈의 부드러운 크리미함이 느껴집니다. 이 층은 앞서 느꼈던 소스의 강한 맛을 부드럽게 감싸주며, 라자냐의 풍미에 고급스러움을 더해줍니다. 리코타 치즈는 라자냐의 전체적인 맛을 연결해주는 중요한 역할을 합니다.

세 번째 층 – 고소한 모차렐라와 파마산 치즈의 풍미: 마지막으로 모차렐라 치즈와 파마산 치즈의 고소한 풍미가 입안을 감쌉니다. 치즈가 녹아내리며 겹겹이 쌓인 맛들을 하나로 묶어주고, 라자냐를 더욱 풍부하고 만족스러운 맛으로 완성시킵니다.

빌딩처럼 층층이 쌓인 맛의 구조: 이처럼 라자냐는 마치 층층이 쌓인 빌딩처럼 여러 맛의 레이어로 구성됩니다. 각각의 층은 독립적으로 존재하지만, 동시에 서로를 보완하며 조화로운 맛을 만들어냅니다. 이 조화는 라자냐를 더욱 특별하게 만들고, 한 입 한 입마다 새로운 맛의 차원을 느끼게 해줍니다.

다양성의 힘: 라자냐의 3차원 맛은 또한, 같은 토마토 소스라도 어떤 재료를 더하고 어떤 조리법을 적용하느냐에 따라 수십 가지의 서로 다른 맛을 만들어낼 수 있다는 것을 보여줍니다. 다양한 재료와 조리법이 결합되어 만들어진 이 입체적인 맛은 라자냐가 주는 특별한 경험입니다. 라자냐의 이 3차원 맛은 바로 요리의 예술과 창의성을 가장 잘 나타내는 예라고 할 수 있습니다.

이렇듯 라자냐는 단순한 요리가 아니라, 맛의 복합성과 깊이를 보여주는 3차원 맛의 대표적인 예입니다. 층층이 쌓인 맛들이 서로 조화를 이루며, 한 접시 속에서 다채로운 미각의 여행을 선사합니다.

이제 3차원 맛의 개념을 더 세분화하여 3.0차원에서 3.9차원까지 발전하는 맛의 변화를 살펴볼 수 있습니다.

토마토 소스로 예를 들어 레이어 쌓기를 할 수 있습니다. 같은 토마토 소스라도, 첨가되는 식재료의 다양성과 조리법의 차이에 따라 수십 가지의 서로 다른 토마토 소스가 만들어질 수 있습니다.

예를 들어, 기본적인 토마토 소스에 마늘, 양파, 허브를 추가하면 3차원의 새로운 층이 형성되며, 조리법에 따라 또 다른 맛의 층이 추가됩니다. 이러한 다층적인 맛의 구조는 동일한 기본 재료로도 다양한 변화를 만들어내며, 음식의 깊이와 풍미를 극대화할 수 있습니다.

1. **3.0차원:** 기본 토마토 소스는 3차원 맛의 기초를 형성하는 첫 번째 레이어입니다. 이 레이어는 단순하지만 균형 잡힌 맛을 제공하며, 다른 레이어들이 쌓여갈 수 있는 기본 구조를 제공합니다.

2. **3.1차원:** 아라비아타 소스는 기본 토마토 소스에 매운맛이 더해진 레이어입니다. 이 레이어는 기본 맛에 자극적이고 강렬한 요소를 추가하여, 맛의 구조를 더욱 복합적으로 만듭니다.

3. **3.2차원:** 푸타네스카 소스는 케이퍼, 엔초비, 올리브 등 강한 맛의 재료들이 추가된 레이어로, 맛의 복잡성과 깊이가 더욱 증가합니다. 이 레이어는 각각의 재료들이 독립적으로 맛을 제공하면서도, 전체적으로 조화를 이루어 입체적인 풍미를 만들어냅니다.

4. **3.3차원에서 3.8차원:** 이 구간에서는 신선한 허브나 다양한 치즈를 추가하여, 각각의 레이어가 독특한 변화를 더합니다. 이 단계는 요리의 기본 구조에 독특한 향과 맛을 부여하며, 각 레이어가 쌓여가면서 더욱 복합적이고 입체적인 맛의 경험을 제공합니다.

5. **3.9차원:** 로제 소스는 크림이 추가된 레이어로, 부드럽고 크리미한 질감을 더해줍니다. 이 레이어는 시간이 지남에 따라 맛이 성숙해지며, 최종적으로 맛의 깊이와 풍부함을 완성하는 단계입니다. 이 단계에서 맛은 더 이상 단순한 조합이 아니라, 시간이 포함된 완성된 형태의 입체적인 맛으로 발전하게 됩니다.

3차원 맛의 세분화: 토마토 스파게티 소스의 다차원적 진화

이 접근 방식은 매우 교육적이고 체계적으로 맛의 다차원성을 설명할 수 있는 방법입니다. 차원을 0.1에서 0.9까지 세분화하여 각 단계에서의 맛의 발전과 변화를 설명함으로써, 학생들이 맛의 복잡성을 더 잘 이해할 수 있도록 돕습니다. 각 소스의 차원을 세분화하여 설명해보겠습니다.

● 3.0차원: 기본 토마토 스파게티 소스

3.0차원 맛은 맛의 기본 구조를 형성하는 단계입니다. 기본 토마토 스파게티 소스는 토마토의 신맛과 단맛, 소금의 짠맛이 조화를 이루는 단순하면서도 명확한 맛을 제공합니다. 이 소스는 부피를 가지며, 입체적인 맛의 기반을 형성합니다. 다른 복잡한 재료나 향신료의 영향을 받지 않으며, 토마토 본연의 맛을 중심으로 한 단순한 풍미를 제공합니다.

● 재료

- 토마토 소스(Tomato Sauce)
- 다진 양파(Onion)
- 다진 마늘(Garlic)
- 올리브 오일(Olive Oil)
- 소금(Salt)
- 후추(Pepper)

이 기본 토마토 스파게티 소스는 토마토의 자연스러운 신맛과 단맛을 강조하며, 소금과 후추가 맛을 균형 있게 잡아줍니다. 3.0차원 맛의 소스는 단일한 맛의 구조를 제공하며, 깔끔하고 명료한 미각 경험을 선사합니다.

● 3.1차원: 아라비아타 토마토 소스

3.1차원 맛은 기본 토마토 소스에 매운맛을 추가하여 맛의 차원을 확장하는 단계입니다. 아라비아타 소스는 기본 토마토 소스에 고추를 첨가하여 강렬하고 자극적인 매운맛을 더합니다. 이로 인해 맛의 구조는 보다 복잡해지고, 소스의 표면적 특성과 향이 강화됩니다.

● 재료

- 기본 토마토 스파게티 소스(Basic Tomato Sauce)
- 건조 고추(Chili Peppers) 또는 고춧가루(Red Pepper Flakes)
- 신선한 파슬리(Fresh Parsley)

아라비아타 소스는 기본 토마토 소스에 매운맛을 더함으로써 3.1차원의 깊이를 제공합니다. 이 단계에서 맛은 단순한 토마토의 맛을 넘어, 후각과 미각을 자극하는 강렬한 매운맛이 더해져 입체적인 맛 경험을 제공합니다.

● 3.2차원: 푸타네스카 토마토 소스

3.2차원 맛은 다양한 재료들이 첨가되어 복합적인 맛의 레이어를 형성하는 단계입니다. 푸타네스카 소스는 케이퍼, 엔초비, 올리브 등의 강렬한 맛을 가진 재료들이 추가되어 다층적인 맛을 제공합니다.

이 단계에서 맛은 더욱 복잡하고 깊이 있는 구조를 형성하며, 각 재료가 독립적으로 맛을 제공하면서도 전체적으로 조화를 이루는 입체적인 풍미를 만듭니다.

● 재료
- 기본 토마토 스파게티 소스(Basic Tomato Sauce)
- 케이퍼(Capers)
- 엔초비(Anchovies)
- 올리브(Olives)
- 고추(Red Pepper Flakes)
- 마늘(Garlic)

푸타네스카 소스는 강한 맛을 가진 여러 재료들이 첨가되어, 소스의 맛을 더욱 다층적으로 발전시킵니다. 이 소스는 3.2차원에서 맛의 구조가 더욱 복잡해지며, 각 맛의 레이어가 조화를 이루어 깊이 있는 미각 경험을 제공합니다.

● 3.3차원부터 3.8차원까지
이 구간에서는 기본 토마토 소스에 다양한 재료와 조리법을 적용하여 다양하게 변형할 수 있습니다. 예를 들어, 신선한 허브나 향신료, 혹은 치즈를 추가하는 방법으로 소스의 차원을 세분화할 수 있습니다. 이 단계들은 소스의 기본 구조를 유지하면서도 각각의 변형이 독특한 맛과 향을 더해줍니다.

● 3.9차원: 로제 토마토 소스
3.9차원 맛은 시간의 경과와 함께 맛이 깊어지는 요소가 포함된 단계입니다. 로제 토마토 소스는 기본 토마토 소스에 크림을 첨가하여 부드럽고 크리미한 질감을 더합니다. 이 단계에서는 시간이 지남에 따라 맛이 성숙하고 발전하는 특성이 포함됩니다.

● 재료
- 기본 토마토 스파게티 소스(Basic Tomato Sauce)
- 크림(Cream)
- 버터(Butter)
- 파마산 치즈(Parmesan Cheese, 옵션)

로제 소스는 크림이 추가되어 부드럽고 풍성한 질감을 더하며, 시간이 지남에 따라 소스의 맛이 성숙해집니다. 3.9차원에서 로제 소스는 시간의 경과와 함께 맛이 깊어지며, 토마토와 크림의 결합으로 인한 부드럽고 풍부한 풍미가 특징입니다.

UNIT 6. 4차원 맛
(Four-Dimensional Flavor)

1. 기본 개념

1) 4차원의 철학적 개념

4차원이란 물리학과 철학에서 시간이 공간의 세 차원(길이, 너비, 높이)에 더해지는 네 번째 차원으로 이해되는 것을 의미합니다. 이 개념은 19세기 말과 20세기 초에 과학자와 철학자들이 제안한 것으로, 우리가 경험하는 현실을 보다 깊이 이해하는 데 중요한 역할을 합니다.

3차원 공간에서 우리는 물체를 길이, 너비, 높이로 측정할 수 있지만, 4차원에서는 시간이라는 차원이 추가되어 물체나 사건이 시간의 흐름 속에서 어떻게 변화하고 발전하는지 설명합니다.

이러한 4차원 개념은 우리의 일상적 경험을 넘어서며, 사물의 연속성과 변화, 그리고 시간에 따른 진화를 고려하게 합니다. 철학적 관점에서 4차원은 현실을 이해하는 새로운 틀을 제공하며, 과거, 현재, 미래의 연속성을 인식하게 합니다.

2) 4차원 맛의 개념

4차원 맛(Four-Dimensional Flavor)은 이러한 철학적 개념을 맛의 경험에 적용한 것입니다. 3차원 맛이 공간적 요소(길이, 너비, 높이)만을 고려한다면, 4차원 맛은 여기에 시간(Time)이라는 요소를 추가하여, 시간이 지남에 따라 맛이 어떻게 진화하고 복잡해지는지 탐구합니다.

3) 시간에 따른 맛의 변화

4차원 맛의 핵심은 시간의 흐름에 따른 맛의 변화입니다. 이 변화는 발효(Fermentation), 숙성(Aging), 조리(시간에 따른 열처리) 등의 과정에서 뚜렷하게 나타납니다.

발효된 음식(예: 김치, 된장, 와인)은 시간이 지남에 따라 독특한 풍미를 발달시키며, 숙성된 치즈나 고기도 시간이 지남에 따라 맛이 더욱 깊고 복합적으로 변합니다. 이러한 과정은 음식의 성분이 미생물 활동, 효소 반응 등을 통해 화학적으로 변화하는 결과로 나타납니다.

4) 조리법에서의 시간의 역할

조리법에서도 4차원 맛의 개념이 적용됩니다. 예를 들어, 리버스 시어링(Reverse Searing)과 수비드(Sous Vide)는 시간의 경과에 따라 음식의 맛과 질감을 최적화하는 기술입니다.

리버스 시어링은 고기를 천천히 익힌 후 고온에서 빠르게 시어링하여, 외부는 바삭하고 내부는 부드러운 식감을 제공합니다. 수비드는 낮은 온도에서 오랜 시간 동안 조리하여 고기의 질감을 부드럽게 하고 맛을 균일하게 합니다. 이들 조리법은 시간이라는 요소가 맛의 완성에 어떻게 기여하는지 잘 보여줍니다.

5) 4차원 맛의 철학적 및 과학적 연관성

4차원 맛의 개념은 맛을 단순히 순간적인 감각 경험으로 보는 것을 넘어서, 시간이라는 요소가 결합된 복합적인 과정으로 이해합니다. 이 개념은 맛이 시간이 지남에 따라 어떻게 변화하고 성숙하며, 더욱 복잡해지는지 탐구합니다.

(1) 시간의 중요성

시간은 4차원 맛의 핵심적인 요소로, 발효, 숙성, 그리고 조리 과정에서 맛이 어떻게 변화하는지 이해하는 데 중요한 역할을 합니다. 예를 들어, 발효 음식이나 숙성된 치즈는 시간이 지남에 따라 맛의 복합성이 증가하며, 이는 단순한 맛의 조합이 아니라, 시간의 흐름에 따라 맛이 진화하는 과정을 반영합니다.

(2) 테서렉트와 4차원 맛

테서렉트(Tesseract)는 수학적으로 4차원을 시각화하는 하이퍼큐브로, 3차원 공간을 초월하여 4차원 공간을 설명하는 데 사용됩니다. 테서렉트를 맛에 비유할 때, 이는 맛이 단순히 공간적인 차원에서 발생하는 것이 아니라, 시간과 공간이 결합된 차원에서 발생하는 복합적인 현상임을

• Tesseract, four-dimensional hypercube

상징적으로 나타냅니다.

테서렉트의 개념을 통해, 우리는 시간이라는 추가적인 차원을 고려하여 맛의 진화와 복잡성을 설명할 수 있습니다. 이는 3차원적 맛 경험에서 더 나아가, 시간의 흐름에 따라 맛이 어떻게 변하고 성숙하는지 이해하는 데 도움이 됩니다.

(3) 4차원 맛의 응용

4차원 맛의 개념은 조리 과학과 미식 산업에서 중요한 연구 주제로 자리 잡고 있습니다. 발효, 숙성, 훈연 등 시간에 따라 변하는 조리 과정을 통해, 맛의 깊이와 복잡성을 더할 수 있으며, 이는 상업적으로도 매우 유용한 요소가 될 수 있습니다.

예를 들어, 시간에 따라 맛이 진화하는 음식을 제공하는 레스토랑은 고객에게 특별한 미식 경험을 선사할 수 있으며, 발효 제품, 숙성 고기, 또는 와인과 같은 제품은 이러한 4차원 맛의 개념을 바탕으로 마케팅 전략을 세울 수 있습니다.

2. 시공간 개념을 포함한 4차원 맛의 예시

4차원 맛의 개념은 요리의 깊이와 복합성을 더하는 데 중요한 역할을 합니다. 텍사스 바비큐처럼 오랜 시간 동안 천천히 조리하여 맛을 극대화하는 요리나, 발효된 음식들처럼 시간이 지날수록 맛이 풍부해지는 음식들이 4차원 맛의 대표적인 예입니다. 이러한 요리들은 단순한 조리 과정을 넘어서, 시간의 경과에 따른 맛의 변화를 통해 더 깊고 다층적인 미각 경험을 제공합니다.

1) 발효 음식(Fermented Foods)

발효 과정은 미생물의 활동을 통해 맛을 변화시키고 깊어지게 합니다. 김치, 된장, 치즈 등은 시간이 지남에 따라 발효 초기의 날카로운 맛이 부드러워지고, 복합적인 풍미가 형성됩니다. 발효 기간이 길어질수록 맛의 프로필이 진화하며, 감칠맛이 강화되고 음식의 풍미가 더욱 깊어집니다.

2) 발효 음료(Fermented Beverages)

발효 음료는 4차원 맛의 전형적인 예로, 와인과 막걸리가 대표적입니다. 와인은 발효와 숙성 과정에서 시간이 지남에 따라 다양한 아로마와 풍미가 발달하며, 막걸리는 발효 중에 맛의 균형이 잡혀갑니다. 이러한 발효 음료는 시간에 따라 그 맛과 향이 변화하고 발전하며, 성숙한 맛을 경험하게 됩니다.

3) 숙성(Aging)

숙성 과정에서 음식의 단백질과 지방이 분해되면서 감칠맛이 증가하고, 텍스처가 부드러워지며 고유의 깊은 맛이 형성됩니다.

고기, 치즈, 와인 등은 숙성 기간과 조건에 따라 맛의 성숙도가 달라지며, 시간이 지남에 따라 더욱 복잡하고 성숙한 맛을 경험할 수 있습니다.

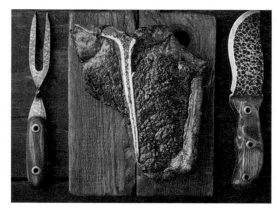

4) 리버스 시어링(Reverse Searing)

리버스 시어링은 고기를 낮은 온도에서 천천히 익힌 후, 마지막에 고온에서 겉면을 바삭하게 시어링(searing)하는 조리법입니다. 이 과정은 고기의 내부를 먼저 부드럽게 익힌 후, 겉면에 풍미와 텍스처를 더해주는 방법으로, 시간이 주는 변화를 효과적으로 활용한 기술입니다. 시간에 따라 고기의 육즙이 내부에 고르게 분포되며, 최종적으로 바삭한 크러스트와 부드러운 내부를 동시에 제공합니다.

다차원 맛의 비밀

5) 수비드(Sous Vide)

수비드는 음식을 진공 상태로 포장한 후, 낮은 온도에서 장시간 조리하는 방식입니다. 이 방법은 음식의 수분을 유지하고, 균일하게 익히는 데 탁월합니다. 수비드 조리법은 시간에 따른 맛의 변화를 정밀하게 제어할 수 있어, 음식의 질감과 풍미를 극대화할 수 있습니다. 특히 고기와 생선 등에서 부드럽고 풍부한 맛을 유지하는 데 유리하며, 최종적으로 팬에서 겉면을 빠르게 익혀 완성도를 높입니다.

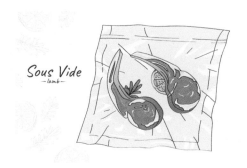
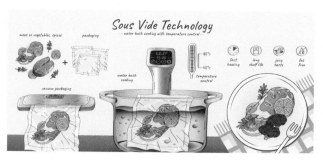

6) 텍사스 바비큐와 4차원 맛

(1) 저온에서의 장시간 조리(Low and Slow Cooking)

텍사스 바비큐의 대표적인 특징은 고기를 저온에서 오랜 시간 동안 천천히 조리한다는 것입니다. 이 과정은 고기의 콜라겐을 젤라틴으로 변화시키며, 결과적으로 고기는 부드럽고 육즙이 풍부해집니다. 이처럼 긴 시간 동안 천천히 조리되는 과정에서 맛은 깊어지고, 고유의 스모키한 풍미가 형성됩니다.

(2) 훈연(Smoking)

훈연 과정은 텍사스 바비큐에서 중요한 역할을 하며, 이 과정도 시간에 크게 의존합니다. 나무의 연기가 고기 표면에 깊숙이 스며들면서 독특한 풍미가 발생하는데, 이는 고기를 오래 훈제할수록 더 강렬해집니다. 이러한 훈연은 텍사스 바비큐의 맛을 다른 바비큐 스타일과 차별화하는 핵심 요소입니다.

(3) 시간에 따른 맛의 변화

텍사스 바비큐는 시간의 흐름에 따라 맛이 변화하고 발전하는 전형적인 예입니다. 조리 시간에 따라 고기의 질감이 변화하며, 훈연 시간에 따라 고기의 스모키한 풍미가 깊어집니다. 이러한 변화는 텍사스 바비큐를 특별하게 만드는 중요한 요소이며, 4차원 요리의 개념과 완벽하게 일치합니다.

3. 상업적 유익성

4차원 맛의 개념은 상업적인 요리와 식품 개발에도 큰 이점을 제공합니다. 시간의 요소를 활용한 맛의 발전은 시장에서의 경쟁력을 높이는 중요한 요소가 될 수 있습니다.

1) 프리미엄 제품 개발

발효, 숙성, 저온 조리 등 시간의 경과에 따라 깊이 있는 맛을 만들어내는 제품들은 소비자에게 프리미엄 가치를 제공합니다. 예를 들어, 숙성된 치즈나 발효된 김치와 같은 제품들은 독특한 맛을 통해 차별화된 시장 가치를 지닐 수 있습니다.

2) 소비자 만족도 증대

4차원 맛을 적용한 요리나 제품은 소비자에게 더욱 풍부하고 복합적인 미각 경험을 제공합니다. 이는 소비자 만족도를 높이고, 반복 구매로 이어질 수 있는 중요한 상업적 요소입니다.

3) 스토리텔링과 마케팅

시간의 경과에 따라 맛이 변화하고 발전하는 과정은 강력한 스토리텔링 요소로 활용될 수 있습니다. 예를 들어, 특정 제품이 오랜 시간 동안 숙성되어 특별한 풍미를 갖게 된 과정을 소비자에게 전달함으로써, 제품의 가치를 효과적으로 마케팅할 수 있습니다.

4) 지속 가능성

4차원 맛을 활용한 조리법과 식품 개발은 지속 가능한 식품 시스템에 기여할 수 있습니다. 발효나 숙성 과정에서 자원을 효율적으로 사용하거나, 저온 조리를 통해 에너지를 절약하는 등의 방법은 친환경적 접근과도 연계될 수 있습니다.

UNIT 7. 5차원 맛
(Five-Dimensional Flavor)

1. 기본 개념

5차원(Fifth Dimension)은 물리학과 수학에서 사용되는 개념으로, 우리가 인식하는 3차원(길이, 너비, 높이)과 4차원(시간)에 추가되는 새로운 차원을 의미합니다. 이 개념은 초끈이론(String Theory) 등에서 중요한 역할을 하며, 물리적 공간을 넘어서는 복잡한 현상들을 설명하는 데 유용합니다. 5차원은 인간의 직관적인 이해를 초월하는 추상적 차원으로, 더 높은 수준의 물리적 현상이나 우주론적 개념을 설명하기 위해 도입된 개념입니다.

이러한 5차원의 개념은 단순히 물리학적 이론에 그치지 않고, 인지과학, 철학, 그리고 다양한 예술적 표현에서도 영감을 주어 다차원적 사고를 촉진합니다. 특히, 이 개념은 셰프나 비즈니스 분야에서 맛에 가치를 부여하고, 고차원적인 요리 경험을 창조하는 데 중요한 역할을 합니다.

과거의 셰프들은 주로 3차원(재료의 물리적 형태와 배치)과 4차원(시간, 즉 요리의 과정과 변화를 포함한) 요리에 집중해 왔습니다. 그러나 현대의 셰프들, 특히 고든 램지(Gordon Ramsay)와 같은 세계적인 셰프들은 5차원 맛의 개념을 이해하고 이를 비즈니스 전략에 통합함으로써 큰 성공을 거두었습니다.

2. 5차원 맛의 이해와 활용

5차원 맛은 단순한 물리적 재료와 시간의 조합을 넘어서, 맛의 경험에 감정적, 사회적, 문화적 의미를 부여하는 차원을 포함합니다. 이는 고객이 음식을 경험하는 방식을 근본적으로 변화시키며, 그 경험을 더 깊고, 개인적이며, 기억에 남는 것으로 만듭니다.

예를 들어, 고든 램지는 음식 조리는 물론, 그 음식이 고객의 감정과 어떻게 상호 작용할지 고려합니다. 그의 요리는 재료와 기술뿐만 아니라, 이야기를 전달하고, 특정 감정을 불러일으키며, 문화적 배경을 반영하는 등 다층적인 경험을 제공합니다. 이러한 5차원 맛의 활용은 고객과의 깊은 연결을 가능하게 하고, 결과적으로 비즈니스에서의 성공을 이끄는 중요한 요소가 됩니다.

3. 5차원 맛의 비즈니스적 가치

셰프들이 5차원 맛을 이해하고 활용함으로써, 단순히 음식을 제공하는 것을 넘어서, 고객에게 잊을 수 없는 경험을 선사할 수 있습니다. 이는 브랜드 가치를 높이고, 고객의 충성도를 강화하며, 궁극적으로는 비즈니스의 지속 가능한 성공을 보장하는 데 기여합니다.

고든 램지와 같은 셰프들은 5차원 맛을 효과적으로 비즈니스에 활용함으로써, 요리 그 자체뿐만 아니라, 요리와 고객 간의 정서적 연결을 강화하고, 그로 인해 고객이 요리 경험을 통해 더 큰 만족감을 느끼도록 만듭니다. 이처럼 5차원 맛은 현대 요리에서 필수적인 요소로 자리 잡고 있으며, 이를 이해하고 적용하는 것은 셰프와 비즈니스 리더들에게 큰 이점을 제공합니다.

덧붙여, 5차원 맛은 물리적 차원을 넘어선 맛의 경험을 창출하고, 이를 통해 비즈니스적 가치를 극대화하는 중요한 개념입니다. 셰프와 비즈니스 리더들이 이 개념을 깊이 이해하고 응용함으로써, 고객에게 더 나은 가치를 제공하고, 장기적인 성공을 이끌어낼 수 있습니다.

4. 5차원 맛 요소

5차원 맛(Five-Dimensional Flavor)은 물리학에서의 5차원 개념을 응용하여, 음식의 맛을 경험하는 새로운 차원을 의미합니다. 이 차원은 맛의 사회적, 문화적, 감정적 의미를 포함하여, 음식이 단순히 물리적 맛 이상의 복합적인 경험을 제공하는 과정을 설명합니다.

5차원 맛은 다음과 같은 요소들을 포함합니다.

1) 사회적 의미

음식은 사회적 관계를 형성하고 유지하는 중요한 역할을 합니다. 예를 들어, 특정 음식은 가족 행사, 친구 모임, 또는 사회적 의례에서 중심적인 역할을 하며, 그 자체로 사회적 연결을 강화하는 도구로 사용됩니다. 이 과정에서 음식은 단순한 영양소 공급원이 아닌, 사람들 간의 관계를 구축하고 유지하는 중요한 매개체로 작용합니다.

2) 문화적 배경

음식은 특정 문화의 역사와 전통을 반영합니다. 예를 들어, 한국의 김치, 일본의 사케, 이탈리아의 파스타 등은 각 나라의 고유한 문화적 아이덴티티를 상징합니다. 이러한 음식은 단순한 요리 이상으로, 그 문화의 역사와 전통을 담고 있어, 소비자에게 깊이 있는 문화적 경험을 제공합니다.

3) 감정적 경험

음식은 개인의 감정과 깊이 연결될 수 있습니다. 어린 시절에 즐겨 먹었던 음식이나 부모님이 만들어주신 특별한 요리는 단순한 맛 이상의 감정적 경험을 제공합니다. 이러한 음식은 그 자체로 감정적 연결을 강화하며, 시간이 지남에 따라 더 깊은 의미를 지닙니다.

4) 공유와 공감

음식은 사람들 간의 공감을 불러일으키는 중요한 매개체입니다. 함께 음식을 나누고, 식사를 함께하는 과정에서 사람들 간의 감정적 유대가 강화됩니다. 이 과정에서 음식은 단순한 식사 이상의 의미를 가지며, 사람들 간의 정서적 연결을 강화하는 역할을 합니다.

5) 스토리텔링과 테마

음식은 특정한 이야기를 전달하는 매체로 사용될 수 있습니다. 예를 들어, 지역 특산물이나 특정 테마를 가진 요리는 그 자체로 하나의 이야기나 개념을 담고 있습니다. 이는 음식의 경험을 더욱 깊고 의미 있게 만들며, 소비자에게 단순한 미각 이상의 경험을 제공합니다.

5. 응용

5차원 맛의 개념은 다양한 상황에서 응용될 수 있습니다.

1) 스토리텔링과 음식의 연계

요리와 함께 제공되는 이야기나 전통은 그 음식의 맛을 더욱 풍부하게 만들어줍니다. 예를 들어, 특정 지역의 역사적 배경을 담은 요리는 단순한 식사가 아닌, 문화적 체험이 됩니다.

2) 공유와 공감

음식을 나누고 함께 즐기는 경험은 감정적 유대를 강화합니다. 가족이나 친구와 함께하는 식사에서 느끼는 따뜻함은 음식의 맛을 더 깊고 기억에 남게 만듭니다.

3) 문화적 배경과 테마

특정 문화나 테마를 강조한 요리는 그 음식을 더 의미 있게 만듭니다. 예를 들어, 한국의 김장 문화는 단순히 김치를 만드는 과정이 아닌, 공동체와 연결되고 전통을 이어가는 중요한 행위로 간주됩니다.

4) 브랜드와 마케팅

음식에 담긴 스토리를 브랜드와 연계하여 마케팅하는 전략은 소비자와의 정서적 연결을 강화합니다. 예를 들어, 특정 음식과 관련된 전통이나 감정적 요소를 강조하여 소비자와의 관계를 구축할 수 있습니다.

1) 상업적 유익성

5차원 맛의 개념은 상업적으로도 매우 유익합니다. 현대의 소비자들은 음식의 맛은 물론, 그 음식이 전하는 이야기와 감정적 연결을 중요시합니다. 이와 같은 트렌드는 다음과 같은 상업적 이점을 제공합니다.

(1) 브랜드 스토리텔링 강화

5차원 맛의 개념을 활용하여 브랜드의 이야기를 더 깊이 있게 전달할 수 있습니다. 음식에 담긴 사회적, 문화적, 감정적 의미를 통해 브랜드는 소비자에게 강렬한 인상을 남길 수 있으며, 이는 브랜드 충성도를 높이는 데 기여합니다.

(2) 차별화된 마케팅 전략

5차원 맛을 활용한 마케팅은 단순히 맛을 홍보하는 데 그치지 않고, 소비자와의 정서적 연결을 강조하는 차별화된 전략을 가능하게 합니다. 이는 특히 감성적 호소가 중요한 시장에서 매우 효과적이며, 브랜드를 경쟁 제품과 차별화하는 데 중요한 역할을 합니다.

(3) 소비자 경험 극대화

5차원 맛을 통해 소비자들에게 더 깊은 감동과 만족감을 제공할 수 있습니다. 이는 소비자들이 다시 찾는 이유가 되며, 긍정적인 구전 효과를 통해 브랜드의 가치를 증대시킬 수 있습니다.

UNIT 8. 다차원 맛의 학문적 배경과 연구 동향
(Academic Background and Research Trends in Multidimensional Flavor)

① **초기 그리스 철학**
기원전 7세기~기원전 5세기 중반
주요 철학자: 탈레스, 아낙시만드로스, 아낙시메네스, 헤라클레이토스, 파르메니데스

② **고전기 그리스 철학**
기원전 5세기 후반~기원전 4세기
주요 철학자: 소크라테스, 플라톤, 아리스토텔레스

③ **헬레니즘 철학**
기원전 4세기 후반~기원후 1세기
주요 철학자: 에피쿠로스, 제논, 피론

④ **로마 시대 철학**
기원전 1세기~기원후 5세기
주요 철학자: 키케로, 세네카, 마르쿠스 아우렐리우스

그리스 철학은 크게 4개의 주요 시기로 나눌 수 있습니다. 각각의 시기에는 대표적인 철학자들이 활동하며, 철학 사상의 발전에 중요한 역할을 했습니다. 특히 고전기 그리스 철학은 소크라테스, 플라톤, 아리스토텔레스의 사상과 업적이 중심이 되는 시기입니다. 이 중 아리스토텔레스는 고전기 그리스 철학의 대표적인 인물입니다.

1) 초기 그리스 철학(전 소크라테스 시대)

기원전 7세기부터 기원전 5세기 중반까지의 시기를 말합니다. 이 시기의 주요 철학자로는 탈레스, 아낙시만드로스, 아낙시메네스, 헤라클레이토스, 파르메니데스가 있습니다. 이들은 자연의 본질과 우주의 원리에 대해 탐구했습니다.

2) 고전기 그리스 철학

기원전 5세기 후반부터 기원전 4세기까지의 시기로, 소크라테스, 플라톤, 아리스토텔레스와 같은 철학자들이 활동한 시기입니다. 이 시기의 철학은 인간의 윤리, 정치, 인식론에 대한 심오한 탐구를 중심으로 전개되었습니다.

3) 헬레니즘 철학

기원전 4세기부터 기원후 1세기까지 이어진 시기로, 알렉산드로스 대왕의 정복 이후 그리스 문화가 확산되며 철학도 다양한 변화를 겪었습니다. 에피쿠로스, 제논, 피론 등이 주요 철학자입니다. 이 시기에는 개인의 행복과 삶의 의미를 탐구하는 철학이 발달했습니다.

4) 로마 시대 철학

기원전 1세기부터 기원후 5세기까지로, 키케로, 세네카, 마르쿠스 아우렐리우스 등이 활동한 시기입니다. 로마 시대에는 고전기 그리스 철학의 사상들이 다시 중점적으로 연구되었고, 윤리와 법에 대한 철학적 탐구가 발전했습니다.

이러한 네 시기는 그리스 철학의 발전과 변화를 잘 보여주며, 현대 철학의 기초를 형성하는 중요한 역할을 했습니다.

2. 아리스토텔레스의 철학

아리스토텔레스(Aristoteles)의 철학은 실체의 완전성과 형상(form) 및 질료(matter)의 조합을 중심으로 합니다. 그는 사물의 본질을 물질적 요소와 비물질적 요소의 결합으로 이해하며, 이러한 이해는 다차원 맛의 개념을 구체화하는 데 중요한 기초를 제공합니다.

1) 아리스토텔레스의 형상과 질료론

아리스토텔레스는 플라톤의 제자였지만, 스승의 이데아론에 대해 비판적인 시각을 가졌습니다. 플라톤이 이데아라는 추상적 실재에 중점을 두었다면, 아리스토텔레스는 형상과 질료라는 두 개념을 통해 실재를 보다 구체적이고 물질적인 차원에서 설명하고자 했습니다. 그의 형상과 질료론은 모든 물질적 사물이 형상과 질료의 결합으로 이루어진다고 보며, 이 결합이 실체의 완전성을 결정한다고 주장했습니다.

(1) 형상과 질료의 개념

형상은 사물의 본질적 특성과 구조를 정의하는 요소로, 사물이 무엇인지, 어떤 기능을 하는지 결정합니다. 예를 들어, 나무로 만들어진 의자의 형상은 '앉는 기능을 하는 것'입니다.

질료는 형상을 실질적으로 구현하는 물질적인 기초를 의미합니다. 나무로 만들어진 의자의 경우, 나무 자체가 질료에 해당합니다. 아리스토텔레스는 질료가 형상을 통해 특정한 모습과 기능을 갖추게 되며, 이 둘의 결합이 사물의 본질을 형성한다고 보았습니다.

2) 아리스토텔레스의 형상과 질료론을 다차원 맛의 철학으로 응용

아리스토텔레스의 형상과 질료론은 다차원 맛의 개념을 이해하는 데 중요한 철학적 기초를 제공합니다. 맛을 형상과 질료로 나누어 생각해본다면, 형상은 각 음식이 가지는 고유의 맛 프로필이나 조리법을 의미할 수 있고, 질료는 그 맛을 구현하는 실제 재료와 물리적 과정이 될 수 있습니다. 예를 들어, 특정 음식의 감칠맛(형상)은 그 음식을 만드는 데 사용된 재료와 조리법(질료)에 의해 실현됩니다.

따라서, 아리스토텔레스의 이론은 다차원 맛을 물리적 실체로 이해하는 데 중요한 틀을 제공합니다. 즉, 맛의 형상은 추상적이고 이상적인 개념이지만, 이 형상이 질료, 즉 실제 재료와 조리 과정과 결합할 때 비로소 구체적인 맛 경험으로 실현된다는 것입니다. 이는 요리에서 사용되는 재료와 조리법이 얼마나 중요한지, 그리고 이를 통해 형성된 맛이 어떻게 우리의 미각 경험을 완성시키는지 이해하는 데 도움이 됩니다.

3) 아리스토텔레스의 입체론

아리스토텔레스는 모든 실체가 길이, 너비, 높이라는 세 가지 공간적 차원으로 구성된 입체적 구조를 가진다고 보았습니다. 그는 이러한 입체적 구조가 사물의 완전성을 나타내는 중요한 요소라고 주장했습니다. 입체론은 다차원 맛을 물리적 실체로 이해하는 데 중요한 영향을 미칩니다.

4) 아리스토텔레스의 입체론을 다차원 맛의 철학으로 응용

아리스토텔레스의 입체론은 다차원 맛의 개념을 물리적 실체로 이해하는 데 중요한 통찰을 제공합니다. 맛을 입체적으로 바라본다면, 각 차원이 맛의 깊이와 복합성을 형성하는 데 기여한다고 볼 수 있습니다. 즉, 1차원 맛은 단순한 맛의 조합, 2차원 맛은 표면적 특성과 냄새의 결합, 3차원 맛은 질감과 레이어의 결합으로 설명될 수 있습니다. 이러한 각 차원들이 모여 다차원적 맛 경험을 형성하며, 아리스토텔레스의 입체론은 이 경험을 물리적 실체로 이해하는 데 중요한 이론적 기초를 제공합니다.

결국, 아리스토텔레스의 입체론은 다차원 맛이 어떻게 물리적으로 실현되고 경험되는지 설명하는 데 유용한 철학적 도구가 됩니다. 맛의 구조를 이해하는 데 있어 각 차원의 역할을 분석하고, 이를 통해 맛의 복잡성과 깊이를 물리적 실체로서 탐구할 수 있게 합니다. 이는 요리사나 미식가들이 맛의 다차원성을 보다 입체적으로 이해하고 활용하는 데 중요한 기초를 제공합니다.

3. 유클리드의 기하학적 차원 분석

1) 기본 개념

유클리드의 기하학은 고대 그리스 수학자 유클리드가 제시한 기하학적 체계로, 물리적 공간의 기초적인 구조를 정의하는 데 사용됩니다. 이 기하학은 점, 선, 면, 입체 등으로 구성된 공간 개념을 체계적으로 설명하며, 이러한 개념들은 우리가 경험하는 물리적 세계의 차원을 이해하는 데 기초가 됩니다.

- **점(Point):** 점은 공간에서 위치를 정의하지만, 길이, 너비, 높이를 가지지 않는 0차원 개념입니다.
- **선(Line):** 선은 점들이 무한히 연결된 것으로, 길이만 가지고 있으며 너비나 높이는 없는 1차원적 개념입니다.
- **면(Plane):** 면은 선이 무한히 연결된 것으로, 길이와 너비를 가지며 높이는 없는 2차원적 개념입니다.
- **입체(Solid):** 입체는 면이 연결되어 공간을 차지하는 구조로, 길이, 너비, 높이의 세 가지 차원을 가진 3차원적 개념입니다.

2) 유클리드 기하학과 다차원 맛의 관계

유클리드의 기하학은 다차원 맛의 구조적 분석을 위한 기하학적 틀을 제공합니다. 각 차원은 맛을 구성하는 구조적인 요소로 비유될 수 있습니다.

- **0차원 맛:** 점처럼 독립된 기본적인 맛의 요소로, 단맛, 짠맛, 신맛, 쓴맛, 감칠맛 등 개별적인 맛을 의미합니다.
- **1차원 맛:** 선처럼 두 개 이상의 맛이 조합되어 새로운 맛을 형성하는 단순한 구조를 의미합니다. 예를 들어, 단맛과 짠맛이 결합되어 복합적인 맛이 되는 경우입니다.

- **2차원 맛**: 면처럼 맛과 냄새가 결합되어 보다 복잡한 맛의 경험을 만들어내는 구조입니다. 예를 들어, 토마토의 맛과 향이 결합하여 풍부한 풍미를 제공하는 것이 해당됩니다.
- **3차원 맛**: 입체처럼 다양한 맛이 레이어를 이루며 입체적이고 복합적인 맛을 형성합니다. 예를 들어, 라자냐에서 여러 재료가 층을 이루어 다층적인 맛을 형성하는 것이 그 예입니다.

유클리드의 기하학적 접근은 이러한 차원들이 어떻게 결합되어 다차원적인 맛 경험을 창출하는지 이해하는 데 중요한 역할을 합니다. 이를 통해 맛의 구조를 분석하고, 요리에서 이러한 차원을 효과적으로 활용하여 복합적인 맛을 구현할 수 있습니다.

4. 푸앵카레의 차원 재정의와 공간의 연속성

1. **5차원** 끝이 초입체인 것
2. **4차원** 끝이 입체인 것
3. **3차원** 끝이 면인 것
4. **2차원** 끝이 선인 것
5. **1차원** 끝이 점인 것
6. **0차원** 점으로 시작

앙리 푸앵카레(Henri Poincaré)는 1854년 4월 29일에 태어나 1912년 7월 17일에 사망한 프랑스의 수학자, 이론물리학자, 과학 철학자였습니다. 그는 차원을 0차원에서 시작해 고차원으로 상승하는 방식으로 설명했으며, 이는 차원의 한계를 없애고 고차원으로의 가능성을 제시하는 혁신적인 접근이었습니다.

1) 기본 개념

앙리 푸앵카레는 차원의 개념을 물리적 공간의 관점에서 확장하고 재정의했습니다. 그의 이론에 따르면, 차원은 0차원(점)에서 시작해 점진적으로 고차원(선, 면, 체 등)으로 확장됩니다. 이러한 과정은 공간의 연속성과 복잡성을 설명하는 중요한 기초를 제공합니다.

푸앵카레는 차원을 다음과 같이 정의했습니다.

- **0차원:** 점(Dimension of a point)
- **1차원:** 선(Line)
- **2차원:** 면(Plane)
- **3차원:** 입체(Solid)
- **4차원:** 시간의 포함된 공간(Spacetime)
- **5차원:** 초입체 공간(Hyperspace)

이 접근법은 물리적 공간을 넘어, 개념적으로 더 복잡한 구조와 현상을 이해하는 데 중요한 통찰을 제공합니다.

2) 차원의 연속적 상승

푸앵카레의 접근법은 차원이 연속적으로 증가함에 따라 공간의 구조와 개념이 어떻게 복잡해지는지 설명합니다. 이러한 차원의 상승은 수학적 기하학뿐만 아니라 다양한 과학적, 철학적 논의에서 중요한 역할을 합니다.

그의 이론은 0차원의 점에서 시작하여, 각 차원이 더 높은 차원을 포함하는 방식으로 공간의 복잡성을 확장합니다. 이 이론은 현대의 다양한 과학 및 기술 분야에서 차원의 개념을 이해하고 적용하는 데 필수적인 틀을 제공합니다.

3) 앙리 푸앵카레의 철학을 적용한 다차원 맛의 복합적 구조

푸앵카레의 차원 재정의는 다차원 맛의 개념을 이해하는 데에도 적용될 수 있습니다. 다차원 맛은 단순한 1차원적인 맛의 조합을 초월하여, 여러 차원이 겹쳐지며 형성되는 복잡하고 연속적인 맛의 경험을 의미합니다.

- **2차원:** 향과 맛의 결합
- **3차원:** 질감과 레이어의 복합성
- **4차원:** 시간의 경과에 따른 맛의 진화
- **5차원:** 이러한 모든 요소들이 문화적, 사회적 맥락과 결합되어 깊이 있는 맛의 경험을 창출

이러한 다차원 맛의 개념은 복잡한 미식 경험을 체계적으로 분석하고, 맛의 진화를 이해하는 데 중요한 역할을 합니다.

4) 교육적 및 학문적 유익성

푸앵카레의 차원 개념은 학생들이 복잡한 차원에서 맛을 이해하도록 돕는 중요한 교육적 도구로 사용될 수 있습니다. 이는 맛의 경험을 과학적이고 체계적으로 분석하고, 다양한 차원이 어떻게 결합하여 전체적인 맛 경험을 형성하는지 이해하는 데 도움이 됩니다.

또한, 상업적으로는 이러한 복잡한 맛의 개념을 활용하여 새로운 제품을 개발하고, 깊이 있는 미식 경험을 제공하는 데 중요한 역할을 할 수 있습니다. 푸앵카레의 이론은 다차원 맛을 이해하고 응용하는 데 필수적인 철학적 및 과학적 배경을 제공합니다.

CHAPTER 2

맛과 감각의 과학적 분석
Scientific Analysis of Taste and Sensation

Unit 1 기초 이해: 통합적 감각 경험의 중요성
(Introduction: The Importance of Integrated Sensory Experience)

1. 통합적 감각 경험의 중요성

음식의 맛을 온전히 경험하기 위해서는 인간의 다섯 가지 주요 감각(오감)과 내장기관 감각이 서로 협력하여 작용합니다. 이 감각들은 각각 독립적으로 기능하지만, 서로 보완하면서 우리가 느끼는 맛을 더욱 풍부하고 다차원적으로 만들어줍니다.

hear   taste   sight   smell   touch

미각(taste), 후각(smell), 촉각(touch)은 음식의 맛을 직접적으로 결정짓는 주요 감각이며, 이는 음식의 기본적인 맛, 향, 질감을 인식하게 합니다. 이와 함께 시각(sight), 청각(hearing), 내장감각(gut sense)은 보조적 역할을 하여 음식의 맛을 더 깊고 생동감 있게 만드는 데 기여합니다.

1) 미각, 후각, 촉각의 협력

미각(taste)은 기본적인 맛 요소들, 즉 단맛, 짠맛, 신맛, 쓴맛, 감칠맛을 인식하는 역할을 하며, 이는 우리가 음식의 본질적인 맛을 감지하는 데 중요한 역할을 합니다. 후각(smell)은 음식의 향을 감지하여 맛의 인식을 더욱 복합적으로 만들며, 촉각(touch)은 음식의 질감과 온도를 통해 맛의 경험을 물리적으로 풍부하게 합니다. 이 세 가지 감각은 음식의 기본적인 맛, 향, 질감을 인식하는 데 직접적으로 기여하며, 이들의 상호작용은 우리가 맛을 보다 다차원적으로 경험하도록 도와줍니다.

2) 시각과 청각의 보조적 역할

시각(sight)은 음식의 색상, 모양, 프레젠테이션을 통해 첫인상을 형성하며, 청각(hearing)은 음식의 질감과 관련된 소리를 통해 미각 경험을 강화합니다. 예를 들어, 바삭한 음식이 씹힐 때 나는 소리는 그 음식의 신선함과 질감을 더욱 강조하여 맛의 인식을 생동감 있게 만듭니다. 이러한 시각적, 청각적 요소는 음식에 대한 기대와 실제 맛 경험 간의 연결을 강화하여, 전반적인 미각 경험을 더욱 풍부하게 합니다.

3) 통합적 감각 경험의 중요성

이 모든 감각들은 독립적으로 기능하면서도 서로 보완적으로 작용하여 우리의 미각 경험을 다차원적으로 만듭니다. 감각들이 통합적으로 작용할 때, 우리는 단순히 미각을 느끼는 것에 그치지 않고, 음식과 감정적, 심리적으로도 연결됩니다. 이러한 통합적 경험은 맛의 기억을 형성하고, 특정 음식을 반복적으로 찾게 하거나, 특정 미식 경험을 특별하게 기억하게 만드는 중요한 요소가 됩니다.

Unit 2 미각, 후각, 촉각의 상호작용
(Interaction of Taste, Smell, and Touch)

1. 기본 개념

음식의 맛을 온전히 경험하는 과정은 미각(taste), 후각(smell), 촉각(touch)이 함께 작용하는 복합적인 과정입니다. 이 세 가지 감각은 우리가 맛을 느끼고 인지하는 데 가장 중요한 역할을 하며, 각각의 감각이 서로 보완하여 음식의 풍미를 완성합니다. 이러한 감각의 상호작용은 맛을 단순히 한 차원에서 경험하는 것이 아니라, 다차원적인 감각으로 느끼게 하며, 이를 통해 음식의 전체적인 맛 경험이 더욱 풍부하고 입체적으로 형성됩니다.

이 과정에서 미각은 음식의 기본적인 맛을 감지하고, 후각은 음식의 향을 통해 풍미를 더하며, 촉각은 음식의 질감과 온도를 통해 물리적인 경험을 제공합니다. 이들 감각이 결합되어 우리는 음식의 진정한 맛을 느끼고, 이를 통해 기억에 남는 미각 경험을 하게 됩니다.

2. 미각(Taste)

미각은 혀에 위치한 미뢰(taste buds)를 통해 음식의 화학적 성분을 감지하는 감각으로, 음식의 기본적인 맛을 인식하는 중요한 역할을 합니다. 미뢰는 입안, 주로 혀에 집중되어 있으며, 각 미뢰는 다양한 맛 수용체(taste receptors)를 포함하고 있습니다. 이 수용체들은 특정 화학 물질에 반응하여 신경 신호를 생성하고, 이를 통해 뇌가 맛을 인식하게 됩니다.

전통적으로 미각은 다섯 가지 기본 맛으로 분류되어 왔습니다. 단맛(sweet), 짠맛(salty), 신맛(sour), 쓴맛(bitter), 감칠맛(umami). 그러나 최근 연구들은 여섯 번째 맛인 지방 맛(fat taste)의 존재를 제안하며, 이 역시 중요한 미각 요소로 고려되고 있습니다. 우리는 6가지 기본 맛과 4가지 보조 맛을 기본으로 주식의 맛과 디저트의 맛으로 구분할 수 있습니다. 이렇게 맛의 구성 요소를 정해놓으면, 다양한 요리를 쉽게 할 수 있습니다.

• Sweetness

• Saltiness

• Sourness

• Bitterness

• Umami

• Fatty taste (또는 Fat taste)

1) 미각의 생존적 기능

맛을 느끼는 것은 단순히 음식의 즐거움을 위한 것이 아니라, 생존에 직결된 중요한 기능입니다. 미각은 생리적 안정성을 유지하고, 필요한 영양소를 섭취하며, 유해한 물질을 피하는 데 중요한 역할을 합니다. 이 과정은 혀와 내장기관에서 감지된 이온과 같은 화학적 성분들이 전기적 신호로 변환되어 뇌로 전달되면서 이루어집니다.

(1) 맛과 생존의 연결

- **단맛**: 에너지원이 되는 탄수화물의 존재를 인식하게 하여, 필요할 때 에너지 보충을 돕습니다.
- **짠맛**: 체액의 염분 농도를 조절하고, 전해질 균형을 유지하는 데 필수적인 역할을 합니다.
- **신맛**: 부패된 음식이나 위험한 산성 물질을 감지하여 섭취를 피하도록 경고합니다.
- **쓴맛**: 독성이 있는 물질을 식별하여 섭취를 피하게 하는 보호 메커니즘으로 작용합니다.
- **감칠맛**: 단백질의 존재를 인식하여 신체에 필요한 아미노산을 섭취하도록 유도합니다.

이와 같이, 미각은 생존을 위한 필수적인 감각으로, 음식의 화학적 성분을 감지하고 이를 뇌에 전달하여 적절한 반응을 유도합니다. 이는 인간의 생리적 안정성을 유지하는 데 중요한 역할을 하며, 우리의 미각 경험이 단순히 쾌락적인 것이 아닌 생존을 위한 필수적인 기능임을 보여줍니다.

2) 인간의 미각 발달

(1) 인간의 미각은 어머니의 자궁 속에서부터 발달

인간의 미각은 어머니의 자궁 속에서부터 발달하기 시작합니다. 태아는 양수에 둘러싸여 있으며, 이 양수의 염도는 약 0.85%로 유지됩니다. 이 염도는 태아가 자궁 내에서 생리적 안정성을 유지하고 체내 염도 균형을 조절하는 데 중요한 역할을 합니다. 태아는 양수를 삼키며 양수의 맛을 경험하게 되며, 이 과정에서 염도와 같은 기본적인 맛이 처음으로 인식됩니다. 이는 생애 초기의 미각 발달에 중요한 영향을 미치며, 태아가 태어난 후 외부 환경에 적응하는 데 중요한 기초를 마련합니다.

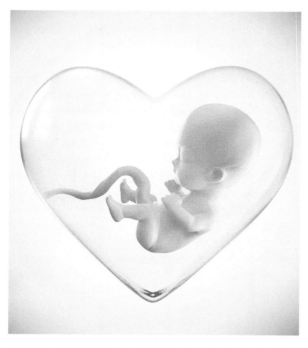

태아가 경험하는 양수의 염도는 태아의 신체가 염분을 감지하고 조절하는 능력을 개발하는 데 기여합니다. 이 과정에서 태아는 소금이나 짠맛에 대한 기본적인 반응을 형성하게 되며, 이는 태어났을 때의 미각 경험과 음식 선호도에 영향을 미칠 수 있습니다.

예를 들어, 일부 연구에서는 어머니가 임신 중 특정 맛을 많이 섭취하면, 아이가 태어난 후 그 맛에 대한 선호도가 높아질 수 있다는 결과를 보여주었습니다.

결국, 인간의 미각은 단순히 출생 후에 발달하는 것이 아니라, 어머니의 자궁 속에서부터 시작됩니다. 양수의 염도를 통해 태아는 짠맛을 비롯한 기본적인 맛에 대한 첫 경험을 하게 되고, 이는 이후의 미각 발달에 중요한 기초를 제공합니다.

이처럼 미각과 어머니 자궁 속의 10개월은 깊은 연관을 가지며, 인간의 생리적 안정성과 미각 경험을 형성하는 중요한 요소로 작용합니다. 이와 같은 과정을 통해, 미각은 생존과 밀접하게 연결된 감각으로서 우리 삶에 중요한 역할을 합니다.

(2) 미각으로 느끼는 주식과 디저트의 맛

주식(main courses)은 일반적으로 다음과 같은 맛 구성 비율을 따릅니다.

- **짠맛(Saltiness):** 0.9%
- **감칠맛(Umami):** 0.4%
- **세이버리 냄새(Savory Aromas):** 허브 스파이스와 고기, 구운 음식에서 나는 향
- **단맛(Sweetness):** 0~10%

이러한 비율은 주식의 맛을 조화롭게 유지하면서도 음료와의 페어링을 고려한 것입니다. 인간은 대략 10%의 당류 농도에서 단맛을 명확히 감지하기 시작합니다. 이러한 특성 때문에, 주식에서 단맛은 일반적으로 0%~10%의 범위에서 사용됩니다. 이와 같은 맛의 구성은 음식의 전체적인 풍미를 깊고 복합적으로 만들어 주며, 음료와의 균형 잡힌 조화를 이끌어 냅니다.

디저트(desserts)는 주식과는 다른 맛 구성 비율을 가지고 있습니다.

- **단맛(Sweetness):** 10% 이상
- **신맛(Sourness):** 0.1~0.3%
- **스위트 냄새(Sweet Aromas):** 바닐라, 과일 향 등

디저트는 강한 단맛과 약간의 신맛이 함께 어우러져 상쾌하면서도 달콤한 맛을 제공합니다. 이와 같은 조합은 디저트의 맛을 한층 더 돋보이게 하며, 디저트 자체의 매력을 극대화합니다.

3) 미각으로 느끼는 6味(Taste 6)

(1) 단맛(Sweetness)

① 기본 개념

단맛은 주로 당류(sugars)에 의해 감지되는 미각으로, 인류의 생존에 중요한 역할을 해왔습니다. 당류는 탄수화물의 기본 단위로서, 에너지원으로 사용되기 때문에 단맛을 감지하는 능력은 생리적으로 매우 중요한 의미를 가집니다. 단맛은 미뢰(taste buds)에 있는 특정 미각 수용체, 특히 T1R2와 T1R3라는 수용체 단백질에 의해 감지됩니다. 이들 수용체는 당류가 결합했을 때 신호를 생성하여 뇌로 전달하며, 이를 통해 단맛이 인식됩니다.

② 단맛의 생리적 역할

단맛은 본능적으로 즐거움을 유발하는 맛으로, 신체가 에너지를 필요로 할 때 단맛을 선호하게 하는 역할을 합니다. 이러한 선호는 진화적으로 볼 때, 생존에 유리한 방향으로 작용해왔습니다. 단맛을 감지하고 선호하는 경향은 인간이 에너지 밀도가 높은 음식을 찾도록 유도하며, 이는 특히 과일과 같은 천연 당분이 풍부한 음식을 섭취하는 데 기여합니다.

③ 단맛의 감지 한계와 상업적 응용

인간은 대략 10%의 당류 농도에서 단맛을 명확히 감지하기 시작합니다. 이러한 특성 때문에, 주식에서 단맛은 일반적으로 0~10%의 범위에서 사용됩니다. 디저트 음료는 10% 이상의 범위에서 사용됩니다. 예를 들어, 마블링이 좋은 등심 스테이크와 같이 지방 함량이 높은 음식에서는 단맛을 거의 첨가하지 않고 소금만으로 간을 해도 충분히 맛있다고 느낍니다. 그러나 지방이 부족한 음식에서는 단맛이 중요한 역할을 하며, 이를 보완하기 위해 단맛을 첨가합니다.

④ 단맛과 음식 페어링의 상업적 분석

상업적으로 성공적인 음료와 음식 페어링에서는 음식의 짠맛과 단맛 비율이 음료 매출에 큰 영향을 미칠 수 있기에 음료 매출을 올리려면 단맛을 줄일 필요가 있습니다. 음식이 짠맛 1% 혹은 짠맛 1%와 단맛 7.8% 이하의 비율일 때, 음료 매출이 상승하는 경향이 있습니다. 이는 음식이 지나치게 달지 않을 때 음료의 필요성이 증가하기 때문입니다. 반면, 음식에 단맛이 10%로 높아지면 음료 매출이 상대적으로 감소하는 것으로 나타났습니다. 이는 음식 자체가 충분히 달아서 음료를 추가할 필요를 느끼지 않게 되는 경향과 관련이 있습니다.

단맛의 상업적 응용 범위

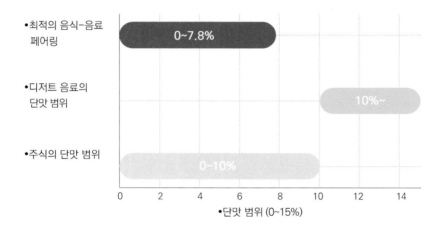

이 그래프는 단맛이 음식과 음료의 상호작용에 어떻게 영향을 미치는지 이해하는 데 도움을 주며, 다음과 같은 세 가지 범위를 보여줍니다.

- **주식의 단맛 범위(0~10%):** 일반적인 주식에서 사용되는 단맛 농도
- **디저트 음료의 단맛 범위(10% 이상):** 디저트 음료에서 사용되는 높은 단맛 농도
- **최적의 음식-음료 페어링(0~7.8%):** 음식과 음료의 이상적인 페어링을 위해 사용되는 단맛 농도

⑤ 단맛의 다차원적 역할과 학문적 이해

단맛은 에너지 제공뿐만 아니라 미각 경험에서 중요한 역할을 합니다. 단맛은 다른 미각 요소들과 결합하여 복합적인 미각 경험을 제공합니다. 예를 들어, 단맛과 신맛의 조합은 과일의 상큼한 맛을 만들어내며, 단맛과 짠맛의 조합은 캐러멜이나 초콜릿과 같은 복합적인 맛을

다차원 맛의 비밀

형성합니다. 이러한 단맛의 조합은 요리에서 중요한 맛의 균형을 이루는 데 기여하며, 다양한 요리에서 응용됩니다.

또한, 단맛은 음식을 매력적으로 만드는 중요한 요소로 작용합니다. 상업적으로 단맛을 조절함으로써 소비자의 선호를 반영한 제품을 개발할 수 있으며, 이는 식품 산업에서 매우 중요한 전략적 도구로 활용됩니다.

(2) 짠맛(Saltiness)

짠맛은 주로 염화나트륨(sodium chloride, NaCl)과 같은 염에 의해 감지됩니다. 짠맛은 신체의 전해질 균형을 유지하는 데 중요한 역할을 하며, 적절한 양의 소금은 음식의 맛을 강화하는 데 기여합니다.

소금, 즉 염화나트륨(NaCl)은 인류의 생존과 발전에 있어 중요한 역할을 해왔으며, 인간의 생리적 균형을 유지하는 데 필수적인 요소입니다. 아래에서 소금과 염도에 관한 학문적인 내용을 정리해보겠습니다.

① 인간과 소금의 생리적 연관성

인간의 생리적 체액은 약 0.85%의 염도를 유지하며, 이는 체내 수분과 장기 기능의 안정성을 보장하는 중요한 요소입니다. 이 염도는 세포 외액에서 유지되는 정상적인 나트륨 농도를 반영하며, 신체의 전해질 균형과 관련된 중요한 수치입니다. 사람의 혈액과 다른 체액의 염도는 생리적으로 일정하게 유지되며, 이는 생명 유지에 필수적인 신경 자극 전도, 근육 수축, 그리고 체액 균형 유지에 중요한 역할을 합니다.

② 소금: 맛을 여는 황금열쇠

소금은 음식의 풍미를 극대화하는 '황금열쇠'로 작용합니다. 소금을 첨가하면 음식의 단맛은 더 달게, 쓴맛은 덜 쓰게, 감칠맛은 더 깊게 느껴지게 됩니다. 이는 소금이 미각 수용체의 반응을 조절하는 방식으로 작용하기 때문입니다. 따라서, 소금은 음식의 전체적인 맛을 조절하고, 음식을 더욱 맛있게 만드는 중요한 요소로 여겨집니다.

소금이 음식의 맛을 여는 열쇠로 작용하는 이유는 단순한 조미 이상의 생리적 필요성에서 비롯됩니다. 인간의 몸은 소금을 필요로 하고, 적절한 염도를 유지하기 위해 소금을 섭취해야 합니다. 소금이 음식에서 중요한 역할을 하는 것은 이러한 생리적 배경과 밀접하게 연관되어 있습니다.

(3) 신맛(Sourness)

① 기본 개념

신맛은 주로 산(acids)에 의해 감지되는 미각으로, 그 강도는 수소 이온(H+)의 농도에 따라 결정됩니다. 산이 물에 용해될 때 수소 이온이 방출되며, 이는 혀에 있는 미뢰(taste buds)의 특정 미각 수용체에 의해 감지됩니다. 신맛은 이러한 수소 이온 농도의 변화에 민감하게 반응하며, 미각이 산의 존재를 인식하는 메커니즘입니다.

② 신맛의 생리적 역할

신맛은 보통 부패된 음식이나 미숙한 과일에서 강하게 나타납니다. 이는 신맛이 신선도와 관련된 경고 신호로 작용하는 이유이기도 합니다. 부패된 음식에서 신맛이 강하게 느껴지는 것은, 그 음식이 섭취하기에 안전하지 않다는 신호일 수 있습니다. 그러나 신맛은 반드시 부정적인 맛으로만 작용하지 않습니다. 신선한 과일이나 발효 식품에서도 신맛을 강하게 느낄 수 있으며, 이 경우 신맛은 입맛을 돋우고, 음식의 전체적인 맛을 조화롭게 만드는 데 중요한 역할을 합니다. 예를 들어, 레몬이나 라임과 같은 과일은 신맛을 통해 청량감을 주고, 발효된 식품은 복합적인 풍미를 제공하면서 신맛을 통해 그 독특한 맛을 강조합니다.

③ 음식의 조절 변수로서의 신맛의 역할

신맛은 요리에서 중요한 맛의 조절 변수로 다양하게 활용됩니다. 조리 과정 중 신맛을 첨가함으로써 맛의 조화를 이루도록 하거나, 요리의 마지막 단계에서 신맛을 더하여 다른 맛들을 개별적으로 살려주는 역할을 합니다.

신맛은 다른 맛과 결합하여 복합적인 미각 경험을 제공합니다. 신맛과 단맛의 조합은 특히 과일이나 디저트에서 매력적인 맛을 형성하며, 짠맛과 결합될 때도 독특한 풍미를 만들어냅니다.

예를 들어, 샐러드에 마지막에 뿌리는 레몬 주스는 샐러드의 다양한 맛들을 살려주며, 각각의 재료의 특성을 강조합니다.

신맛은 이러한 방식으로 요리의 마무리 단계에서 중요한 역할을 하며, 전체적인 맛의 균형을 맞추고, 음식의 개별적인 맛을 돋보이게 합니다.

(4) 쓴맛(Bitterness)

① 기본 개념
쓴맛은 다양한 화합물에 의해 유발되는 미각으로 미뢰(taste buds)에 있는 특정 미각 수용체인 TAS2R 수용체(taste receptors)에 의해 감지됩니다. 이 수용체들은 쓴맛을 유발하는 화학물질과 결합하여, 뇌로 신호를 보내 쓴맛을 인식하게 합니다.

② 쓴맛의 진화적 역할
진화적으로 쓴맛은 독성이 있는 식물 성분을 식별하는 데 중요한 역할을 해왔습니다. 쓴맛은 자연적으로 경계감을 유발하는 맛으로, 신체의 생존 메커니즘의 일부로 작용합니다. 이로 인해 쓴맛은 본능적으로 불쾌하게 느껴지며, 이를 통해 인간과 동물은 유해한 물질을 피할 수 있었습니다. 이러한 방어 메커니즘은 인류의 생존에 중요한 역할을 했으며, 오늘날에도 쓴맛에 대한 민감성은 건강과 안전을 보호하는 데 기여합니다.

③ 쓴맛의 조리학적 역할
현대 요리에서 쓴맛은 불쾌한 맛으로만 작용하는 것이 아니라, 특정한 맥락에서 매력적인 요소로 활용될 수 있습니다. 쓴맛은 다양한 요리에서 중요한 풍미를 제공하며, 다른 맛과 결합하여 복합적인 미각 경험을 만들어냅니다.

예를 들어, 다크 초콜릿의 쓴맛은 단맛과 결합하여 균형 잡힌 맛의 층을 형성하며, 커피의 쓴맛은 특유의 풍미를 더 깊고 풍부하게 만들어 줍니다. 녹차나 특정 채소에서도 쓴맛은 고유의 풍미를 강조하는 데 기여하며, 이러한 음식들은 쓴맛을 통해 깊이 있고 복합적인 미각 경험을 제공합니다.

쓴맛은 조리 과정에서 적절히 조절되고 다른 맛과 조화롭게 결합될 때, 음식의 풍미를 더욱 복잡하고 매력적으로 만듭니다. 쓴맛은 음식의 맛을 균형 있게 만들어주는 중요한 역할을 하며, 셰프들은 이를 통해 다양한 맛의 층을 형성하고 조화로운 맛의 조합을 만들어냅니다. 또한, 쓴맛은 식사 후 입안을 정리해주는 역할을 합니다. 식사 후 쓴맛의 커피나 녹차를 마시면 입안이 정리되어 깔끔하게 입가심을 할 수 있습니다. 이러한 쓴맛의 특성은 식사 후의 만족감을 높이고, 미각을 리셋하여 다음 맛을 더 잘 느낄 수 있게 합니다.

(5) 감칠맛(Umami)

① 기본 개념

감칠맛(Umami)은 글루탐산(glutamate)과 같은 아미노산에 의해 감지되는 미각으로, 고기, 치즈, 된장, 해조류 등의 음식에서 느껴지는 깊고 풍부한 맛입니다. 감칠맛은 다섯 가지 기본 미각 중 하나로, 최근에서야 그 중요성이 널리 인식되기 시작했습니다.

감칠맛은 미뢰(taste buds)에 있는 특정 수용체, 특히 mGluR4, mGluR1, 그리고 T1R1/T1R3 복합체에 의해 감지됩니다. 이러한 수용체들은 글루탐산, 이노신산(inosinic acid), 구아닐산(guanylic acid)과 같은 아미노산 및 핵산 유도체와 결합하여 감칠맛을 인식하게 합니다.

② 감칠맛의 화학적 구성 요소

감칠맛의 주요 구성 요소는 글루탐산(glutamic acid), 이노신산(inosinic acid), 구아닐산(guanylic acid)입니다. 이 성분들은 자연적으로 고기, 육류 스톡, 발효 식품, 숙성된 치즈, 간장, 된장, 해조류 등에서 발견되며, 각각의 성분이 독립적으로 또는 조합되어 감칠맛을 형성합니다. 글루탐산은 단백질이 풍부한 식품에 많이 포함되어 있으며, 이노신산과 구아닐산은 육류와 생선, 그리고 버섯류에 주로 존재합니다.

● 글루탐산(Glutamic Acid) – 화학식: $C_5H_9NO_4$

글루탐산은 단백질의 기본 구성 요소인 아미노산의 일종으로, 감칠맛을 유도하는 주요 성분입니다. 구조는 글루탐산은 탄소(C), 수소(H), 질소(N), 산소(O) 원자들로 구성된 유기 화합물입니다. 이 화합물은 자연적으로 고기, 해조류, 토마토, 치즈, 간장, 된장 등 단백질이 풍부한 식품에서 많이 발견됩니다. 글루탐산은 단백질이 분해되면서 자유형으로 존재하게 되는데, 이 상태에서 강한 감칠맛을 유발합니다. 특히 발효나 숙성 과정에서 단백질이 분해되어 글루탐산이 증가하면, 음식의 감칠맛이 더욱 풍부해집니다. 예를 들어, 숙성된 치즈나 발효된 간장에서는 이러한 글루탐산이 높아져 독특한 풍미를 제공합니다.

● 이노신산(Inosinic Acid) – 화학식: $C_{10}H_{12}N_4O_8P$

이노신산은 주로 동물성 식품에서 발견되는 핵산 유도체로, 글루탐산과 함께 감칠맛을 강화하는 역할을 합니다.

구조는 다음과 같습니다.
- **퓨린 고리:** 퓨린(purine)이라는 이중 고리 구조가 중심이 됩니다.
- **리보스:** 퓨린 고리에는 리보스(ribose)라는 오탄당이 결합되어 있습니다.
- **인산기:** 리보스의 5번 탄소에 인산기(phosphate group, PO_4^{3-})가 결합되어 있습니다.

이노신산은 조리 과정에서 열에 의해 분해되지 않고 안정적으로 남아, 요리된 음식에서 강한 감칠맛을 유지하며 특히 고기, 생선, 그리고 닭고기 육수와 같은 육류 스톡에서 많이 발견됩니다.

이노신산은 글루탐산과 결합하여 감칠맛을 더욱 강하게 느끼게 하며, 이는 종종 시너지 효과 (synergistic effect)로 설명됩니다. 즉, 두 성분이 함께 있을 때 감칠맛이 단독으로 있을 때보다 훨씬 강하게 느껴집니다.

● **구아닐산(Guanylic Acid) – 화학식: $C_{10}H_{14}N_5O_8P$**

구아닐산은 주로 식물성 식품, 특히 버섯류에서 발견되는 또 다른 핵산 유도체로, 감칠맛 형성에 중요한 역할을 합니다.

구아닐산의 구조는 다음과 같은 주요 요소들로 구성됩니다.
- **퓨린 고리:** 퓨린(purine)이라는 이중 고리 구조가 중심이 됩니다.
- **리보스:** 퓨린 고리에는 리보스(ribose)라는 오탄당이 결합되어 있습니다.
- **인산기:** 리보스의 5번 탄소에 인산기(phosphate group, PO_4^{3-})가 결합되어 있습니다.
- **구아닌(Guanine):** 퓨린 고리 중 구아닌 염기가 특징적입니다.

구아닐산은 건조하거나 숙성된 버섯, 특히 표고버섯에서 높은 농도로 발견되며, 이는 글루탐산과 결합하여 강력한 감칠맛을 제공합니다. 또한, 특히 채식 요리에서 감칠맛을 강화하는 데 중요한 역할을 하며, 동물성 재료 없이도 풍부한 감칠맛을 만들 수 있게 해줍니다. 구아닐산 역시 글루탐산과 함께 작용할 때 그 효과가 배가되며, 채소 육수나 채식 요리에서 중요한 풍미 강화제로 사용됩니다.

③ 감칠맛의 미각 증대 효과

감칠맛(Umami)은 다른 맛을 강화하고 음식의 전체적인 풍미를 조화롭게 만드는 데 중요한 역할을 합니다. 감칠맛은 단독으로는 강렬하게 느껴지지 않을 수 있지만, 다른 맛과 결합할 때 그 진가를 발휘합니다.

예를 들어, 미소 된장국에서 감칠맛은 기본적인 소금 맛을 보완하여 국물의 깊은 맛을 만들어냅니다. 이와 같이, 감칠맛은 소금의 짠맛을 더 부드럽고 풍부하게 하며, 국물의 감칠맛이 전체적인 풍미를 더욱 균형 있게 만듭니다.

또 다른 예로, 파마산 치즈가 곁들여진 파스타에서는 감칠맛이 전체적인 풍미를 깊고 복합적으로 만들어줍니다. 파마산 치즈의 감칠맛은 파스타 소스와 결합해, 단순한 소스의 맛을 더욱 입체적이고 풍부하게 변화시킵니다.

이처럼 감칠맛은 음식의 풍미를 증대시키고, 더 만족스러운 미각 경험을 제공하는 데 중요한 역할을 합니다. 감칠맛이 다른 맛들과 상호작용할 때, 음식은 더욱 깊고 복합적인 맛을 가지게 되며, 이는 미각의 전체적인 만족도를 높이는 데 기여합니다.

④ 감칠맛의 생리적 효과

- **식욕 촉진:** 감칠맛은 식욕을 자극하여 음식을 더 맛있게 느끼게 하고, 더 많은 음식을 섭취하도록 돕습니다.
- **소화액 분비 자극:** 감칠맛은 소화액의 분비를 촉진하여 음식의 소화를 도와, 소화 과정을 원활하게 합니다.
- **포만감 증대:** 감칠맛이 풍부한 음식은 포만감을 제공하여 식사 후 만족감을 높이고, 과식을 방지하는 데 도움을 줍니다.

- **노인 및 식욕 저하자에게 유익:** 감칠맛은 노인이나 식욕이 저하된 사람들에게 식사에 대한 흥미를 유도하고, 영양 섭취를 증가시키는 데 기여합니다.
- **전반적인 식사 경험 향상:** 감칠맛은 소화와 포만감을 높이며, 식사에 대한 전반적인 경험을 더욱 만족스럽고 즐겁게 만듭니다.

⑤ 감칠맛의 조리학적 역할

감칠맛을 구성하는 세 가지 주요 화학 성분들은 조리 과정에서 매우 중요한 역할을 합니다. 셰프들은 이 성분들을 활용하여 음식의 풍미를 극대화하고, 더욱 복합적인 맛을 구현할 수 있습니다.

● **감칠맛의 조리학적 응용**

- **일본 요리의 다시(Dashi):** 다시는 일본 요리에서 중요한 역할을 하는 국물로, 다시마에서 추출한 글루탐산과 가쓰오부시(가다랑어포)에서 얻은 이노신산이 결합하여 강력한 감칠맛을 제공합니다. 이는 국물 요리나 소스의 기초로 사용되며, 요리 전체의 맛을 깊고 풍부하게 만들어줍니다.
- **서양 요리의 육수(Stock):** 서양 요리에서 육수는 고기와 채소에서 추출한 이노신산과 글루탐산이 결합되어 만들어집니다. 이 육수는 소스, 수프, 스튜 등의 기초가 되며, 요리의 전반적인 풍미를 높이는 데 중요한 역할을 합니다.
- **버섯을 이용한 채소 육수:** 채식 요리에서는 버섯을 활용한 육수가 감칠맛을 강화하는 데 사용됩니다. 버섯은 구아닐산이 풍부하여, 고기 없이도 깊고 진한 맛을 구현할 수 있습니다.

셰프들은 이러한 감칠맛 성분들을 이용하여 음식의 맛을 조화롭게 만들고, 식사의 전체적인 만족감을 높입니다. 감칠맛은 단독으로 존재할 때보다는 다른 맛과 조화롭게 결합될 때 그 진가를 발휘하며, 다양한 요리에서 감칠맛을 중심으로 맛의 균형을 맞추는 것은 매우 중요한 조리학적 기법입니다. 즉, 감칠맛은 단순한 맛의 요소를 넘어, 음식의 깊이와 복합성을 극대화하는 중요한 요소로 자리 잡았습니다.

(6) 지방 맛(Fat Taste)

① 기본 개념

지방 맛(Fat Taste)은 최근 연구에서 독립적인 미각으로 인정받고 있는 중요한 미각 요소로, 지방산(fatty acids)에 의해 감지됩니다. 전통적으로 지방은 주로 음식의 질감과 연관되어 왔지만, 최근 연구들은 지방 자체가 미각 수용체에 의해 감지된다는 사실을 밝혀내며, 지방 맛이 미각의 중요한 부분으로 자리잡게 되었습니다.

지방 맛은 혀에 있는 특정 미각 수용체인 CD36, GPR120, 그리고 GPR40을 통해 감지됩니다. 이 수용체들은 지방산에 반응하여 신경 신호를 생성하고, 이를 통해 뇌가 지방의 존재를 인식하게 됩니다. 지방 맛은 단순히 질감 이상의 역할을 하며, 에너지 밀도가 높은 음식을 인식하고 선호하게 만드는 중요한 메커니즘으로 작용합니다.

지방 맛은 음식의 크리미함(creamy)과 부드러운 질감(smooth texture)을 강조하며, 특유의 고소하고 풍부한 맛을 제공합니다. 지방은 특히 우유, 버터, 치즈, 고기, 아보카도, 견과류와 같은 식품에서 강하게 느껴지며, 이러한 음식은 고소하고 진한 맛으로 인해 많은 사람들에게 선호됩니다.

지방 맛은 다른 미각 요소들과 결합하여 음식의 전체적인 풍미를 강화합니다. 예를 들어, 지방은 감칠맛과 결합하여 음식의 깊이를 더하고, 단맛과 결합하여 더욱 부드럽고 만족스러운 맛을 만들어냅니다. 이러한 조합은 특히 크리미한 디저트, 소스, 수프에서 중요한 역할을 합니다.

지방 맛은 요리와 식품 개발에서 중요한 의미를 가집니다. 지방은 단순한 에너지원 이상으로, 음식의 풍미를 크게 좌우하는 요소로 작용하기 때문입니다. 요리사는 지방 맛을 활용하

여 음식의 맛을 풍부하게 만들고, 다양한 맛의 조화를 이루는 데 중요한 역할을 할 수 있습니다.

지방 맛은 음식의 크리미함과 부드러운 질감을 강조하며, 에너지 밀도가 높은 음식을 선호하게 만드는 중요한 미각입니다. 이 맛은 다른 미각 요소들과의 상호작용을 통해 음식의 풍미를 더욱 풍부하고 복합적으로 만들며, 이를 통해 전반적인 미각 경험을 강화합니다.

② 지방의 다차원적 역할

지방은 요리에서 다차원적으로 활용되는 중요한 성분으로, 그 역할은 크게 주재료로서의 지방, 매개체로서의 지방, 그리고 양념으로서의 지방으로 구분할 수 있습니다. 각각의 역할은 요리의 풍미, 질감, 그리고 향을 형성하는 데 중요한 기여를 하며, 특히 지방이 양념으로 사용될 때, 음식에 특정 지역이나 문화의 특유한 냄새를 첨가하게 됩니다.

• 주재료로서의 지방

주재료로서의 지방은 음식의 주요 맛과 질감을 형성하는 핵심 요소로 작용합니다.

예를 들어, 버터나 라드(lard)와 같은 지방은 베이킹에서 중요한 역할을 하며, 크리미한 질감과 풍부한 맛을 제공합니다.

고기에서 자연적으로 포함된 지방은 고기의 풍미를 증대시키고, 조리 과정에서 맛을 내는 중요한 요소입니다. 이러한 지방은 요리의 본질적인 맛을 결정짓는 요소로, 음식의 전반적인 품질과 만족도를 크게 좌우합니다.

• 매개체로서의 지방

매개체로서의 지방은 요리 과정에서 다른 재료들의 맛을 전달하고, 조리 과정을 원활하게 하는 역할을 합니다. 지방은 열을 전달하는 뛰어난 매개체로, 재료를 고르게 익히고, 바삭한 질감을 부여하며, 음식의 수분을 유지하는 데 기여합니다.

예를 들어, 올리브 오일이나 버터를 사용한 소테(sauté) 과정에서는 지방이 재료의 맛을 감싸고, 열을 고르게 분산시켜 음식의 맛을 균형 있게 만듭니다. 이 역할에서 지방은 음식의 질감과 풍미를 최적화하는 데 필수적입니다.

• 양념으로서의 지방

양념으로서의 지방은 음식에 독특한 향과 맛을 부여하는 중요한 역할을 합니다. 특히, 양념으로 사용되는 지방은 특정 지역이나 문화의 특유한 냄새를 첨가하게 됩니다.

예를 들어, 이탈리아 요리에서 올리브 오일은 주요 향신료로 작용하며, 음식에 고유의 지중해식 풍미를 더합니다. 마찬가지로, 아

시아 요리에서 참기름(sesame oil)은 음식에 고소한 향과 깊은 맛을 추가하여, 지역 특유의 풍미를 만들어냅니다.

지방이 양념으로 사용될 때, 이는 음식의 향미를 강화하고, 다른 향신료와 조화를 이루며 복합적인 맛을 형성합니다. 지방은 향기 화합물(aromatic compounds)을 효율적으로 전달하고 유지할 수 있는 성질을 가지고 있기 때문에, 음식의 전체적인 맛을 풍부하게 하고, 문화적 또는 지역적 특성을 강조하는 데 매우 효과적입니다.

• 지방의 다차원적 역할과 학문적 이해

지방은 요리에서 단순한 에너지원 이상의 역할을 하며, 그 활용 방식에 따라 음식의 맛과 질감, 향을 결정짓는 중요한 성분입니다. 주재료로서 지방은 음식의 기본 맛과 질감을 형성하고, 매개체로서 지방은 조리 과정에서 열을 전달하고 재료의 풍미를 조화롭게 만듭니다. 양념으로서 지방은 특정 지역의 특유한 향과 맛을 더하여, 음식에 문화적 정체성을 부여합니다.

지방의 이러한 다차원적인 역할을 이해하고 활용하는 것은 요리사와 식품 과학자들에게 중요한 통찰을 제공합니다. 지방의 다양한 역할을 활용하여, 요리의 풍미를 극대화하고, 음식의 질감과 향을 최적화할 수 있으며, 이를 통해 음식의 전체적인 맛 경험을 풍부하게 만들 수 있습니다. 이와 같은 지방의 활용은 요리에서 창의성과 정체성을 강조하는 데 중요한 도구로 작용할 것입니다.

4) 미각의 통합적 역할

미각은 조리 과정에서 음식의 기본적인 맛을 감지하는 것 이상의 역할을 수행하며, 다양한 감각과의 상호작용을 통해 복잡하고 다차원적인 미각 경험을 창출합니다. 이와 같은 미각의 통합적 역할은 요리에서 풍미 형성에 필수적인 요소로 작용합니다.

미각 요소들은 후각과의 상호작용을 통해 음식의 전체적인 풍미를 완성합니다. 후각은 음식의 향을 감지하여, 미각에서 느껴지는 맛을 증폭시키고 풍미를 깊게 만듭니다. 예를 들어, 감칠맛(Umami)은 후각에서 느껴지는 고소한 향기와 결합하여 음식의 깊고 복합적인 맛을 만들어냅니다. 후각은 미각의 인식 범위를 넓혀주며, 음식의 다양한 풍미를 조화롭게 느끼게 하는 데 중요한 역할을 합니다.

또한, 미각은 촉각과 결합하여 음식의 질감과 온도를 더욱 명확하게 인식하게 합니다. 예를 들어, 지방 맛은 촉각적 요소로서 음식의 크리미함과 부드러운 질감을 형성하며, 감칠맛과 결합할 때 음식의 풍미를 더욱 깊고 풍성하게 만들어줍니다. 촉각은 음식의 질감뿐만 아니라 온도 또한 인식하게 하여, 미각 경험을 더욱 입체적이고 다채롭게 합니다.

단맛과 짠맛의 조합은 미각의 통합적 역할을 명확하게 보여주는 사례입니다. 이 두 맛이 결합하면, 각 맛이 독립적으로 제공하는 쾌감을 넘어서 복합적이고 다층적인 맛 경험이 형성됩니다. 예를 들어, 짠맛이 단맛을 억제하면서도 동시에 단맛을 더욱 부각시키는 역할을 합니다. 이는 두 맛이 서로 상반되는 듯하지만, 결합되었을 때 서로의 강점을 극대화하고, 새로운 풍미를 창출하는 데 기여합니다.

대표적인 사례로는 캐러멜 소금과 초콜릿을 들 수 있습니다. 캐러멜 소금은 캐러멜의 진한 단맛과 소금의 짠맛이 결합하여, 입안에서 폭발적인 풍미를 만들어냅니다. 이때 짠맛은 단맛의 과도함을 억제하면서도, 단맛을 더욱 도드라지게 만듭니다. 결과적으로, 맛의 균형이 잘 맞아떨어지면서 입안에 깊은 만족감을 줍니다. 초콜릿의 경우도 마찬가지입니다. 소금이 약간 첨가된 초콜릿은 단순한 단맛 이상의 복합적인 맛을 제공합니다. 초콜릿의 풍부한 단맛이 소금의 짠맛과 결합할 때, 초콜릿의 쓴맛과 감칠맛이 함께 어우러져 더 깊고 복합적인 맛을 느끼게 해줍니다. 이처럼 단맛과 짠맛의 결합은 미각의 층을 형성하여, 다양한 풍미가 서로 조화를 이루며 풍부한 미각 경험을 제공합니다.

또한, 신맛은 이러한 맛의 결합에서 중요한 역할을 할 수 있습니다. 신맛은 단맛과 짠맛 사이에서 균형을 잡아주며, 요리의 마지막 단계에서 첨가되어 전체적인 맛을 더욱 돋보이게 합니다. 예를 들어, 레몬즙이나 식초와 같은 신맛은 달콤하고 짭짤한 요리의 맛을 깨끗하게 정리해 주고, 맛의 깊이를 더해줍니다. 이는 신맛이 다른 맛을 보완하고, 조화롭게 하여 최종적으로 음식의 전체적인 맛을 완성하는 데 기여하는 중요한 역할을 한다는 것을 보여줍니다.

결국, 단맛과 짠맛의 조합은 미각의 통합적 역할을 명확하게 드러내며, 이들이 결합했을 때 새로운 차원의 맛 경험을 만들어냅니다. 이를 통해 요리의 풍미가 더 복잡해지고, 최종적으로 미각 경험이 더욱 풍부해집니다.

5) 요리와 미각의 응용

미각의 다양한 요소를 이해하고 이를 효과적으로 활용하는 것은 요리사에게 창의적이고 혁신적인 요리를 개발하는 데 필수적인 과정입니다. 요리사는 지방 맛을 포함한 모든 미각 요소를 고려하여 요리의 맛을 설계함으로써, 고객에게 풍부하고 다층적인 맛 경험을 제공할 수 있습니다. 이러한 접근은 단순한 재료의 조합을 넘어서, 맛의 상호작용과 조화를 통해 더욱 깊이 있는 요리 경험을 창출하는 데 중요한 역할을 합니다.

예를 들어, 요리사는 단맛과 짠맛의 조화를 통해 복합적인 맛의 균형을 이끌어내며, 감칠맛과 지방 맛의 결합으로 음식의 풍미를 극대화할 수 있습니다. 또한, 신맛은 요리의 맛을 돋보이게 하거나, 맛의 균형을 맞추는 데 중요한 역할을 하며, 요리의 마무리 단계에서 다양한 재료들의 맛을 조화롭게 연결시킵니다.

미각 요소들을 창의적으로 활용하는 것은 요리사에게 새로운 맛의 조합을 탐구하거나, 전통적인 요리법을 혁신적으로 재해석하는 데 중요한 기반이 됩니다.

예를 들어, 지방 맛과 감칠맛을 중심으로 요리를 구성함으로써, 풍부한 질감과 깊이 있는 풍미를 제공하는 새로운 요리를 창조할 수 있습니다. 또한, 쓴맛과 지방 맛의 조화를 통해 독특한 맛의 대조를 만들거나, 신맛과 짠맛을 결합하여 상쾌한 마무리를 제공하는 요리를 개발할 수 있습니다.

미각은 단순한 화학적 자극의 인식에 그치지 않고, 다양한 감각의 통합적 경험을 통해 복합적이고 깊이 있는 미각 경험을 만들어내는 중요한 감각입니다. 미각에 대한 이해를 확장함으로써, 요리사와 식품 개발자는 맛의 한계를 넘어 새로운 미각의 가능성을 탐구할 수 있습니다. 이러한 미각의 응용은 요리의 창의성을 높이고, 미각 경험을 더욱 다채롭고 풍부하게 만드는 데 필수적인 요소로 작용합니다.

3. 후각(Smell)

후각은 우리가 음식을 섭취할 때 느끼는 향을 감지하는 감각으로, 미각과 함께 음식의 전체적인 풍미를 결정짓는 중요한 요소입니다. 후각은 음식의 풍미를 더 깊고 복합적으로 만들어주며, 이는 미각과 긴밀하게 상호작용하면서 더욱 다차원적인 맛 경험을 형성합니다.

1) 후각의 작용

후각은 음식의 향이 코에 있는 후각 수용체에 도달했을 때 활성화됩니다. 이 수용체들은 다양한 향기 분자를 인식하여, 뇌로 전달된 신호를 통해 특정 향기를 감지합니다. 음식의 향기는 일반적으로 두 가지 방식으로 인지됩니다.

- **직접 후각(Orthonasal Olfaction):** 음식을 섭취하기 전에 음식의 향을 코를 통해 직접적으로 인식하는 것입니다. 예를 들어, 식탁에 앉아 음식의 향을 맡을 때가 이에 해당합니다.

- **간접 후각(Retronasal Olfaction):** 음식을 먹을 때, 음식이 입안에서 씹히면서 발생하는 향이 후각 수용체에 도달하여 인지되는 것입니다. 이 과정에서 음식의 향은 미각과 결합되어 더 풍부한 맛 경험을 제공합니다.

2) 후각과 미각의 상호작용

미각은 단맛, 짠맛, 신맛, 쓴맛, 감칠맛과 같은 기본적인 맛을 감지하지만, 음식의 복합적인 풍미는 주로 후각에 의해 결정됩니다. 후각은 다음과 같은 방식으로 미각 경험에 영향을 미칩니다.

- **맛의 강화:** 음식의 향이 미각을 자극하여, 우리가 느끼는 맛을 더욱 강렬하고 복합적으로 만듭니다. 예를 들어, 과일의 달콤한 향기는 실제로 과일을 더 달콤하게 느끼게 합니다.

- **맛의 변화:** 음식의 향이 미각 경험을 변화시킬 수 있습니다. 특정 향이 추가되거나 제거되면, 같은 음식도 전혀 다른 맛으로 느껴질 수 있습니다. 예를 들어, 감귤류 향이 더해진 음식은 상쾌하고 신선한 맛을 느끼게 만듭니다.

3) 후각의 중요성

후각은 음식을 평가하고 즐기는 데 매우 중요한 역할을 합니다. 음식의 향이 미각에 미치는 영향을 이해하는 것은 미식가나 셰프뿐만 아니라, 음식과 음료를 개발하는 모든 사람에게 중요한 요소입니다.

- **요리에서의 응용:** 셰프들은 다양한 향신료와 허브를 사용하여 음식의 향을 극대화하고, 이를 통해 요리의 풍미를 더욱 다차원적으로 만듭니다. 예를 들어, 로즈메리나 타임 같은 허브는 고기 요리의 풍미를 높이는 데 사용됩니다.

- **향의 기억:** 후각은 강력한 기억을 유발할 수 있으며, 특정 향기는 과거의 경험이나 감정을 떠올리게 만듭니다. 이 때문에 음식의 향은 단순히 맛의 일부일 뿐만 아니라, 감정적 연결을 형성하는 중요한 요소가 됩니다.

4. 촉각(Touch)

촉각은 우리가 음식을 섭취할 때 그 질감과 온도를 감지하는 감각으로, 음식의 전체적인 맛 경험에서 중요한 역할을 합니다. 촉각을 통해 느껴지는 음식의 바삭함, 부드러움, 크리미함, 씹힘성 등은 단순한 맛 이상의 경험을 제공합니다. 이러한 촉각적 요소들은 미각과 후각과 결합되어 더욱 다채롭고 풍부한 미식 경험을 만들어냅니다.

1) 촉각의 작용

촉각은 입안의 피부와 근육, 그리고 치아를 통해 음식의 물리적 특성을 감지합니다. 이러한 감각들은 음식이 어떻게 씹히고, 어떤 느낌을 주는지에 대한 정보를 뇌로 전달하며, 이 과정에서 다양한 촉각적 요소들이 맛 경험에 영향을 미칩니다.

- **질감(Texture):** 음식의 표면과 내부의 물리적 구조를 감지합니다. 예를 들어, 바삭한 감자칩이나 크리미한 아이스크림의 질감은 촉각을 통해 느껴집니다.

- **온도(Temperature):** 음식의 온도는 그 맛을 크게 좌우할 수 있습니다. 뜨거운 수프나 차가운 디저트는 각각 다른 방식으로 맛을 느끼게 만듭니다.

- **씹힘성(Chewiness):** 음식이 얼마나 단단하고, 어떻게 씹히는지 감지합니다. 이 요소는 고기나 쫄깃한 떡과 같은 음식을 먹을 때 중요한 역할을 합니다.

2) 촉각과 맛의 상호작용

촉각은 미각과 후각과 결합하여 전체적인 맛 경험을 더욱 풍부하게 만듭니다. 예를 들어, 바삭한 식감은 음식의 신선함을 강조하고, 크리미한 질감은 음식의 부드럽고 풍성한 맛을 강조합니다. 촉각이 미각에 미치는 영향은 다음과 같습니다.

- **맛의 증대:** 특정 질감은 미각 경험을 더 강렬하게 만듭니다. 예를 들어, 크리미한 소스는 부드럽고 풍부한 맛을 더 강조하여, 같은 재료라도 더 진하고 만족스러운 맛을 제공합니다.

- **음식의 만족도:** 촉각적 요소는 음식의 전체적인 만족도에 큰 영향을 미칩니다. 바삭한 피자 도우나 쫄깃한 파스타는 그 음식의 특성을 더욱 돋보이게 만들어, 미식 경험을 완성합니다.

- **기대와 현실:** 음식의 외관이 특정한 질감을 예상하게 만들고, 실제로 그 기대를 충족하거나 넘어서면, 이는 매우 긍정적인 맛 경험으로 이어집니다. 반대로 기대했던 질감과 다를 경우, 맛에 대한 평가가 부정적으로 변할 수 있습니다.

3) 촉각의 중요성

촉각은 음식의 물리적 특성을 감지하고, 이를 미각 및 후각과 통합하여 완전한 맛 경험을 제공하는 데 필수적인 역할을 합니다. 셰프나 요리사들은 촉각적 요소를 신중하게 고려하여, 요리의 질감과 온도를 설계합니다. 이 과정에서 촉각은 다음과 같은 측면에서 중요한 역할을 합니다.

- **요리의 질감 설계:** 요리에서 바삭함, 부드러움, 쫄깃함 등 다양한 질감을 구현하기 위해 조리법을 설계합니다. 예를 들어, 베이킹 과정에서 크림을 사용하는 방법이나, 고기의 조리 시간과 온도를 조절하여 이상적인 질감을 얻을 수 있습니다.

- **온도 관리:** 음식의 온도는 맛과 질감에 중요한 영향을 미칩니다. 차가운 디저트는 더 상쾌하고 달콤하게 느껴지며, 뜨거운 요리는 더 진하고 복합적인 맛을 제공합니다. 적절한 온도 관리는 음식의 맛을 극대화하는 데 중요한 역할을 합니다.

5. 감각의 상호작용 예시

예를 들어, 초콜릿을 먹을 때 여러 감각이 동시에 작용하여 초콜릿의 깊고 풍부한 맛을 완전하게 경험하게 됩니다.

- **미각:** 초콜릿의 달콤함과 약간의 쓴맛을 감지합니다. 미각은 초콜릿의 기본적인 맛 요소를 인식하여, 우리가 초콜릿을 맛있다고 느끼는 가장 중요한 역할을 합니다.

- **후각:** 초콜릿을 입에 넣기 전후로, 코를 통해 초콜릿 특유의 풍부한 향을 인지합니다. 초콜릿의 향은 맛의 경험을 더욱 복합적으로 만들며, 단순히 단맛 이상의 깊은 풍미를 느끼게 해줍니다.

- **촉각:** 초콜릿이 입안에서 천천히 녹아내리는 부드러운 질감을 느낍니다. 이 부드러운 촉감은 초콜릿을 씹지 않고도 즐길 수 있게 해주며, 전체적인 맛 경험을 풍성하게 만들어줍니다.

이렇게 미각, 후각, 촉각이 동시에 작용하여 초콜릿을 먹을 때 단순히 한 가지 맛이 아닌, 다양한 감각이 어우러진 풍부한 경험을 제공하게 됩니다. 이러한 감각의 상호작용은 우리가 음식을 즐길 때 그 맛을 더욱 다차원적으로 느낄 수 있도록 도와줍니다.

Unit 3 시각, 청각, 내장감각의 보조적 역할

(Supportive Roles of Vision, Hearing, and Gut Sense)

1. 시각(Vision)

시각은 우리가 음식을 접할 때 가장 먼저 작용하는 감각으로, 음식의 외관, 색상, 프레젠테이션을 통해 맛에 대한 첫인상을 형성합니다.

시각적 정보는 우리가 음식의 맛을 예상하는 데 중요한 역할을 하며, 이러한 기대감이 실제 미각 경험에 직접적인 영향을 미칠 수 있습니다.

1) 시각의 역할

- **첫인상 형성:** 음식의 색상과 모양은 우리가 음식을 맛보기 전에 맛에 대한 기대를 형성하게 합니다. 예를 들어, 잘 익은 빨간 토마토는 신선하고 달콤한 맛을 예상하게 하고, 어두운 초콜릿 케이크는 깊고 진한 맛을 기대하게 합니다.

- **프레젠테이션의 중요성:** 요리의 프레젠테이션, 즉 음식이 어떻게 배열되고 제공되는지 역시 중요한 시각적 요소입니다. 아름답게 장식된 요리는 시각적으로도 즐거움을 주며, 이는 음식의 전체적인 맛 경험을 긍정적으로 형성할 수 있습니다.

- **색상의 영향:** 색상은 특히 강력한 시각적 요소로 작용합니다. 예를 들어, 신선한 샐러드의 밝은 녹색, 빨강, 노랑 등의 색상은 그 샐러드가 신선하고 상큼할 것이라는 기대를 갖게 만듭니다. 반대로, 색이 바랜 음식은 신선하지 않거나 맛이 없을 것이라는 부정적인 인식을 심어줄 수 있습니다.

2) 시각이 미각에 미치는 영향

시각적 요소는 단순히 음식의 외관을 평가하는 것 이상으로, 실제로 우리가 느끼는 맛에 중요한 영향을 미칩니다.

- **기대와 현실의 일치:** 음식의 시각적 요소가 미각과 일치할 때, 우리는 더 긍정적인 맛 경험을 하게 됩니다. 예를 들어, 잘 구워진 갈색의 스테이크는 적당히 익혀져 육즙이 풍부할 것이라는 기대를 충족시킬 수 있습니다.

- **기대와 실제의 차이:** 반면, 시각적 기대와 실제 맛이 다를 경우, 그 차이는 미각 경험에 부정적인 영향을 줄 수 있습니다. 예를 들어, 밝은 색상의 디저트가 예상보다 덜 달다면, 시각적 기대와 맛의 차이가 실망으로 이어질 수 있습니다.

3) 음식 담기의 다차원적 체계

이 접근법은 조리외식 분야의 학생들, 셰프들, 그리고 비즈니스를 하려는 사람들에게 실질적인 도움을 줄 수 있도록 구성되어 있습니다.

(1) 1단계: 0차원 – 기본 맛과 개별적 요소 이해

목표: 기본 맛과 개별 재료의 역할을 이해하고, 이를 통해 요리의 기초를 다집니다.

- **기본 맛 이해:** 단맛, 짠맛, 신맛, 쓴맛, 감칠맛, 지방 맛과 같은 기본 맛들을 소개하고, 각각의 맛이 어떻게 작용하는지 학습합니다. 기본 맛의 특성과 이들이 음식에 어떻게 기여하는지 이해합니다.

- **재료 분석:** 재료별 맛 프로파일을 분석합니다. 예를 들어, 설탕이 단맛을, 소금이 짠맛을 더하는 방식 등, 기본 재료의 맛을 분해하고 이해하는 과정입니다.

- **실용적 적용:** 간단한 요리에서 기본 맛들을 조합해 보는 실습을 통해, 기본 맛의 조화를 이해하고 응용하는 능력을 키웁니다.

(2) 2단계: 1차원 – 선형 배열과 기본 디자인 요소

목표: 선형 배열을 통해 시각적 조화와 디자인의 기본 원리를 익히고, 이를 실습에 적용합니다.

- **선형 배열의 원리:** 요리에서 선을 이루는 배치의 중요성을 학습합니다. 이는 메뉴 구성에서부터 플레이팅까지 적용될 수 있습니다.

- **디자인 원칙:** 균형, 대칭, 비례 등의 기본 디자인 원칙을 소개하고, 이를 선형 배열에 적용하는 방법을 학습합니다. 예를 들어, 접시에 재료를 선형으로 배열하여 시각적 조화를 이루는 방법을 다룹니다.

- **실습과 적용:** 다양한 재료들을 활용해 선형 배열을 시도해 보고, 이러한 배열이 시각적 조화에 어떻게 기여하는지 실습합니다. 메뉴 구성에서도 이러한 원리를 적용해 봅니다.

(3) 3단계: 2차원 – 면적 구성과 색상, 질감

목표: 음식 배치를 위한 면적 구성, 색상, 질감의 원리를 학습하고, 이를 실습에 적용하여 플레이팅의 기초를 다집니다.

- **면적 활용:** 접시의 면적을 효율적으로 활용하여 재료를 배치하는 방법을 학습합니다. 접시의 중심, 가장자리 등을 활용하여 재료를 배치하는 전략을 다룹니다.

- **색상과 질감의 조화:** 색상 이론과 질감의 조화, 대비를 학습합니다. 예를 들어, 밝은 색상과 어두운 색상, 부드러운 텍스처와 바삭한 텍스처의 조합 등을 다룹니다.

- **실습과 응용:** 실제 요리에 색상과 질감을 적용하여 시각적 흥미를 높이는 방법을 실습합니다. 다양한 재료들을 활용해 2차원적 배치를 실습하고, 시각적 효과를 비교합니다.

(4) 4단계: 3차원 – 공간과 레이어링

목표: 3차원적 배치와 레이어링을 통해 음식을 입체적으로 구성하는 방법을 학습하고, 이를 플레이팅에 적용합니다.

- **공간적 배치:** 음식을 입체적으로 배치하는 방법을 학습합니다. 높이와 깊이를 고려한 배치가 중요합니다. 이를 통해 요리가 단순히 접시 위에 놓여진 것이 아닌, 공간 안에 위치한 하나의 작품으로 느껴지도록 합니다.

- **레이어링 기법:** 층을 쌓아 올리는 레이어링 기법을 학습합니다. 이는 단순한 재료의 나열이 아닌, 층층이 쌓아 올려 복합적인 맛과 시각적 효과를 주는 기법입니다.

- **실습과 적용:** 높이와 깊이를 강조한 3차원적 배치 및 레이어링 실습을 통해, 요리를 입체적으로 구성하는 방법을 습득합니다. 디저트나 메인 요리 등에서 레이어링을 적용해 봅니다.

(5) 5단계: 4차원 – 시간과 상호작용

목표: 시간의 흐름과 상호작용을 통해 음식을 경험하는 방법을 이해하고, 이를 서비스 과정에 응용합니다.

- **시간의 역할 이해:** 요리가 제공된 후 시간이 지남에 따라 맛과 식감이 어떻게 변하는지 학습합니다. 예를 들어, 소스를 붓는 타이밍이나 음식이 뜨거울 때와 식었을 때의 차이 등을 이해합니다.

- **상호작용적:** 고객과의 상호작용을 통해 음식을 완성하는 기술을 학습합니다. 테이블 사이드에서의 소스 붓기, 셰프의 직접적인 음식 설명과 같은 상호작용적 서비스를 익힙니다.

- **실습과 적용:** 시간과 상호작용을 고려한 실시간 음식 제공 방식을 실습합니다. 게르동 서비스와 같은 테이블 사이드 서비스를 통해, 음식을 더욱 생동감 있게 제공하는 방법을 배웁니다.

(6) 6단계: 5차원 – 문화, 스토리텔링, 철학적 접근

목표: 음식을 단순한 식사가 아닌, 문화적, 철학적 의미를 지닌 경험으로 이해하고, 이를 통해 브랜드와 고객의 관계를 강화합니다.

- **문화적 이해:** 음식 담기의 전통과 그 문화적 배경을 학습합니다. 이는 음식이 특정 지역이나 국가의 문화와 어떻게 연결되는지 이해하는 데 도움이 됩니다.

- **스토리텔링 기법:** 음식에 담긴 이야기를 통해 고객과 감성적 연결을 강화하는 방법을 학습합니다. 음식의 역사, 출처, 제조 과정을 통해 요리에 의미를 부여하는 방법을 다룹니다.

- **철학적 접근:** 음식의 철학적 의미를 탐구합니다. 이는 음식이 어떻게 인간의 존재, 사회적 지위, 문화를 반영하는지에 대한 심도 있는 이해를 제공합니다.

- **실습과 적용:** 특정 요리의 문화적 배경과 스토리를 설명하며 제공하는 실습을 통해, 고객과의 정서적 연결을 강화하는 방법을 익힙니다. 또한, 음식에 철학적 의미를 부여하여 브랜드 가치를 높이는 방법을 실습합니다.

2. 청각(Hearing)

청각은 우리가 음식을 먹을 때 들리는 소리를 통해 음식의 질감과 신선함을 인식하고, 맛에 대한 경험을 더욱 생동감 있게 만들어주는 감각입니다. 음식이 씹힐 때 나는 소리나 조리 과정에서 들리는 소리는 우리가 그 음식을 어떻게 경험할지에 대한 중요한 단서를 제공합니다.

이러한 청각적 요소는 맛의 경험을 더욱 풍부하게 하고, 다른 감각과 결합되어 완전한 미식 경험을 형성하는 데 중요한 보조적 역할을 합니다.

1) 청각의 역할

• **질감의 소리**: 바삭한 감자칩을 씹을 때 나는 '바삭' 하는 소리는 그 음식의 신선함과 바삭한 질감을 더욱 강조합니다. 이 소리는 단순한 청각적 자극에 머물지 않고 우리가 음식의 질감을 예상하고 그에 맞게 맛을 느끼도록 도와줍니다.

• **조리 과정의 소리**: 음식이 조리되는 동안 들리는 소리도 중요한 역할을 합니다. 예를 들어, 고기가 팬에서 구워질 때 나는 '지글지글' 소리는 고기가 잘 익고 있다는 신호를 줍니다. 이러한 소리는 맛의 기대감을 높이며, 음식이 완성될 때까지의 기다림을 즐겁게 만들어줍니다.

2) 청각과 맛의 상호작용

청각은 미각과 밀접하게 상호작용하여 음식의 맛을 더욱 강화합니다. 음식의 소리는 우리가 느끼는 맛과 질감에 대한 인식을 형성하고, 이를 통해 더 풍부한 맛 경험을 제공합니다.

• **소리와 질감의 일치**: 특정 소리와 질감이 일치할 때, 우리는 그 음식을 더 맛있게 느낍니다. 예를 들어, 바삭한 소리가 나는 음식은 실제로 바삭한 질감을 동반하며, 이는 신선함과 만족감을 높이는 중요한 요소가 됩니다.

- **소리와 기대:** 음식에서 들리는 소리는 그 음식의 맛에 대한 기대를 형성합니다. 예를 들어, '바삭' 하는 소리가 나지 않는 감자칩은 기대했던 질감과 다르게 느껴져, 맛의 경험이 부정적으로 변할 수 있습니다. 반면, 풍성한 소리를 동반하는 음식은 맛의 기대를 충족시키며, 긍정적인 미각 경험을 제공합니다.

3) 청각의 중요성

청각은 우리가 음식을 경험하는 데 있어 중요한 보조적 역할을 합니다. 셰프들은 음식의 청각적 요소를 고려하여 질감과 조리 과정을 설계하고, 이를 통해 최상의 미식 경험을 제공하려 합니다.

- **질감 설계:** 요리 과정에서 음식을 바삭하게 만들기 위해 튀김 방법을 조절하거나, 팬에서 고기를 굽는 소리를 최적화하는 등의 방법으로, 청각적 요소를 고려하여 음식을 설계할 수 있습니다.

- **조리 과정의 즐거움:** 음식이 조리되는 동안 들리는 소리도 음식을 즐기는 데 중요한 부분입니다. 이러한 소리는 단순히 배경 소음이 아니라, 요리 과정에서 기대감을 증폭시키고, 음식의 완성도를 높이는 역할을 합니다.

3. 내장감각(Gut Sense)

내장감각은 우리의 위와 장에 위치한 미각 수용체를 통해 음식을 소화하고 흡수하는 과정에서 느껴지는 감각입니다.

내장은 음식을 소화하는 역할뿐만 아니라 우리가 섭취한 음식의 영양 상태를 감지하고, 포만감과 만족감을 조절하는 중요한 역할을 합니다. 이 감각은 미각과 긴밀하게 연결되어 있으며, 음식을 섭취한 후 신체가 어떻게 반응하고 느끼는지에 큰 영향을 미칩니다.

1) 내장감각의 역할

- **영양 상태 감지:** 내장감각은 우리가 섭취한 음식의 영양 성분을 감지하여 신체가 필요로 하는 영양소를 공급받도록 도와줍니다. 예를 들어, 당분이나 지방이 많이 포함된 음식을 섭취할 때, 내장감각은 이를 인지하고 그에 따라 에너지를 조절합니다.

- **포만감 조절**: 음식이 소화되면서 내장감각은 포만감을 느끼게 하여 식사를 멈추도록 신호를 보냅니다. 이 과정은 신체가 적절한 양의 음식을 섭취하게 하고, 과식을 방지하는 중요한 역할을 합니다.

- **만족감 증대**: 내장감각은 또한 음식을 섭취한 후 만족감을 높이는 데 기여합니다. 음식이 소화되고 흡수되는 과정에서, 내장은 신체에 에너지를 공급하고, 이로 인해 전체적인 만족감이 증대됩니다.

2) 내장감각과 미각의 상호작용

내장감각은 미각과 밀접하게 상호작용하여 음식의 전체적인 맛 경험을 조절합니다. 우리가 음식을 섭취하고 나서 느끼는 포만감과 만족감은 단순히 미각에서 오는 것이 아니라, 내장감각이 작용하여 더 깊고 지속적인 맛 경험을 만들어냅니다.

- **음식의 만족도**: 내장감각은 우리가 음식을 먹고 난 후 느끼는 만족도를 결정짓습니다. 영양이 풍부한 음식은 내장감각을 통해 더 오래 지속되는 포만감을 제공하며, 이는 긍정적인 맛 경험으로 이어집니다.

- **미각의 강화**: 내장감각이 만족감을 느낄 때, 미각 경험도 더욱 강화됩니다. 예를 들어, 영양가 높은 식사를 한 후에는 그 음식의 맛이 더욱 좋게 느껴지며, 이는 내장감각이 신체에 긍정적인 영향을 미쳤기 때문입니다.

3) 내장감각의 중요성

내장감각은 우리의 식습관과 건강에 직접적으로 영향을 미치는 중요한 감각입니다. 내장감각을 이해하고 이를 통해 우리의 식습관을 조절하는 것은 건강한 삶을 유지하는 데 필수적입니다.

- **식습관 조절**: 내장감각을 활용하여 올바른 식습관을 형성할 수 있습니다. 예를 들어, 포만감을 충분히 느낄 수 있는 음식을 선택하여 과식을 방지하고, 영양 균형을 맞춘 식사를 통해 건강을 유지할 수 있습니다.

- **음식 선택의 중요성:** 내장감각은 우리가 어떤 음식을 선택할지에도 영향을 미칩니다. 건강한 내장감각을 유지하기 위해서는 신선하고 영양가 높은 음식을 선택하는 것이 중요합니다. 이는 장기적으로 더 나은 건강 상태를 유지하는 데 도움이 됩니다.

4) 장뇌축과 감각 경험

장뇌축(gut-brain axis)은 통합적 감각 경험에서 중요한 역할을 합니다. 장뇌축은 장(gut)과 뇌(brain)가 상호작용하는 복잡한 네트워크로, 주로 자율신경계와 내분비계, 면역계를 통해 연결되어 있습니다. 이 축은 우리의 식욕, 감정, 그리고 전반적인 건강에 깊은 영향을 미치며, 특히 음식 섭취와 관련된 감각 경험과 관련하여 중요한 역할을 합니다.

(1) 장뇌축의 상호작용

아래 그림은 장뇌축이라는 개념을 시각적으로 설명하고 있습니다. 장뇌축은 장과 뇌가 서로 상호작용하며 건강에 영향을 미치는 복잡한 네트워크를 나타냅니다.

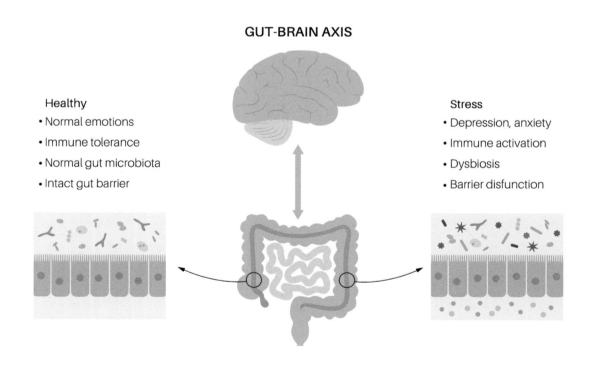

① 건강한 상태

- **정상적인 감정(Normal Emotions)**: 장이 건강할 때, 정상적인 감정 조절이 가능해집니다.
- **면역 내성(Immune Tolerance)**: 장 건강이 유지될 때, 면역 시스템이 잘 조절되며, 과민 반응이 줄어듭니다.
- **정상적인 장내 미생물(Normal Gut Microbiota)**: 건강한 장은 다양한 유익균으로 가득 차 있으며, 이들은 소화와 면역 시스템에 긍정적인 영향을 미칩니다.
- **건강한 장벽(Intact Gut Barrier)**: 장의 내벽이 건강하게 유지되며, 외부로부터의 유해 물질이 몸으로 들어오는 것을 막습니다.

② 스트레스 상태

- **우울증과 불안(Depression, Anxiety)**: 스트레스는 장 건강에 부정적인 영향을 미치며, 우울증이나 불안과 같은 정신 건강 문제로 이어질 수 있습니다.
- **면역 활성화(Immune Activation)**: 스트레스로 인해 면역 시스템이 과도하게 반응하게 되며, 염증을 유발할 수 있습니다.
- **장내 미생물 불균형(Dysbiosis)**: 스트레스는 장내 유익균의 균형을 무너뜨리고, 해로운 미생물의 성장을 촉진할 수 있습니다.
- **장벽 기능 장애(Barrier Dysfunction)**: 스트레스가 지속되면 장의 내벽이 손상되어, 유해 물질이 체내로 유입될 수 있습니다.

③ 장뇌축(Gut-Brain Connection)

이 그림은 장과 뇌가 상호작용하며, 한쪽의 변화가 다른 쪽에 어떻게 영향을 미치는지 보여줍니다. 예를 들어, 장내 미생물의 불균형이나 장벽의 손상은 뇌의 기능에 영향을 미쳐 감정적인 불안정, 면역 시스템의 과민 반응 등을 초래할 수 있으며, 반대로 뇌의 스트레스가 장의 건강에 부정적인 영향을 미칠 수 있습니다.

앞의 그림은 장과 뇌의 건강이 서로 깊이 연결되어 있음을 강조하며, 스트레스 관리와 장 건강의 중요성을 시사합니다.

(2) 4가지 장뇌축의 감각 경험

- **장뇌축의 생리적 역할:** 장내 미생물군(microbiota)은 뇌와 신경계에 신호를 보내어 기분, 스트레스 수준, 그리고 식욕을 조절하는 데 영향을 미칩니다. 이러한 신호는 식사 시 우리의 감정과 감각 경험을 조절하며, 특정 음식을 먹을 때 느끼는 만족감이나 기분 전환의 감정이 이 축을 통해 매개됩니다.

- **내장감각과 미각 경험:** 내장감각은 장뇌축을 통해 음식의 맛을 깊이 있게 인식하는 데 기여합니다. 예를 들어, 우리가 특정 음식을 섭취할 때 장에서 감지되는 포만감이나 영양소 상태는 뇌에 신호를 보내어 맛의 만족도를 조절합니다. 이는 음식의 기호성과 연관되어 있으며, 우리가 특정 음식을 선호하거나 피하게 되는 중요한 요인 중 하나입니다.

- **장뇌축이 맛에 미치는 심리적 영향:** 장뇌축은 우리의 감정 상태와도 밀접하게 연관되어 있습니다. 스트레스나 불안감이 장내 미생물군에 영향을 미치고, 이로 인해 맛에 대한 인식이 변화할 수 있습니다. 예를 들어, 스트레스를 받았을 때 단맛이나 짠맛에 대한 욕구가 증가하는 현상은 장뇌축을 통한 내장과 뇌의 상호작용으로 설명될 수 있습니다.

- **장뇌축과 식이 행동:** 장뇌축은 우리가 음식을 선택할 때 중요한 역할을 합니다. 장내 미생물이 생성하는 신호물질은 우리가 어떤 음식을 섭취할지, 얼마나 먹을지 결정하는 데 영향을 미칩니다. 이로 인해, 장뇌축을 이해하고 관리하는 것은 건강한 식이 습관을 유지하는 데 중요한 요소가 됩니다.

이러한 통합적 감각 경험은 우리가 음식을 단순히 섭취하는 것이 아닌, 기억에 남고 감동적인 미각 경험으로 인식하도록 합니다. 이를 이해하고 분석하는 것은 맛의 과학적 접근을 위한 중요한 첫걸음입니다.

장뇌축의 역할을 이해함으로써, 우리는 음식 섭취와 관련된 감각 경험이 단순히 미각과 후각에 의존하는 것이 아니라, 내장과 뇌의 복합적인 상호작용에 의해 더욱 깊고 복합적인 경험으로 발전된다는 것을 알 수 있습니다. 이러한 접근은 맛을 과학적으로 분석하고 이해하는 데 필수적인 기초가 됩니다.

Unit 4 다차원 맛 분석을 위한 과학적 기법
(Scientific Methods for Multidimensional Flavor Analysis)

1. 기본 개념

맛은 단순히 미각, 후각, 촉각과 같은 감각들이 조합된 결과가 아니라, 매우 복합적이고 다차원적인 현상입니다. 이 다차원적인 맛의 경험을 이해하고 분석하기 위해서는 다양한 과학적 기법들이 필요합니다. 이러한 기법들은 맛의 각 차원을 구체적으로 이해하고, 이를 바탕으로 새로운 요리나 식품을 개발하는 데 중요한 역할을 합니다.

1) 맛의 다차원성(Multidimensional Nature of Flavor)

• **다차원적 맛 경험:** 맛은 단일한 감각의 결과물이 아니라, 미각(taste), 후각(smell), 촉각(touch), 시각(vision), 청각(hearing), 그리고 내장감각(gut sense)까지 여러 감각들이 상호작용하며 만들어내는 복합적인 현상입니다. 이러한 감각들이 각각의 차원에서 개별적인 정보를 제공하고, 이들이 통합되어 최종적인 맛 경험을 구성합니다.

• **맛의 구성 요소:** 맛은 크게 다섯 가지 기본 맛(단맛, 짠맛, 신맛, 쓴맛, 감칠맛)과 필자가 6번째 기본맛으로 주장하는 지방 맛과 복합적인 향기 성분, 텍스처, 그리고 온도와 같은 물리적 특성으로 구성됩니다. 이러한 요소들이 각각 독립적으로 작용하면서도, 서로 상호작용하여 복합적인 맛의 프로필을 형성합니다.

2) 과학적 분석의 필요성

- **맛의 이해와 분석:** 맛을 과학적으로 이해하기 위해서는 각 감각이 어떻게 작용하고, 서로 어떻게 상호작용하는지 분석하는 것이 중요합니다. 이를 위해 화학적 분석, 기기 분석, 감각 평가법 등의 과학적 기법이 사용됩니다. 이러한 기법들은 맛의 각 차원을 분리하고, 그 복합적인 구조를 이해하는 데 도움을 줍니다.

- **신제품 개발:** 맛의 과학적 분석은 새로운 요리나 식품을 개발하는 데 중요한 역할을 합니다. 예를 들어, 특정 맛을 강화하거나 새로운 맛을 창조하기 위해 맛의 구성 요소를 정밀하게 조절할 수 있습니다. 이는 소비자의 기호에 맞춘 제품을 개발하고, 맛의 품질을 높이는 데 필수적입니다.

3) 맛 분석을 위한 주요 과학적 기법

- **화학적 분석(Chemical Analysis):** 맛을 구성하는 화합물들을 분석하여, 각 화합물이 맛에 어떤 영향을 미치는지 이해합니다. 예를 들어, 가스 크로마토그래피(Gas Chromatography, GC)나 액체 크로마토그래피(Liquid Chromatography, LC)와 같은 기술을 통해 특정 성분을 분리하고 정량화합니다.

- **감각 평가법(Sensory Evaluation):** 인간의 감각을 직접 활용하여 맛을 평가하는 방법입니다. 훈련된 패널이 맛, 향, 텍스처 등을 평가하여 맛의 특성을 분석합니다. 이 방법은 기계적 분석과는 달리, 실제 소비자가 느끼는 맛을 평가할 수 있어 중요합니다.

- **물리적 특성 분석(Physical Property Analysis):** 음식의 텍스처, 온도, 그리고 물리적 특성을 분석하여, 이들이 맛 경험에 어떻게 기여하는지 이해합니다. 예를 들어, 점도 측정(viscosity measurement)이나 텍스처 프로파일링(texture profiling)과 같은 기법이 사용됩니다.

이러한 과학적 기법들은 맛의 다차원적 특성을 깊이 이해하고, 이를 바탕으로 더 혁신적이고 소비자 친화적인 식품을 개발하는 데 핵심적인 역할을 합니다. 맛의 분석을 통해 우리는 더 풍부하고 복합적인 미식 경험을 제공할 수 있으며, 이를 통해 새로운 미식 트렌드를 창출할 수 있습니다.

2. 기기 분석법

기기 분석법(Instrumental Analysis)은 맛과 향을 구성하는 화학적 성분들을 정밀하게 분석하기 위해 사용되는 과학적 방법입니다. 이 방법들은 음식의 복잡한 화학적 구조를 분해하고 각각의 성분이 어떻게 음식의 맛과 향에 기여하는지 연구하는 데 필수적입니다. 기기 분석법은 맛의 다차원적 특성을 이해하고 새로운 맛을 개발하는 중요한 역할을 합니다.

1) 가스 크로마토그래피(Gas Chromatography, GC)

(1) 원리

가스 크로마토그래피는 휘발성 화합물들을 분리하는 데 사용됩니다. 샘플이 고온에서 기체 상태로 변한 후, 이 기체가 컬럼(column)이라고 불리는 관을 통과하면서 개별 성분으로 분리됩니다. 이 성분들은 각각의 속도에 따라 컬럼을 지나며, 그 과정에서 서로 다른 시간에 검출됩니다.

(2) 가스 크로마토그래피의 주요 구성 요소 및 과정

- **운반 기체(Carrier Gas)**

  운반 기체는 헬륨, 질소, 수소와 같은 비활성 기체로, 컬럼을 통과하면서 시료를 이동시키는 역할을 합니다. 이 기체는 컬럼의 입구로 들어갑니다.

- **컬럼(Column)**

  컬럼은 가스 크로마토그래피의 핵심 부품으로, 내부에는 고정상(stationary phase)이 채워져 있습니다. 고정상은 시료의 성분들이 다른 속도로 이동하도록 하여 분리되게 만듭니다. 고정상은 보통 고체나 액체로 구성되어 있습니다.

- **고정상 지지체(Solid Support)**

  고정상이 위치한 매트릭스 또는 지지체입니다. 고체 지지체에 액체 고정상이 코팅되어 있거나, 고체 자체가 고정상으로 사용됩니다. 이는 시료 성분이 고정상에 흡착되거나 용해되도록 하여 분리가 일어납니다.

- **액체상(Liquid Phase)**

  이 부분은 액체 고정상을 나타내며, 시료의 성분들이 용해되어 서로 다른 속도로 이동하는 과정을 도와줍니다. 그림에서는 고정상 지지체 위에 액체상이 코팅되어 있는 상태를 보여줍니다.

- **기체 시료(Gas)**

분석할 기체 상태의 시료가 컬럼에 주입됩니다. 시료는 운반 기체에 의해 컬럼을 따라 이동하면서 고정상과 상호작용하여 분리됩니다.

- **검출기로 이동(To Detector)**

컬럼을 통과한 시료 성분들은 검출기(detector)로 이동하여 분석됩니다. 검출기는 각 성분이 컬럼을 통과한 시간을 측정하여, 시료 성분을 식별하고 양을 결정합니다.

(3) 응용

GC는 주로 휘발성 향기 성분을 분석하는 데 사용됩니다. 예를 들어, 커피나 초콜릿 같은 복잡한 향기 성분이 많은 음식에서, 각각의 향기 성분을 분리하고 분석하여 어떤 성분이 전체적인 향에 어떤 영향을 미치는지 이해할 수 있습니다.

2) 질량 분석법(Mass Spectrometry, MS)

- **원리**

질량 분석법은 화합물의 질량을 측정하여 그 구조를 분석하는 기법입니다. GC와 결합하여 사용되며, GC를 통해 분리된 성분들이 질량 분석기에서 이온화되고, 그 이온의 질량 대 전하 비율(mass-to-charge ratio)을 측정하여 화합물의 분자 구조를 식별합니다.

- **응용**

MS는 GC와 함께 사용될 때, 음식의 휘발성 성분뿐만 아니라 비휘발성 성분까지도 분석할 수 있습니다. 이 기법은 특정 향기나 맛을 담당하는 화합물을 식별하고, 그 화합물이 맛 경험에 어떻게 기여하는지 이해하는 데 중요한 역할을 합니다.

3) 기기 분석법의 중요성

- **맛과 향의 상관관계 이해**

GC와 MS 같은 기기 분석법을 통해 각 화학 성분이 음식의 맛과 향에 어떻게 기여하는지 알 수 있습니다. 이 정보는 새로운 향이나 맛을 개발하거나 기존 제품의 맛을 개선하는 데 필수적입니다. 예를 들어, 특정 향기 성분이 커피의 고유한 풍미를 어떻게 강화하는지 이해하면, 그 성분을 조절하여 더 풍부한 맛을 창출할 수 있습니다.

• 정확한 성분 분석

기기 분석법은 사람의 감각에 의존하지 않고, 매우 정밀한 측정을 가능하게 합니다. 이는 특히 복잡한 향 성분이 많은 식품에서 각 성분을 정확하게 분석하고 이해하는 데 중요한 역할을 합니다.

이러한 기기 분석법은 특히 향과 맛의 상관관계를 이해하는 데 중요한 역할을 합니다. 음식의 화학적 성분을 정밀하게 분석함으로써, 요리사와 식품 과학자들은 더 나은 맛을 창출할 수 있는 과학적 근거를 마련할 수 있으며, 이를 통해 혁신적인 요리와 식품 개발이 가능해집니다.

3. 감각 평가법

SENSORY TESTING

감각 평가법(Sensory Evaluation)은 인간의 감각을 이용하여 음식의 맛, 향, 질감, 외관 등을 평가하는 방법으로, 기기 분석법과는 달리 사람의 주관적인 경험을 바탕으로 하는 평가 기법입니다. 이러한 방법은 식품 개발 과정에서 소비자가 느끼는 실제 맛과 향을 평가하고, 이를 통해 제품의 품질을 개선하는 데 중요한 역할을 합니다.

감각 평가법은 과학적인 접근법을 사용하여 객관적이고 체계적인 방법으로 감각 데이터를 수집하고 분석합니다.

1) 감각 평가법의 기본 원리

• 인간의 감각을 활용

감각 평가법은 인간의 미각(taste), 후각(smell), 촉각(touch), 시각(sight), 청각(hearing) 등의 감각을 통해 음식을 평가합니다. 이 방법은 사람들이 실제로 음식을 먹을 때 경험하는 감각을 직접적으로 측정하는 데 중점을 둡니다.

• 객관적 평가와 주관적 평가

감각 평가법은 객관적 평가와 주관적 평가를 포함합니다. 객관적 평가는 훈련된 패널리스트에 의해 이루어지며, 주관적 평가는 일반 소비자나 특정 타깃 그룹을 대상으로 실시하여 다양한 소비자 선호도를 반영합니다.

2) 감각 평가법의 유형

• 기술적 평가(Descriptive Analysis)

이 방법은 훈련된 평가자들이 음식의 특성을 기술적으로 설명하는 평가 방식입니다. 평가자들은 맛, 향, 질감 등을 세부적으로 분석하고, 각 요소의 강도와 특징을 기술합니다. 이 방법은 제품의 세부적인 차이를 이해하고, 개발 과정에서 제품의 향상 방향을 설정하는 데 유용합니다.

• 차이 평가(Difference Testing)

차이 평가법은 두 개 이상의 제품 간의 감각적 차이를 식별하는 데 사용됩니다. 예를 들어, 새로운 레시피로 만든 제품과 기존 제품 사이의 차이를 비교하여, 새로운 제품이 기존 제품보다 나은지 평가할 수 있습니다. 흔히 사용되는 방법으로 삼각 검사(Triangle Test)가 있습니다.

• 선호도 평가(Preference Testing)

이 방법은 소비자들이 선호하는 제품을 평가하는 데 사용됩니다. 특정 제품에 대한 소비자의 선호도를 측정하며, 이를 바탕으로 제품의 시장성을 평가할 수 있습니다. 일반 소비자를 대상으로 한 이 테스트는 제품 개발 및 개선 방향을 설정하는 데 중요한 정보를 제공합니다.

• 수용도 평가(Acceptance Testing)

수용도 평가법은 소비자가 특정 제품에 대해 얼마나 수용할 준비가 되어 있는지 측정하는 방법입니다. 이 방법은 제품의 전반적인 만족도와 품질 평가를 통해 제품이 시장에서 성공할 가능성을 평가하는 데 사용됩니다.

3) 감각 평가법의 중요성

• 소비자 중심의 제품 개발

감각 평가법은 소비자의 실제 경험을 바탕으로 제품의 맛, 향, 질감 등을 평가함으로써, 소비자가 선호하는 제품을 개발하는 데 중요한 역할을 합니다. 이는 제품의 시장 성공 가능성을 높이고, 소비자의 요구를 충족시키는 제품을 개발하는 데 필수적입니다.

• 제품 품질 개선

감각 평가법을 통해 수집된 데이터를 바탕으로 제품의 품질을 지속적으로 개선할 수 있습니다. 예를 들어, 소비자가 특정 향이나 맛을 더 선호하는지 파악하여, 이를 제품에 반영함으로써 제품의 경쟁력을 높일 수 있습니다.

- **차별화된 마케팅 전략 수립**

  감각 평가 결과를 바탕으로, 특정 제품의 고유한 감각적 특성을 강조하는 마케팅 전략을 수립할 수 있습니다. 이는 제품을 차별화하고, 소비자에게 더욱 매력적으로 다가가는 데 중요한 요소가 됩니다.

4. 화학적 분석법

화학적 분석법(Chemical Analysis)은 음식을 구성하는 기본 성분들, 예를 들어 단백질, 탄수화물, 지방 등의 화학적 구성 요소를 분석하여 이들이 맛에 어떻게 기여하는지 연구하는 방법입니다. 이러한 분석은 음식의 맛을 형성하는 화학적 기초를 이해하는 데 필수적이며, 새로운 맛의 조합이나 조리법을 개발하는 데 중요한 정보를 제공합니다.

1) 화학적 분석법의 기본 개념

- **기본 성분 분석**: 화학적 분석법은 음식을 구성하는 단백질, 탄수화물, 지방, 미네랄, 비타민 등의 기본 성분을 정밀하게 분석합니다. 이러한 성분들이 각각 음식의 맛에 어떻게 영향을 미치는지 이해하는 것은 맛의 본질을 파악하는 데 중요합니다.

- **맛의 화학적 기초**: 각 성분은 음식의 맛에 독특한 기여를 합니다. 예를 들어, 단백질은 감칠맛(umami)을 형성하는 데 중요한 역할을 하며, 탄수화물은 단맛을 제공합니다. 지방은 맛의 전달 매체로서, 음식의 질감과 풍미를 강화합니다.

2) 주요 화학적 분석법

- **분광광도법(Spectrophotometry)**: 이 방법은 특정 파장의 빛이 음식 성분에 흡수되는 정도를 측정하여, 음식의 화학적 성분을 분석합니다. 이는 특정 성분의 농도를 측정하는 데 유용합니다.

- **크로마토그래피(Chromatography):** 음식의 화학 성분을 분리하고 분석하는 데 사용되는 기법입니다. 예를 들어, 액체 크로마토그래피(Liquid Chromatography, LC)와 가스 크로마토그래피(Gas Chromatography, GC)는 복잡한 혼합물을 개별 성분으로 분리하여 각각의 맛 성분을 분석하는 데 사용됩니다.

- **질량 분석법(Mass Spectrometry, MS):** 이 방법은 화합물의 질량을 측정하여 그 구조를 분석하는 기법으로, 크로마토그래피와 결합하여 특정 맛 성분을 식별하고 정량화하는 데 사용됩니다.

3) 화학적 분석법의 응용

- **맛 프로파일링:** 음식의 화학적 성분을 분석하여 각 성분이 맛에 어떻게 기여하는지 이해할 수 있습니다. 예를 들어, 특정 아미노산이 감칠맛을 어떻게 강화하는지, 혹은 특정 지방산이 풍미를 어떻게 증가시키는지 분석할 수 있습니다.

- **조리법 개발:** 화학적 분석을 통해 음식의 성분이 조리 과정에서 어떻게 변화하는지 이해할 수 있습니다. 이를 통해 새로운 조리법을 개발하거나, 기존 조리법을 개선하여 더욱 향상된 맛을 구현할 수 있습니다.

- **영양 및 건강:** 화학적 분석법은 음식의 영양 성분을 평가하여, 건강한 식단을 구성하는 데 도움을 줍니다. 예를 들어, 저염식이나 저지방 식단을 설계할 때, 화학적 분석을 통해 맛을 유지하면서도 건강한 조합을 찾을 수 있습니다.

4) 화학적 분석법의 중요성

- **맛의 기초 이해:** 화학적 분석은 음식의 맛을 형성하는 기초를 이해하는 데 필수적입니다. 맛의 화학적 기초를 이해함으로써, 더 깊이 있고 복합적인 미식 경험을 창조할 수 있습니다.

- **혁신적인 제품 개발:** 새로운 맛을 창조하거나 기존 제품을 개선하기 위해 화학적 분석은 필수적입니다. 이를 통해 소비자에게 더욱 매력적인 제품을 제공할 수 있으며, 식품 산업에서 경쟁력을 높일 수 있습니다.

- **건강과 맛의 균형:** 화학적 분석은 건강한 성분을 포함하면서도 맛을 유지하는 방법을 찾는 데 중요한 역할을 합니다. 이를 통해 맛과 건강을 동시에 고려한 제품을 개발할 수 있습니다.

5) 교육적 접근

- **실습 기회 제공:** 학생들에게 화학적 분석법을 직접 실습할 수 있는 기회를 제공하여, 다양한 음식 성분이 어떻게 분석되고, 그 결과가 어떻게 해석되는지 체험하게 합니다.

- **데이터 해석 훈련:** 화학적 분석 결과를 해석하는 법을 배우도록 하여, 이 데이터를 기반으로 음식의 맛과 품질을 평가하는 능력을 기릅니다.

- **조리 실험과 화학 분석의 결합:** 조리 과정에서의 화학적 변화를 실험하고, 이를 분석하여 최적의 맛을 구현하는 방법을 탐구합니다.

화학적 분석법은 음식의 맛을 형성하는 기초적인 성분을 이해하고, 이를 바탕으로 새로운 맛을 개발하는 데 필수적인 도구입니다. 학생들은 이러한 분석법을 배우고 활용함으로써 더욱 혁신적이고 과학적으로 접근하여 미식 경험을 확장하는 데 중요한 기초를 마련할 수 있습니다.

맛의 인지와 심리적 반응

Unit 1 미각의 인지적 처리 과정
(Cognitive Processing of Taste)

1. 기본 개념

미각의 인지적 처리 과정은 우리가 음식을 섭취할 때 발생하는 복잡한 정신적 활동을 포함합니다. 이 과정은 미각 수용체가 감지한 화학적 자극을 뇌가 어떻게 해석하고, 이를 기억하며, 그 정보를 바탕으로 행동을 결정하는지 다룹니다. 단순히 맛을 감지하는 것을 넘어서, 미각의 인지적 처리는 개인의 경험, 문화적 배경, 기대, 그리고 감각적 정보의 통합 등 다양한 요소들이 복합적으로 작용하는 복잡한 과정입니다.

2. 미각의 인지적 처리 단계

- **감각 입력(Sensory Input)**

  음식이 입에 들어왔을 때, 미각 수용체는 단맛, 짠맛, 신맛, 쓴맛, 감칠맛과 같은 기본 맛을 감지합니다. 이와 동시에 후각과 촉각도 함께 작용하여 음식의 전체적인 맛을 형성하는 데 기여합니다. 이 단계는 우리가 음식의 화학적 성분을 처음으로 인식하는 과정으로, 맛의 기본적 감각이 여기서 시작됩니다.

- **정보 통합(Information Integration)**

  미각, 후각, 촉각에서 수집된 감각 정보는 뇌에서 통합되어 음식의 전체적인 맛으로 인식됩니다. 이 과정에서는 과거의 맛 경험, 학습된 정보, 문화적 배경이 고려되며, 이러한 요소들이 결합되어 맛의 기억이 형성됩니다. 예를 들어, 어릴 때 즐겨 먹었던 음식의 맛은 성인이 되어서도 강한 인상을 남기게 되며, 이러한 기억은 새로운 맛을 인식할 때도 영향을 미칩니다.

- **인지적 해석(Cognitive Interpretation)**

뇌는 통합된 감각 정보를 바탕으로 음식의 맛을 해석합니다. 이 해석 과정은 개인의 경험, 기대, 문화적 배경에 따라 다르게 나타납니다.

예를 들어, 어떤 사람은 쓴맛을 불쾌하게 느낄 수 있지만, 다른 사람은 쓴맛을 고급스러운 맛으로 인식할 수 있습니다. 이 단계는 우리가 맛을 어떻게 경험하고, 그 경험이 어떻게 우리의 미각에 영향을 미치는지를 결정짓습니다.

- **행동 결정(Behavioral Decision)**

뇌는 맛에 대한 인지적 해석을 바탕으로 행동을 결정합니다. 예를 들어, 음식이 맛있다고 판단되면 더 먹거나, 즐거운 경험을 되풀이하려고 하며, 반대로 불쾌한 맛을 느끼면 그 음식을 피하려고 할 것입니다. 이 과정은 우리가 어떤 음식을 선택하고, 그 음식을 어떻게 소비할지를 결정하는 데 중요한 역할을 합니다.

3. 인지적 처리의 중요성

미각의 인지적 처리 과정은 음식 선택과 섭취 행동에 중요한 영향을 미칩니다. 이는 요리사나 식품 개발자가 소비자의 미각 경험을 최적화하는 데 필수적인 요소입니다.

- **소비자 행동에 대한 이해**

미각의 인지적 처리는 소비자가 왜 특정 음식을 선호하고, 다른 음식을 기피하는지에 대한 중요한 통찰을 제공합니다. 이를 이해함으로써, 더 나은 제품을 개발하고 소비자에게 더 큰 만족감을 줄 수 있습니다.

- **제품 개발에의 응용**

이 과정에 대한 이해는 새로운 맛을 개발하거나 기존 제품을 개선할 때 매우 유용합니다. 소비자의 미각 경험을 분석하여, 제품의 맛을 더 매력적으로 만들고, 시장에서의 성공 가능성을 높일 수 있습니다.

- **문화적 다양성 고려**

  각 문화권에서 특정 맛이 어떻게 받아들여지는지 이해하는 것은 글로벌 시장에서 성공적인 식품을 개발하는 데 필수적입니다. 이는 다양한 문화적 배경을 가진 소비자들이 어떻게 미각 경험을 해석하는지를 고려한 제품 개발로 이어질 수 있습니다.

  이렇듯 미각의 인지적 처리 과정은 소비자의 행동과 선호를 형성하는 데 중요한 역할을 합니다. 요리사와 식품 개발자는 이 과정을 이해하고 이를 바탕으로 혁신적이고 소비자 중심의 제품을 개발할 수 있습니다.

다차원 맛의 비밀

Unit 2 심리적, 감정적 반응이 미치는 영향
(Impact of Psychological and Emotional Responses)

1. 기본 개념

음식에 대한 우리의 경험은 단순히 감각적 자극에 그치지 않고, 심리적 및 감정적 반응에 의해 강하게 영향을 받습니다. 음식은 우리의 감정, 기억, 그리고 사회적 경험과 깊게 연관되어 있으며, 이는 우리가 맛을 어떻게 경험하고 해석하는지에 중요한 영향을 미칩니다. 이러한 심리적, 감정적 요소는 특정 음식을 선택하는 데 큰 역할을 하며, 우리가 그 음식을 어떻게 기억하고 미래에 다시 선택할지에 영향을 미칩니다.

2. 심리적, 감정적 반응의 주요 요소

- **감정과 맛의 연관성(Association between Emotions and Taste)**

특정 음식을 먹을 때 느꼈던 감정은 그 음식의 맛을 인식하는 방식에 영향을 미칩니다. 예를 들어, 어린 시절 어머니가 만들어 주셨던 음식은 따뜻한 감정과 연관되어, 그 맛을 더욱 긍정적으로 인식하게 만들 수 있습니다. 반대로, 스트레스를 받거나 불쾌한 상황에서 먹었던 음식은 부정적인 감정과 연관되어 그 맛을 덜 즐겁게 느끼게 할 수 있습니다.

- **기대와 편견의 영향**

  우리는 음식을 접하기 전에 특정한 기대를 하며, 이러한 기대는 실제로 그 음식을 어떻게 인식하는지에 영향을 미칩니다. 예를 들어, 고급 레스토랑에서 제공되는 음식은 높은 기대감을 반영하며, 그 결과 음식의 맛을 더 긍정적으로 평가하게 될 가능성이 높습니다. 이처럼 기대와 편견은 맛의 경험에 강력한 영향을 미칩니다.

- **문화적 및 사회적 요소**

  맛에 대한 반응은 문화적 배경과 사회적 경험에 의해 크게 영향을 받습니다. 예를 들어, 한국에서는 매운맛이 대중적으로 선호되며, 이는 이러한 맛을 더욱 즐겁게 인식하게 만듭니다. 반대로, 매운 음식을 거의 먹지 않는 문화권에서는 매운맛을 불쾌하게 느낄 수 있습니다. 이러한 문화적 차이는 맛의 인식과 경험을 다르게 만듭니다.

- **음식에 대한 감정적 연결**

  음식은 종종 특정 감정적 경험과 연관되며, 특정 음식을 먹을 때 그와 관련된 감정적 기억이 되살아날 수 있습니다. 예를 들어, 어린 시절 가족과 함께 즐겼던 명절 음식은 성인이 되어서도 그 음식에 대한 강한 감정적 연결을 형성하게 하고, 이러한 연결은 그 음식의 맛을 더욱 깊고 강렬하게 느끼게 합니다.

3. 심리적, 감정적 반응의 응용

심리적, 감정적 요소를 이해하고 이를 요리에 반영하는 것은 요리사와 식품 개발자에게 중요한 도전 과제이자 기회입니다. 이러한 요소들을 고려하여 요리를 설계하면 소비자에게 더 깊은 미각 경험과 감동을 줄 수 있습니다.

- **소비자 경험 최적화**

  심리적, 감정적 요소를 고려하여 음식을 설계하면 소비자에게 더 만족스러운 경험을 제공할 수 있습니다. 예를 들어, 소비자의 과거 긍정적인 기억을 불러일으킬 수 있는 맛을 재현하거나, 특정 감정을 유발하는 향과 맛을 강조하는 음식을 개발할 수 있습니다.

- **브랜드 및 제품의 감정적 연계 강화**

  브랜드와 제품을 감정적 경험과 연계하는 전략을 통해 소비자의 충성도를 높일 수 있습니다. 이는 특정 음식이 특정 감정적 순간과 연관되도록 마케팅 전략을 세우거나, 제품 개발 시 감정적 반응을 유도하는 맛과 향을 강조하는 방법으로 이루어질 수 있습니다.

- **문화적 맞춤형 제품 개발**

  특정 문화권의 미각 선호도를 이해하고 그에 맞춘 제품을 개발함으로써, 글로벌 시장에서 더 넓은 소비자층을 공략할 수 있습니다. 예를 들어, 특정 문화에서 선호되는 맛 프로필을 반영한 제품은 해당 시장에서 더 성공적일 수 있습니다.

음식에 대한 심리적, 감정적 반응을 이해하는 것은 맛을 개선하는 것은 물론, 소비자의 전반적인 미각 경험을 향상시키는 데 중요한 역할을 합니다. 이를 통해 더 깊고 감동적인 맛 경험을 제공할 수 있으며, 소비자의 기억에 오래 남는 음식을 창조할 수 있습니다.

Unit 3 미각의 통합적 역할

(Integrated Role of Taste)

1. 기본 개념

　미각은 단순히 음식의 화학적 성분을 감지하는 감각에 그치지 않고, 후각, 촉각, 심리적 요소와 결합하여 다차원적인 맛 경험을 제공합니다. 이러한 통합적 역할은 음식의 전체적인 맛을 형성하는 데 핵심적이며, 복합적이고 깊이 있는 미각 경험을 가능하게 합니다. 이로 인해 미각은 음식의 풍미와 질감을 완성하는 중요한 요소로 작용하며, 우리의 맛 경험을 풍부하게 만듭니다.

2. 미각의 통합적 역할과 상호작용

• 후각과의 상호작용

　미각은 후각과 밀접하게 연관되어 있으며, 이 두 감각은 함께 음식의 풍미를 형성하는 데 중요한 역할을 합니다. 후각은 음식의 향을 감지하여 미각 경험을 더욱 풍부하고 복합적으로 만듭니다. 예를 들어, 커피의 풍부한 향이나 향신료의 독특한 향은 우리가 느끼는 맛을 더 깊고 다차원적으로 만들어 줍니다. 후각이 차단되면 맛의 경험이 크게 감소하는 것처럼, 후각은 맛을 인식하는 데 필수적인 요소입니다.

• 촉각과의 상호작용

　미각은 촉각과 결합하여 음식의 질감과 온도를 더욱 풍부하게 느끼게 합니다. 예를 들어, 지방의 크리미한 질감은 감칠맛(umami)과 결합하여 음식의 깊이 있는 풍미를 제공하며, 바삭한 식감은 단맛이나 짠맛과 결합하여 미각 경험을 더욱 다채롭게 만듭니다. 이처럼 촉각은 미각 경험에 중요한 영향을 미치며, 음식의 물리적 특성과 결합하여 복합적인 맛을 창출합니다.

3. 미각의 응용

미각의 통합적 역할을 이해하고 이를 창의적으로 활용하는 것은 요리사에게 필수적인 과정입니다. 이를 통해 요리사는 다음과 같은 방식으로 풍부하고 다층적인 맛 경험을 제공할 수 있습니다.

• 새로운 맛의 조합 탐구

미각, 후각, 촉각의 상호작용을 이해함으로써 요리사는 전통적인 맛의 조합을 넘어서 새로운 미각의 가능성을 탐구할 수 있습니다. 예를 들어, 다양한 향신료와 식재료의 조합을 통해 독창적인 맛을 창조할 수 있습니다.

• 전통적인 요리법의 혁신적 재해석

미각의 통합적 이해를 바탕으로 전통적인 요리법을 새롭게 재해석할 수 있습니다. 예를 들어, 전통적인 한식을 현대적인 재료와 기술로 변형하여 새로운 미각 경험을 제공할 수 있습니다.

• 풍부한 미각 경험 제공

요리사는 다양한 감각을 통합하여 소비자에게 풍부하고 다층적인 미각 경험을 제공할 수 있습니다. 이는 소비자가 요리를 통해 얻는 전반적인 감각적 경험을 극대화하는 데 중요한 역할을 합니다.

Unlocking the Secrets
of Multidimensional Flavor

PART 2

다차원 맛의 기술적 구현과
1~13주차 연구노트

Part 2에서는 다차원 맛의 개념을 실제로 구현하는 방법을 다룹니다. 1주차부터 13주차까지의 연구노트는 매주 주어진 주제에 따라 다차원 맛을 구현하고, 그 과정을 기록하는 데 중점을 둡니다.

이 연구노트를 통해 학생들은 이론을 실습으로 연결하며, 다차원 맛의 복합성을 이해하고 창의적인 요리 기술을 개발하게 됩니다. 결과적으로, 이 파트는 다차원 맛의 기술적 구현을 통해 실제 요리와 제품 개발에 필요한 핵심 역량을 키우는 데 기여할 것입니다.

CHAPTER 4

다차원 맛 구현을 위한 조리 기법
(Tools and Techniques for Implementing Multidimensional Flavor)

Unit 1 다양한 조리법과 재료를 통한 실험
(Experiments with Diverse Cooking Methods and Ingredients)

1. 목표

이 단원의 목표는 Part 1에서 학습한 다차원 맛의 이론을 실제로 적용해보는 것입니다. 다양한 조리법과 재료를 활용하여 다차원 맛의 개념을 실험하고, 각기 다른 조리법과 재료가 맛의 복합 성과 깊이에 어떤 영향을 미치는지 분석합니다.

다차원 맛의 비밀

2. 실험 개요

실험은 다양한 조리 방법(예: 굽기, 찌기, 튀기기, 훈제)과 식재료(예: 육류, 해산물, 채소, 곡류) 를 사용하여 다차원 맛을 탐구하는 방식으로 진행됩니다. 각 조리법과 재료 조합이 어떻게 맛의 층위를 형성하고, 이를 통해 다차원적인 맛 경험을 어떻게 창출할 수 있는지를 실험합니다.

1) 실험 1: 동일 재료, 다른 조리법

- **목적:** 동일한 재료를 사용하되, 조리 방법을 달리하여 맛의 변화를 탐구합니다.
- **과정:** 예를 들어, 닭고기를 굽기, 찌기, 튀기기, 훈제하기 등의 방법으로 조리한 후, 각 조리법 이 맛에 미치는 영향을 비교 분석합니다. 옥수수를 데치고, 튀기고, 굽고, 동결건조하고, 생으 로 된 재료를 혼합한 다음, 조리법이 다른 재료를 섞어 옥수수 수프를 만듭니다. 이를 통해 한 재료에 다양한 조리법을 통해 맛의 레이어를 만들 수 있음을 알아봅니다.
- **분석:** 각 조리법에 따른 텍스처, 풍미, 육즙의 차이를 평가하고, 다차원 맛이 어떻게 형성되는 지 기록합니다.

2) 실험 2: 다양한 재료의 조합

- **목적:** 서로 다른 재료를 조합하여 다차원 맛을 구현하고, 조합된 재료들이 맛에 미치는 영향을 탐구합니다.
- **과정:** 예를 들어, 특정 허브와 향신료를 채소, 육류, 해산물과 조합하여 요리한 후, 이러한 조합이 맛의 깊이와 복합성에 어떤 영향을 미치는지 실험합니다.
- **분석:** 재료 간의 상호작용이 다차원 맛을 어떻게 강화하는지, 그리고 이러한 맛이 소비자에게 어떤 경험을 제공하는지 평가합니다.

3) 실험 결과 기록

각 실험의 결과는 연구노트에 상세히 기록합니다. 맛의 변화를 체계적으로 분석하고, 어떤 조리법과 재료 조합이 최적의 다차원 맛을 창출하는지에 대한 TIP을 도출합니다.

4) 응용 가능성

실험 결과를 바탕으로, 실제 요리 현장에서 다차원 맛을 어떻게 응용할 수 있을지에 대해 논의합니다. 이를 통해 학생들은 다차원 맛을 창의적이고 효과적으로 구현할 수 있는 능력을 키웁니다.

0차원 및 1차원 맛의 조화

Unit 1 기본 맛의 조합 원리
(Principles of Basic Flavor Combination)

1. 기본 개념

• 0차원 맛

0차원 맛은 개별적인 기본 맛으로 구성됩니다. 이 기본 맛에는 단맛(sweetness), 짠맛(saltiness), 신맛(sourness), 쓴맛(bitterness), 감칠맛(umami), 그리고 지방 맛(fatty taste)이 포함됩니다. 보조 맛으로는 아린 맛(Astringency), 매운맛(Pungency), 시원한 맛(Cooling), 떫은맛(Astringency)이 있으며, 이들 각각의 맛은 독립적으로 인식되고, 기본적인 미각 경험을 형성합니다.

• 1차원 맛

1차원 맛은 이러한 개별적인 기본 맛들이 서로 결합되어 새로운 맛을 형성하는 과정입니다. 예를 들어, 단맛과 짠맛이 조화를 이루면 복합적인 맛 경험을 만들어낼 수 있습니다. 이러한 1차원 맛은 단일 맛보다 더 복잡하고 풍부한 미각 경험을 제공합니다.

2. 응용

• 맛의 조화와 균형

요리에서 기본 맛을 어떻게 조합하느냐에 따라 전체적인 맛의 조화가 결정됩니다. 맛의 균형을 잡는 것은 미식 경험을 더욱 완성도 있게 만드는 데 필수적입니다. 예를 들어, 짠맛이 너무 강하면 다른 맛을 가릴 수 있으며, 단맛이 너무 강하면 음식이 지나치게 단조롭게 느껴질 수 있습니다. 따라서, 요리사는 다양한 맛을 조화롭게 결합하여 균형 잡힌 맛을 제공해야 합니다.

• 맛의 대조

때로는 대조적인 맛을 결합하여 더 흥미롭고 기억에 남는 미각 경험을 만들 수 있습니다. 예를 들어, 신맛과 단맛을 결합하여 신선함과 달콤함을 동시에 느낄 수 있는 디저트를 만들거나, 쓴맛과 짠맛을 결합하여 더욱 깊이 있는 풍미를 창출할 수 있습니다.

3. 기술적 구현

• 조리 기법의 활용

다양한 조리 기법을 통해 0차원 및 1차원 맛을 어떻게 조합하고 적용할 수 있는지 탐구합니다. 예를 들어, 저온 조리는 감칠맛과 지방 맛을 극대화할 수 있으며, 캐러멜화(caramelization)는 단맛과 쓴맛의 복합적인 맛을 만들어낼 수 있습니다. 염장(Brining)과 절임(Pickling) 같은 기법은 짠맛과 신맛을 조절하여 맛의 깊이를 더할 수 있습니다.

• 맛의 증폭과 균형

특정 맛을 강조하거나 균형을 맞추기 위해 다양한 재료와 조리법을 활용할 수 있습니다. 예를 들어, 감칠맛을 강화하기 위해 발효된 재료나 숙성된 식재료를 사용하거나, 단맛을 조절하기 위해 자연적인 단맛을 지닌 재료를 선택할 수 있습니다.

• 음식의 층위 구성

1차원 맛을 풍부하게 표현하기 위해서는 음식의 맛을 층위별로 구성할 수 있습니다. 예를 들어, 첫입에서는 짠맛이 먼저 느껴지고, 이어서 단맛과 감칠맛이 느껴지는 식으로 음식의 맛이 단계적으로 나타나도록 설계할 수 있습니다.

1. 실습 목표

학생들이 기본적인 6가지 맛을 직접 체험하고, 각 맛의 특성을 체험적으로 인식하도록 하며, 이러한 맛들이 서로 어떻게 다르게 느껴지는지 비교 분석하는 능력을 기르도록 합니다.

2. 실습 준비물

준비물	설명	제공 형태	필요량
설탕 용액	10% 농도의 설탕 용액(100g의 물에 10g의 설탕 혼합)	작은 비커 또는 컵	학생당 10~20mL
소금물	1% 농도의 소금 용액(100g의 물에 1g의 소금 혼합)	작은 비커 또는 컵	학생당 10~20mL
레몬즙	신맛을 위한 신선한 레몬즙	작은 비커 또는 컵	학생당 10~20mL
쓴 채소	신선한 쓴 채소(예: 루콜라 또는 민들레 잎)	소량, 접시에 준비	학생당 약 5g
MSG 용액	1% 농도의 MSG 용액(100g의 물에 1g의 MSG 혼합)	작은 비커 또는 컵	학생당 10~20mL
올리브오일	신선한 엑스트라 버진 올리브 오일	작은 비커 또는 스푼	학생당 약 5mL
물	샘플 시식 전후 입을 헹구기 위한 깨끗한 물	물병 또는 디스펜서	필요에 따라 제공

3. 실습 절차

1) 샘플 준비 (10분)

- 실습에 사용할 6가지 기본 맛 샘플(설탕 용액, 소금물, 레몬즙, 쓴 채소, MSG 용액, 올리브 오일)을 각 학생에게 제공합니다.
- 각 샘플은 미리 준비된 작은 비커나 컵에 담아 준비해 둡니다.
- 학생들은 각 샘플의 맛을 경험할 때, 충분한 양의 물로 입을 헹구어 다음 샘플에 영향을 미치지 않도록 합니다.

2) 기본 맛 인식 (20분)

- 학생들은 각 샘플을 하나씩 시식하며, 맛을 체험합니다.
- 각 샘플의 맛을 인식하고, 해당 맛이 무엇인지 기록합니다. 예를 들어, 설탕 용액을 시식한 후 "단맛"으로 기록합니다.

- 모든 샘플을 시식한 후, 각 맛의 특성(예: 단맛의 강도, 짠맛의 자극성, 신맛의 상쾌함 등)을 비교하여 기록합니다.

3) 맛의 비교 분석 (20분)

- 학생들은 각 샘플의 맛을 비교하면서, 각 맛의 특성이 어떻게 다르게 인식되는지 분석합니다.
- 예를 들어, "설탕의 단맛과 MSG의 감칠맛은 어떻게 다른가?", "레몬즙의 신맛과 소금물의 짠맛은 어떤 식으로 자극적인가?" 등을 논의합니다.
- 이 과정에서 학생들은 각 맛의 차이점을 명확히 이해하고, 이를 비교하는 능력을 키웁니다.

4) 결과 기록 및 토론 (10분)

- 학생들은 각 샘플의 맛에 대한 인식을 기록한 후, 전체 그룹과 함께 결과를 공유합니다.
- 각 학생의 경험을 바탕으로 맛의 차이점에 대한 토론을 진행합니다. 예를 들어, "쓴 채소의 쓴맛이 쓴맛 용액과 어떻게 다른가?"와 같은 질문을 통해 논의를 촉진합니다.
- 강사는 학생들이 느낀 각 맛의 특징을 정리하고, 이러한 인식이 실제 조리 과정에서 어떻게 활용될 수 있는지 설명합니다.

4. 실습 정리

- **기본 맛 인식:** 학생들이 각 샘플의 맛을 체험적으로 인식하고, 그 특성을 명확히 이해합니다.
- **맛의 차이점 분석:** 학생들이 기본 맛들 간의 차이점을 비교 분석하여, 다양한 맛의 특성과 이들 간의 관계를 이해하도록 합니다.
- **맛의 적용 능력 강화:** 이 실습을 통해 학생들이 기본 맛의 조합과 균형을 잡는 능력을 함양하여, 실제 요리에서 이를 효과적으로 활용할 수 있는 기반을 다집니다.

1. 실습 목표

학생들이 기본 맛 요소를 서로 조합하여 복합적이고 조화로운 맛을 창출하는 능력을 습득하도록 하며, 맛의 균형을 맞추는 다양한 기법을 실습하고 분석하는 능력을 기르도록 합니다.

2. 실습 준비물

준비물	조합 재료	제공 형태	용량	준비사항	필요량
짠맛과 단맛 조합 1	설탕, 소금	설탕 100% + 소금 10%	10g	설탕과 소금을 각각 정확한 비율로 혼합	설탕 10g, 소금 1g
짠맛과 단맛 조합 2	설탕, 소금	설탕 90% + 소금 10%	10g	설탕과 소금을 각각 정확한 비율로 혼합	설탕 9g, 소금 1g
짠맛과 단맛 조합 3	설탕, 소금	설탕 80% + 소금 10%	10g	설탕과 소금을 각각 정확한 비율로 혼합	설탕 8g, 소금 1g
짠맛과 신맛 조합 1	설탕, 레몬즙	설탕 70% + 레몬즙 30%	10g	설탕과 레몬즙을 정확한 비율로 혼합	설탕 7g, 레몬즙 3g
짠맛과 신맛 조합 2	설탕, 레몬즙	설탕 50% + 레몬즙 50%	10g	설탕과 레몬즙을 정확한 비율로 혼합	설탕 5g, 레몬즙 5g
짠맛과 신맛 조합 3	설탕, 레몬즙	설탕 30% + 레몬즙 70%	10g	설탕과 레몬즙을 정확한 비율로 혼합	설탕 3g, 레몬즙 7g

3. 실습 절차

1) 실습 준비 (10분)

- 실습에 사용할 재료(설탕, 소금, 레몬즙)를 각각의 비율에 맞춰 준비합니다.
- 준비된 조합물을 각 학생에게 나눠줍니다.
- 학생들은 작은 스푼을 이용해 준비된 조합물을 맛봅니다.

2) 기본 맛 조합 실습 (20분)

- 학생들은 설탕과 소금, 설탕과 레몬즙의 비율을 조절하며 맛의 변화를 경험합니다.
- 설탕 100%, 90%, 80%에 짠맛 10%를 조합한 경우와 단맛과 신맛의 조합을 시식하고, 각 조합의 맛을 평가합니다.
- 각 조합을 시식한 후, 맛의 차이점과 조화도를 기록합니다.

3) 맛의 조화와 균형 평가 (20분)

- 학생들은 각 조합을 시식한 후, 맛의 조화와 균형이 어떻게 이루어졌는지 토론합니다.
- 예를 들어, "설탕 80%와 소금 10%의 조합이 가장 조화로웠다" 또는 "레몬즙 70%와 설탕 30%의 조합에서 신맛이 너무 강하게 느껴졌다"와 같은 분석을 기록합니다.
- 학생들은 서로의 의견을 공유하며, 최적의 맛 조합을 찾아내는 과정에서 다양한 관점을 배웁니다.

4) 결과 정리 및 피드백 (10분)

- 학생들은 실습 결과를 정리하고, 각 조합의 맛을 어떻게 조절할 수 있는지에 대한 피드백을 제공합니다.
- 토론을 통해 얻은 교훈을 바탕으로, 다음 실습에서는 어떤 점을 개선할 수 있을지 논의합니다.

4. 실습 정리

학생들이 기본 맛을 조합하여 복합적이고 조화로운 맛을 창출하는 실습을 통해, 맛의 조합과 균형이 어떻게 이루어지는지에 대한 이해를 심화할 수 있도록 합니다.

Unit 2 조리 과정에서의 조합 기술
(Techniques for Flavor Combination in Cooking)

1. 기본 개념

• 1차원 맛의 조합

1차원 맛의 조합은 개별적인 기본 맛들이 상호작용하여 새로운 맛을 창출하는 과정입니다. 이 과정은 단순히 맛을 섞는 것이 아니라, 각 맛이 서로 보완하거나 대조를 이루면서 복합적이고 다채로운 미각 경험을 만들어내는 것을 의미합니다. 요리사는 이 과정을 통해 단맛, 짠맛, 신맛, 쓴맛, 감칠맛, 지방 맛 등의 기본 맛을 조화롭게 결합하여 음식의 풍미를 극대화할 수 있습니다.

2. 응용

다차원 맛의 비밀

• 기본 맛 조합을 위한 다양한 조리 기술

요리사는 다양한 조리 기술을 사용하여 기본 맛을 조합하고, 이를 통해 복합적이고 조화로운 맛을 만들어낼 수 있습니다. 몇 가지 주요 조리 기술은 다음과 같습니다.

- **브레이징(Braising):** 장시간 저온에서 조리하여 감칠맛과 지방 맛을 부드럽게 결합시키고, 소스와 재료의 맛이 어우러져 풍부한 맛을 만듭니다.
- **캐러멜화(Caramelization):** 설탕을 가열하여 단맛과 쓴맛이 동시에 나타나는 복합적인 맛을 창출합니다. 이는 디저트뿐만 아니라, 소스나 고기 요리에서도 활용될 수 있습니다.
- **발효(Fermentation):** 발효 과정에서 감칠맛이 자연스럽게 증가하며, 복합적인 맛의 층을 형성합니다. 김치나 된장과 같은 전통 발효 음식에서 볼 수 있듯이, 발효는 맛을 깊고 풍부하게 만드는 중요한 기술입니다.
- **시즈닝(Seasoning):** 소금, 설탕, 식초, 허브 등을 사용하여 음식의 기본 맛을 조절하고, 맛의 균형을 맞춥니다. 올바른 시즈닝은 음식의 전체적인 맛을 완성하는 데 필수적입니다.

· 구체적인 요리 사례

1차원 맛의 조합이 어떻게 구현되는지 이해하기 위해, 다음과 같은 구체적인 요리 사례를 실습할 수 있습니다.

- **발사믹 글레이즈(Balsamic Glaze):** 발사믹 식초를 졸여서 만드는 글레이즈는 신맛과 단맛의 조화를 보여줍니다. 이 조합은 샐러드, 고기 요리, 치즈 플래터 등에 사용되어 다양한 맛을 풍부하게 합니다.

- **미소 된장국(Miso Soup):** 된장(미소)과 다시마 국물을 이용하여 감칠맛이 두드러지도록 조합합니다. 여기에 두부와 같은 부드러운 질감을 더해 미각과 촉각의 상호작용을 체험할 수 있습니다.

- **캐러멜 시럽(Caramel Syrup):** 설탕을 녹여 캐러멜화하는 과정에서 단맛과 쓴맛이 조화를 이루는 방법을 실습합니다. 이 시럽은 디저트나 커피 등에 활용되어 단맛과 쓴맛의 균형을 잡아줍니다.

- **레몬 버터 소스(Lemon Butter Sauce):** 레몬 주스의 신맛과 버터의 크리미한 지방 맛을 결합하여 생선 요리나 파스타에 사용되는 소스를 만듭니다. 이 소스는 신맛과 지방 맛이 어떻게 조화를 이루는지 보여줍니다.

● 브레이징 실습

감칠맛 첨가 효과 분석(Braising Practice: Analyzing the Effect of Umami Addition)

1. 활동 개요

학생들은 동일한 고기 조각 두 개를 준비합니다. 첫 번째 고기 조각에는 기본 조미료(소금, 후추)만을 사용하여 브레이징하고, 두 번째 고기 조각에는 기본 조미료에 추가로 참치액(우마미 소스)을 발라 감칠맛을 첨가합니다. 조리 후, 두 고기의 맛을 비교하여 감칠맛 첨가의 효과를 분석하고 평가합니다.

2. 실습 목표

- **감칠맛의 이해**

  학생들이 감칠맛의 중요성과 그 역할을 체험적으로 이해합니다.

- **풍미 분석 능력 함양**

  감칠맛이 조리된 음식의 전체적인 풍미에 어떤 영향을 미치는지 명확하게 파악하고, 이를 통해 요리에 감칠맛을 효과적으로 활용하는 방법을 익힙니다.

- **창의적 사고 촉진**

  감칠맛과 다른 맛의 조합이 요리의 맛과 풍미에 어떻게 기여하는지 이해하고, 이를 바탕으로 창의적인 요리 아이디어를 개발할 수 있는 능력을 습득합니다.

이 실습에서 학생들은 감칠맛의 중요성과 그 효과를 직접 경험하고, 이를 통해 보다 풍부한 요리를 창조할 수 있는 능력을 키울 수 있습니다.

3. 준비물

- **고기 조각**

  같은 부위, 같은 크기의 고기 2조각 (예: 소고기나 돼지고기 약 200g씩).

- **조미료 및 소스**

  - 소금: 각 고기 조각당 약 1g

- **후추**: 각 고기 조각당 약 0.5g
- **참치액(우마미 소스)**: 10mL (두 번째 고기 조각에만 사용)
• 조리 도구
- **브레이징용 팬 (또는 더치 오븐)**
- **오븐 (또는 스토브)**
- **조리용 집게 또는 주걱**
- **타이머**
• 기타 준비물
맛 평가 기록지(학생들이 시식 후 감상 및 분석 내용을 기록할 수 있는 양식)

4. 세부 절차

1) 고기 준비
• 고기 두 조각을 동일한 조건으로 준비합니다.
• 첫 번째 고기 조각에는 소금 1g과 후추 0.5g을 뿌려 조미합니다.
• 두 번째 고기 조각에는 소금 1g, 후추 0.5g을 뿌린 후, 추가로 참치액 10mL를 고기 표면에 고르게 바릅니다.

2) 브레이징(Braising)
• 팬을 중간 불로 예열한 후, 조미한 두 고기 조각을 각각 팬에 올려 겉면을 살짝 시어링(searing)하여 갈색으로 만듭니다.
• 시어링이 끝난 후, 팬에 적당한 양의 물이나 육수를 추가하고 뚜껑을 덮은 후, 오븐에서 저온(약 150℃)으로 1시간 정도 브레이징합니다.
• 중간에 고기가 마르지 않도록 가끔씩 육수를 고기에 끼얹습니다.

3) 맛 비교 및 분석
• 시식 및 평가
브레이징이 완료된 두 고기를 꺼내어 5분간 레스팅(resting)한 후, 학생들이 각각 시식합니다. 시식 후, 감칠맛이 첨가된 고기와 첨가되지 않은 고기의 맛, 풍미, 텍스처를 비교하고 평가합니다.
• 기록 및 분석
학생들은 맛 평가 기록지에 고기 간의 차이점을 기록하고, 감칠맛 첨가가 맛에 미친 영향을 분석합니다.

연구 노트 2: 캐러멜화 실습: 단맛과 쓴맛의 조화

1. 활동 개요

학생들은 설탕을 가열하여 캐러멜화하는 과정을 통해 단맛과 쓴맛이 어떻게 형성되고 조화되는지 체험합니다. 캐러멜화된 설탕을 이용하여 간단한 캐러멜 소스 또는 디저트를 준비하고, 단맛과 쓴맛의 균형을 평가합니다.

2. 실습 목표

- **캐러멜화 과정 이해**

    학생들이 설탕의 캐러멜화 과정을 통해 단맛과 쓴맛이 어떻게 형성되는지 체험적으로 이해합니다.

- **맛의 균형 분석**

    단맛과 쓴맛의 조화가 어떻게 이루어지는지 분석하고, 이를 통해 복합적인 맛을 창출하는 방법을 배웁니다.

- **창의적 소스 개발 능력 함양**

캐러멜화된 설탕을 활용하여 다양한 소스나 디저트를 창의적으로 개발하고, 이를 통해 요리에 감칠맛과 깊이를 더할 수 있는 능력을 키웁니다.

이 실습 설계를 통해 학생들은 캐러멜화 과정에서 단맛과 쓴맛의 조화를 경험하며, 이를 요리에 효과적으로 활용하는 방법을 배울 수 있습니다.

3. 준비물

- **주재료**
  - **설탕:** 100g (학생당)
- **조리 도구**
  - **팬:** 캐러멜화에 적합한 스테인리스 또는 주철 팬
  - **주걱 또는 스푼:** 설탕을 저어줄 수 있는 내열성 도구
  - **조리용 집게 또는 핀셋** (필요시)

- **추가 재료**

  - **생크림**: 50mL (캐러멜 소스를 만들 때 사용)

  - **버터**: 20g (소스의 풍미를 더하기 위해 사용)

  - **소금 (선택사항)**: 소금을 살짝 추가하여 맛의 균형을 맞추기 위해 사용

- 기타 준비물

- 맛 평가 기록지 (학생들이 시식 후 단맛과 쓴맛의 균형을 기록할 수 있는 양식)

4. 세부 절차

1) 설탕 녹이기(Melting Sugar)

- **설탕 캐러멜화:**

  - 팬을 중간 불로 예열한 후, 설탕 100g을 팬에 고르게 뿌립니다.

  - 설탕이 녹기 시작하면, 주걱으로 저어주며 캐러멜화 과정을 진행합니다.

  - 설탕이 완전히 녹아 황금빛 또는 호박색이 될 때까지 가열하며, 이 과정에서 발생하는 단맛과 쓴맛의 변화를 관찰합니다.

  - 주의: 설탕이 타지 않도록 불 조절에 유의하며, 너무 어두운 색이 되면 쓴맛이 강해지므로 적절한 타이밍에 다음 단계로 넘어갑니다.

2) 소스 만들기(Making Caramel Sauce)

- **캐러멜 소스 준비**

  - 설탕이 캐러멜화된 후, 불을 낮추고 생크림 50mL를 천천히 추가합니다. 이때 주의하여 저어주며 크림이 고르게 섞이도록 합니다.

  - 버터 20g을 추가하여 소스의 풍미를 부드럽게 만듭니다.

  - 소금 한 꼬집을 추가하여 단맛과 쓴맛의 균형을 맞추는 것도 고려할 수 있습니다.

  - 소스가 매끄럽게 섞여 잘 혼합될 때까지 가열 후, 불을 끄고 잠시 식힙니다.

3) 맛 평가(Taste Evaluation)

- **소스 시식 및 평가**

  - 완성된 캐러멜 소스를 각자 시식하면서 단맛과 쓴맛의 균형을 평가합니다.

  - 학생들은 캐러멜 소스에서 느껴지는 단맛과 쓴맛의 강도, 그리고 두 맛이 어떻게 조화를 이루는지 기록지에 기록합니다.

  - 필요시, 소금 또는 추가 재료를 넣어 맛의 균형을 조절하고 다시 평가할 수 있습니다.

1. 활동 개요

학생들은 간단한 발효 과정(예: 김치 담그기)을 직접 수행하고, 발효가 진행됨에 따라 감칠맛이 어떻게 증가하는지 체험합니다. 발효 과정 중의 샘플과 완성된 발효 음식을 시식하여, 발효로 인한 맛의 변화를 비교합니다.

2. 실습 목표

- **발효 과정의 이해**

  학생들이 발효 과정 중 발생하는 미생물 활동과 그로 인해 감칠맛이 어떻게 증가하는지 체험적으로 이해합니다.

- **맛의 변화 분석**

  발효 전, 발효 중, 발효 후의 맛 변화를 비교하여 발효 과정이 음식의 풍미에 어떤 영향을 미치는지 분석합니다.

- **발효 음식의 적용 능력 함양**

  학생들은 발효 과정을 직접 경험함으로써, 발효 음식의 맛 변화를 이해하고 이를 다양한 요리에 적용할 수 있는 능력을 기릅니다.

이 실습을 통해 학생들은 발효 과정에서 감칠맛이 어떻게 변하는지 명확히 이해하고, 이를 실제 요리에 적용하는 방법을 배울 수 있습니다.

3. 준비물

- **발효에 사용할 재료**
  - **배추(또는 다른 채소):** 발효 주재료
  - **고춧가루:** 매운맛과 발효 촉진
  - **마늘, 생강:** 향미와 발효 보조
  - **소금:** 발효 과정에서 필수적인 요소
  - **물:** 배추절임에 사용
- **조리 도구 및 발효 도구**
  - **큰 볼 또는 용기:** 배추절임과 혼합용
  - **장갑:** 위생을 위한 준비물

- **발효용 항아리 또는 밀폐 용기**: 발효 과정에서 사용할 용기

- **도마와 칼**: 배추와 재료를 준비하는 데 필요

- **저울**: 재료 계량용

• **추가 준비물**

- **발효 중인 샘플**: 발효 중간 단계의 김치 또는 발효 중인 음식을 준비하여 비교 시식할 샘플로 사용

- **완성된 발효 음식**: 발효가 완료된 김치, 미소 된장 등

• **기타 준비물**

- **맛 평가 기록지**: 발효 전후의 맛 변화를 기록할 수 있는 양식

4. 세부 절차

1) 발효 준비

• **재료 준비**

학생들은 배추와 다른 재료를 준비하여, 배추를 절이고, 고춧가루와 마늘, 생강, 소금 등을 혼합하여 양념을 만듭니다. 절인 배추에 양념을 고르게 바르고, 발효 용기에 넣어 밀폐한 후 발효 과정을 시작합니다.

• **발효 과정 이해**

발효가 시작되는 과정에서 발생하는 미생물 활동과 그로 인한 맛의 변화를 이론적으로 설명하며, 발효가 감칠맛에 미치는 영향을 이해하도록 합니다.

2) 발효 샘플 시식

• **발효 중간 샘플 시식**

발효가 진행 중인 샘플을 시식하여 발효 초기와 중간 단계에서 감칠맛이 어떻게 변화하는지 평가합니다. 학생들은 발효 중인 샘플의 맛, 향, 텍스처를 기록하고 발효가 진행될수록 감칠맛이 증가하는지 확인합니다.

• **완성된 발효 음식 시식**

완성된 발효 음식을 시식하며, 발효가 완료된 후 감칠맛이 어떻게 극대화되었는지 평가합니다. 발효 전, 발효 중, 발효 후의 맛 변화를 비교하여 발효 과정이 음식의 풍미에 미치는 영향을 체험적으로 이해합니다.

연구 노트 4: 시즈닝 실습: 맛의 균형 맞추기

1. 활동 개요

학생들은 소금, 설탕, 식초, 허브 등 다양한 시즈닝 재료를 사용하여 맛의 균형을 맞추는 실습을 진행합니다. 시즈닝을 각기 다른 비율로 조합해보고, 그 결과물의 맛을 평가하며 시즈닝의 중요성을 체험적으로 이해합니다.

2. 실습 목표

- **시즈닝의 이해**

  학생들은 소금, 설탕, 식초, 허브 등 다양한 시즈닝 재료를 사용하여 맛을 조절하는 방법을 체험적으로 이해합니다.

- **맛의 균형 분석**

  각기 다른 시즈닝 조합이 음식의 맛에 미치는 영향을 평가하고, 그 결과를 통해 맛의 균형을 맞추는 방법을 배웁니다.

- **응용 능력 함양**

  학생들은 시즈닝의 중요성과 맛의 균형을 맞추는 방법을 실습을 통해 익히고, 이를 실제 요리에 적용하는 능력을 기릅니다.

이 실습에서 학생들은 시즈닝의 복합성과 맛의 균형을 이해하고, 이를 통해 음식의 풍미를 최적화하는 방법을 체득하게 됩니다.

> **총괄 목표**
> 학생들이 각 조리 기술을 통해 기본 맛을 조합하고, 이를 통해 복합적이고 조화로운 맛을 창출하는 능력을 기르도록 합니다. 실습을 통해 학생들은 다양한 맛의 조합과 조리 기술이 맛의 최종 결과물에 어떤 영향을 미치는지 깊이 이해하게 됩니다.

3. 준비물

- **시즈닝 재료**
  - **소금:** 기본적인 짠맛을 제공
  - **설탕:** 단맛을 제공하여 짠맛과 균형을 맞춤
  - **식초:** 신맛을 더해 맛의 깊이를 제공
  - **허브:** 향과 풍미를 추가하여 복합적인 맛을 형성(예: 바질, 타임, 로즈메리)

- **샘플 요리 재료**
  - **간단한 샐러드 재료**: 시즈닝을 적용할 간단한 샐러드(예: 상추, 토마토, 오이 등)
  - **샐러드 드레싱 재료**: 시즈닝 효과를 평가할 드레싱(예: 올리브 오일, 발사믹 식초)
- **조리 도구 및 기타 준비물**
  - **작은 볼**: 시즈닝 재료를 혼합하는 용기
  - **저울 및 계량 스푼**: 정확한 비율을 측정하기 위한 도구
  - 시즈닝된 샘플을 기록하고 평가할 수 있는 맛 평가 기록지

4. 세부 절차

1) 시즈닝 조합
- **재료 준비**

  학생들은 제공된 재료를 활용하여 소금, 설탕, 식초의 비율을 다르게 조합합니다. 예를 들어, 소금 1g, 설탕 1g, 식초 1mL를 기본 비율로 설정하고, 다양한 비율로 조합하여 맛을 확인합니다.

  허브를 추가하여 맛의 복합성을 더하며, 각각의 조합이 맛의 균형에 어떻게 영향을 미치는지 관찰합니다.

다양한 맛의 균형을 평가할 수 있는 3가지 시즈닝 조합

조합 번호	소금(Salt)	설탕(Sugar)	식초	허브(Herb)	설명
조합 1	1g	1g	1mL	바질(Basil) 한 꼬집	균형 잡힌 기본 조합 신선한 샐러드 드레싱으로 적합
조합 2	0.5g	2g	2mL	타임(Thyme) 한 꼬집	단맛과 신맛을 강조한 조합 과일 샐러드 드레싱이나 디저트에 적합
조합 3	2g	0.5g	0.5mL	로즈메리(Rosemary) 한 꼬집	짭짤하고 풍부한 맛 고기 요리나 구운 채소에 적합

2) 맛 평가
- **샘플 시식**

  각기 다른 시즈닝 비율로 조합한 샘플을 시식합니다. 예를 들어, 샐러드에 다양한 드레싱을 적용하여 맛의 차이를 경험합니다.

  시즈닝된 샘플의 짠맛, 단맛, 신맛, 허브의 풍미가 어떻게 조화롭게 어우러지는지 평가하고, 그 균형을 기록합니다.

- **결과 분석**

  학생들은 시즈닝의 비율에 따라 맛이 어떻게 변화하는지 분석하고, 가장 균형 잡힌 맛을 찾습니다.

  시즈닝의 역할과 중요성을 이해하며, 각 재료가 어떻게 맛을 보완하거나 강화하는지 학습합니다.

CHAPTER 6

2차원 맛과 향의 통합

Unit 1 맛과 향의 결합
—————— (Flavor and Aroma Pairing)

1. 기본 개념

- **2차원 맛**

  2차원 맛은 향과 맛이 결합된 상태로, 요리의 표면적 인상을 결정하는 중요한 요소입니다. 이 결합은 음식의 전체적인 맛을 형성하고, 첫 번째로 느껴지는 풍미와 인상을 결정짓는 데 중요한 역할을 합니다. 향과 맛의 조합은 단순히 개별적인 맛을 넘어서, 다차원적인 미각 경험을 만들어내며, 음식의 풍미를 더 깊고 풍부하게 만듭니다.

2. 응용

- **향신료, 허브, 지방을 활용한 맛 향상**

다양한 향 재료를 사용하여 음식의 맛을 향상시키는 방법을 다룹니다. 향신료와 허브는 음식에 독특한 향과 풍미를 더해 주며, 지방은 이러한 향을 잘 전달하는 매개체로 작용합니다. 이 과정에서는 다음과 같은 요소들이 포함됩니다.

- **향신료(Spices):** 강한 향과 풍미를 제공하는 향신료는 음식의 기본 맛을 강화하거나 새로운 맛의 층을 더할 수 있습니다. 예를 들어, 고수(Coriander)나 커민(Cumin)은 복합적인 풍미를 더해 요리의 맛을 풍부하게 만듭니다.

- **허브(Herbs):** 신선한 허브는 요리의 향을 돋보이게 하며, 맛을 신선하게 유지하는 데 중요한 역할을 합니다. 바질(Basil), 타임(Thyme), 로즈메리(Rosemary) 등의 허브는 음식에 깊이 있는 향을 더해 줍니다.

- **지방(Fats):** 지방은 맛을 전달하는 중요한 역할을 하며, 향신료와 허브의 풍미를 더 잘 퍼지게 하는 역할을 합니다. 올리브 오일, 버터, 크림 등의 지방은 음식의 부드러운 질감을 유지하면서도 맛의 전달력을 높입니다.

3. 이론과 실습

- **이론**

향과 맛의 결합 이론을 이해함으로써, 어떤 향이 특정 맛과 가장 잘 어울리는지, 그리고 왜 그러한 조합이 성공적인지에 대한 과학적 배경을 학습합니다. 예를 들어, 단맛과 시트러스 향이 어떻게 상호작용하여 상큼하면서도 달콤한 맛을 만드는지, 감칠맛과 고소한 지방이 어떻게 음식의 깊이를 더해 주는지 다룹니다.

- **실습**

이론적으로 학습한 내용을 바탕으로 다양한 요리에 향과 맛을 결합하는 실습을 진행합니다. 이를 통해 학생들은 직접 향과 맛의 조화를 경험하며, 이를 통해 2차원 맛의 통합을 구현하는 방법을 익히게 됩니다. 예를 들어, 허브를 활용한 오일 만들기, 향신료 믹스를 사용한 소스 제작, 지방을 활용한 크리미한 요리 등을 실습합니다.

이 과정을 통해 학생들은 2차원 맛의 개념을 이해하고, 이를 요리에 실질적으로 적용하는 능력을 기르게 됩니다. 향과 맛의 조화로운 결합은 요리의 풍미를 극대화하고, 소비자에게 더 깊은 미각 경험을 제공하는 데 중요한 역할을 합니다.

Unit 2 향이 요리의 전반적 인상에 미치는 영향
(Impact of Aroma on Overall Culinary Experience)

1. 기본 개념

• 향의 중요성

향은 요리의 첫인상을 결정하는 중요한 요소로, 맛의 인식을 강화하는 역할을 합니다. 우리가 음식을 접했을 때 가장 먼저 느끼는 것이 향이며, 이 향은 미각 경험을 예측하고 준비하는 데 중요한 역할을 합니다. 향이 강하거나 독특할수록 그 음식에 대한 기대감과 첫인상이 강렬해집니다. 이는 맛을 강화하는 것뿐만 아니라, 전체적인 요리 경험의 질을 높이는 데 중요한 요소입니다.

2. 응용

• 향의 활용법

요리에서 향을 적절히 활용하여 전반적인 인상을 극대화하는 방법을 학습합니다. 이를 통해 요리사는 향을 통해 맛을 더 풍부하게 만들고, 소비자에게 잊을 수 없는 미각 경험을 제공합니다. 몇 가지 주요 전략은 다음과 같습니다.

- **최적의 타이밍에 향 더하기:** 요리 과정에서 특정 단계에서 향신료나 허브를 추가하여 향을 최대한 보존하고 강화합니다. 예를 들어, 요리가 거의 완료된 후에 신선한 허브를 추가하거나, 서빙 직전에 훈제를 더해 향을 극대화할 수 있습니다.

- **적절한 향 조합 선택:** 서로 어울리는 향신료와 허브를 결합하여 음식의 풍미를 풍부하게 만듭니다. 예를 들어, 라벤더와 로즈메리는 디저트에 독특한 향을 더해주며, 레몬그라스와 생강은 아시아 요리에 신선하고 상큼한 향을 부여합니다.

- **온도와 향의 상관관계:** 음식의 온도에 따라 향이 어떻게 퍼지고 인식되는지 이해합니다. 따뜻한 음식은 향이 더 잘 퍼지며, 차가운 음식은 미묘하고 은은한 향을 유지할 수 있습니다.

다채로운 맛의 비밀

3. 재료의 향과 맛을 액체에 우려내는 조리기법: 인퓨전(Infusion)

인퓨전(Infusion)은 특정 재료(주로 허브, 향신료, 과일 등)를 액체(주로 오일, 물, 알코올 등)에 일정 시간 동안 담가 그 재료의 향과 맛을 액체에 우려내는 조리 기법을 의미합니다. 인퓨전 과정을 통해 액체는 해당 재료의 고유한 풍미를 흡수하게 되며, 이를 통해 요리나 음료에 고유한 향과 맛을 더할 수 있습니다.

1) 인퓨전 과정

(1) 재료 준비

- **허브**: 바질, 타임, 로즈메리, 민트 등 신선한 허브를 사용합니다. 허브는 깨끗이 씻어 물기를 제거하고, 필요한 경우 잎을 따로 분리하거나 줄기를 포함해 사용합니다.

- **향신료**: 커민, 고수, 후추, 바닐라 빈 등 건조된 향신료를 사용합니다. 향신료는 통째로 사용하거나, 향을 더 강하게 우려내기 위해 가볍게 으깨서 사용합니다.

- **액체**: 오일(예: 올리브 오일), 물, 식초, 알코올(예: 보드카, 진), 크림 등 인퓨전에 사용할 액체를 준비합니다.

(2) 인퓨전 방법

- **냉 인퓨전(Cold Infusion)**

  신선한 재료(허브, 과일 등)를 차가운 액체에 담가 일정 시간 동안 냉장고에 보관하여 우려냅니다. 일반적으로 12시간에서 24시간 정도 인퓨전을 진행합니다.
  예시: 바질 오일, 민트 물

- **온 인퓨전(Warm Infusion)**

  액체를 약한 불에서 서서히 가열하면서 허브나 향신료를 담가 우려내는 방법입니다. 인퓨전 시간은 15분에서 1시간 정도이며, 재료에 따라 다릅니다.
  - **예시:** 허브 버터, 바닐라 크림
  - **주의:** 액체가 끓지 않도록 해야 하며, 너무 높은 온도에서 오래 가열하지 않도록 주의합니다. 허브나 향신료의 섬세한 향이 사라질 수 있기 때문입니다.

- **핫 인퓨전(Hot Infusion)**

  뜨거운 액체(주로 물이나 알코올)를 재료에 부어 즉시 우려내는 방법입니다. 비교적 짧은 시간 내에 강한 향과 맛을 우려낼 수 있습니다.

  - 예시: 허브차, 향신료 차

(3) 완성 및 보관

- 인퓨전이 완료되면, 액체에서 재료를 건져냅니다.

  액체는 미세한 체로 걸러내거나, 거즈나 커피 필터를 이용해 불순물을 제거합니다.

- 완성된 인퓨전 액체는 밀폐 용기에 담아 냉장 보관하며, 신선한 상태에서 사용합니다. 보관 기간은 재료와 인퓨전 방법에 따라 다르지만, 일반적으로 몇 주 이내에 사용하는 것이 좋습니다.

2) 활용 예시

- **허브 오일(Herb-Infused Oil):** 바질, 로즈메리 등의 허브를 올리브 오일에 인퓨전하여 샐러드 드레싱이나 파스타에 사용합니다.
- **바닐라 크림(Vanilla-Infused Cream):** 바닐라 빈을 크림에 인퓨전하여 디저트의 풍미를 강화합니다.
- **레몬 물(Lemon-Infused Water):** 레몬 슬라이스를 물에 인퓨전하여 상큼한 맛을 더한 음료로 활용합니다.

인퓨전은 비교적 간단하면서도 요리의 풍미를 극대화할 수 있는 효과적인 방법으로, 다양한 요리와 음료에 활용될 수 있습니다.

4. 실습 예시

1) 향 추가 실습

특정 요리에 향을 추가하여 맛과 향의 조화를 이루는 실습을 통해, 향이 요리 전반에 미치는 영향을 체험합니다. 구체적인 예시로는 다음과 같은 실습이 포함될 수 있습니다.

(1) 허브 인퓨전(Incorporating Herb Infusion)

다양한 허브를 오일이나 소스에 인퓨전하여, 음식에 신선한 향을 부여합니다. 예를 들어, 바질과 마늘을 올리브 오일에 인퓨전하여 파스타에 풍부한 허브 향을 더하는 실습을 진행합니다.

(2) 훈제 기법(Smoking Techniques)

고기나 생선에 훈제 향을 더해, 깊은 풍미와 독특한 향을 만드는 실습을 진행합니다. 사과나무 칩으로 훈제하여, 향이 음식에 어떻게 스며드는지 체험할 수 있습니다.

(3) 아로마 파우더(Aroma Powder) 사용

말린 향신료를 갈아 만든 아로마 파우더를 사용해 디저트나 메인 요리에 향을 더하는 방법을 실습합니다. 시나몬이나 카다멈 파우더를 활용하여, 향이 음식의 첫인상에 어떻게 영향을 미치는지 학습합니다.

핵심 정리

향은 맛의 인식을 강화하고 요리의 첫인상을 결정하는 중요한 요소입니다. 향을 적절히 활용함으로써 요리사는 전반적인 미각 경험을 극대화할 수 있으며, 이를 통해 소비자에게 더 깊은 인상을 남길 수 있습니다. 실습을 통해 학생들은 향과 맛의 조화를 이루는 방법을 직접 체험하며, 이를 통해 보다 창의적이고 감각적인 요리를 개발할 수 있는 능력을 배양할 수 있습니다.

연구 노트 1: 향과 맛의 결합 실습(60분)

1. 활동 개요

학생들은 다양한 향신료와 허브를 활용하여 향과 맛의 조합을 실습합니다. 이 과정에서 지방을 매개로 향을 전달하고, 이를 통해 요리의 풍미를 극대화하는 방법을 학습합니다.

2. 실습 목표

학생들이 향신료와 허브를 이용한 향과 맛의 조화를 직접 체험하고, 이를 통해 2차원 맛의 개념을 요리에 실질적으로 적용하는 능력을 습득합니다.

3. 실습 내용

1) 향신료와 허브 활용

- **활동 내용:** 학생들은 다양한 향신료(예: 고수, 커민)와 허브(예: 바질, 타임)를 준비된 재료로 사용하여 각각의 맛과 향의 조합을 실습합니다.

- **목표:** 각 향신료와 허브가 요리에 어떤 풍미를 더하는지 경험하고, 이를 다른 재료들과 어떻게 조화롭게 결합할 수 있는지 이해합니다.

- **세부 절차**
  - **재료 준비:** 각 그룹은 준비된 향신료와 허브를 선택합니다. 각 재료는 향과 맛을 파악하기 위해 소량으로 준비합니다.
  - **조합 실습:** 학생들은 선택한 향신료와 허브를 다양한 음식 재료(예: 토마토, 치즈, 닭고기)와 결합하여 맛을 테스트합니다.
  - **평가:** 조합된 재료를 시식하고, 향과 맛이 어떻게 조화되었는지 평가합니다. 각 조합의 특징을 기록합니다.

다차원 맛의 비밀

2) 지방과 향의 결합

- **활동 내용:** 올리브 오일, 버터와 같은 지방을 사용하여 향신료와 허브의 풍미를 더욱 잘 전달할 수 있도록 하는 방법을 실습합니다.
- **목표:** 지방이 향을 매개로 어떻게 작용하는지 이해하고, 이를 통해 요리의 풍미를 증대시키는 방법을 습득합니다.

- **세부 절차**
  - **지방 선택:** 학생들은 올리브 오일, 버터, 크림 등 다양한 지방 재료를 선택합니다.
  - **인퓨전 준비:** 각 지방 재료에 선택한 허브나 향신료를 인퓨전하여, 향을 우려냅니다. 인퓨전 과정은 차가운 방식 또는 따뜻한 방식으로 진행할 수 있습니다.
  - **맛 조합 실습:** 인퓨전된 지방을 다양한 음식(예: 빵, 채소)에 첨가하여 시식합니다. 향이 어떻게 음식에 전달되는지 관찰하고 평가합니다.

3) 실습 예시

- **바질 오일 만들기:** 바질을 올리브 오일에 인퓨전하여 샐러드 드레싱으로 사용합니다. 바질 향이 오일을 통해 어떻게 음식에 전달되는지 실습합니다.
- **허브를 이용한 버터 혼합:** 타임과 로즈메리를 버터에 인퓨전하여, 구운 빵이나 스테이크에 사용합니다. 버터의 크리미한 질감이 허브의 풍미를 어떻게 전달하는지 체험합니다.
- **향신료를 사용한 소스 제작:** 커민과 고수를 이용해 간단한 요거트 소스를 만들고, 그 향이 요리와 어떻게 어우러지는지 실습합니다.

4. 평가 및 피드백

- **결과 평가:** 학생들은 각 실습에서 얻은 결과를 시식하고, 향과 맛의 조화가 어떻게 이루어졌는지 평가합니다.
- **피드백:** 강사는 학생들의 실습 결과를 평가하고, 각 조합에서 나타난 향과 맛의 특성을 바탕으로 피드백을 제공합니다. 향과 맛의 조화에서 중요한 요소를 다시 한번 강조합니다.

5. 실습 정리

이 실습에서 학생들은 향과 맛의 결합이 요리에서 어떻게 작용하는지 명확히 이해하고, 이를 통해 요리에 창의적이고 효과적으로 적용할 수 있는 능력을 키울 수 있습니다.

1. 활동 개요

학생들은 다양한 향을 활용하여 요리의 첫인상과 전반적인 미각 경험을 극대화하는 방법을 실습합니다. 이 과정에서 허브 인퓨전, 훈제 기법, 아로마 파우더를 활용하여 향이 요리에 미치는 영향을 체험하게 됩니다.

2. 실습 목표

학생들이 다양한 향을 활용하여 요리의 첫인상과 전반적인 맛을 어떻게 강화할 수 있는지 이해하고, 이를 실습을 통해 체득하도록 합니다.

3. 실습 내용

1) 허브 인퓨전 실습

- **활동 내용:** 바질과 마늘을 올리브 오일에 인퓨전하여, 파스타 요리에 허브의 향을 더하는 방법을 실습합니다.

- **목표:** 허브의 향이 오일을 통해 음식에 어떻게 전달되는지 경험하고, 허브 인퓨전이 요리의 전반적 풍미에 미치는 영향을 이해합니다.

- **세부 절차**
  - **재료 준비:** 바질 잎과 다진 마늘, 올리브 오일을 준비합니다.
  - **인퓨전 과정:** 올리브 오일을 가볍게 데우고, 바질과 마늘을 첨가하여 향이 우러나도록 합니다.
  - **파스타 조리:** 인퓨전된 오일을 사용해 간단한 파스타 요리를 준비하고, 허브의 향이 파스타에 어떻게 전달되는지 시식하며 평가합니다.

2) 훈제 기법 실습

- **활동 내용:** 사과나무 칩을 사용하여 고기나 생선에 훈제 향을 더해, 깊은 풍미와 독특한 향을 만드는 실습을 진행합니다.

- **목표:** 훈제 기법이 음식의 풍미와 향을 어떻게 증진하는지 이해하고, 훈제 향이 요리의 첫인상에 미치는 영향을 체험합니다.

- **세부 절차**
  - **재료 준비:** 사과나무 칩, 고기(또는 생선), 훈제 기구를 준비합니다.
  - **훈제 과정:** 사과나무 칩을 훈제 기구에 넣고, 고기나 생선을 훈제하여 향을 입힙니다.
  - **시식 및 평가:** 훈제된 고기나 생선을 시식하며, 훈제 향이 음식의 전체적인 맛에 어떤 변화를 가져오는지 평가합니다.

3) 아로마 파우더 활용 실습
- **활동 내용:** 시나몬이나 카다멈 파우더를 사용해 디저트나 메인 요리에 향을 더하는 방법을 실습하여, 향이 음식의 첫인상에 미치는 영향을 체험합니다.

- **목표:** 아로마 파우더가 음식의 향과 맛을 어떻게 변화시키는지 이해하고, 이를 통해 첫인상에 미치는 영향을 학습합니다.

- **세부 절차**
  - **재료 준비:** 시나몬 파우더 또는 카다멈 파우더, 디저트 또는 메인 요리 재료를 준비합니다.
  - **아로마 파우더 활용:** 시나몬 또는 카다멈 파우더를 사용하여 요리에 향을 첨가합니다. 예를 들어, 시나몬 파우더를 디저트에 뿌리거나, 카다멈 파우더를 고기 요리에 가미합니다.
  - **시식 및 평가:** 파우더가 첨가된 음식을 시식하고, 향이 음식의 첫인상과 전반적인 맛에 어떻게 기여하는지 평가합니다.

4. 평가 및 피드백
- **결과 평가:** 학생들은 각 실습 과정에서 얻은 결과를 시식하며, 향이 요리의 첫인상과 맛에 어떻게 영향을 미쳤는지 평가합니다.
- **피드백:** 강사는 학생들의 실습 결과를 검토하며, 향과 맛의 조화에서 나타난 특징과 개선할 점을 피드백합니다.

5. 실습 정리
이 실습을 통해 학생들은 다양한 향이 요리의 첫인상과 전반적인 맛에 미치는 영향을 직접 체험하고, 이를 실질적으로 요리에 적용할 수 있는 능력을 키울 수 있습니다.

3차원 맛의 층위와 텍스처

Unit 1 텍스처의 중요성
(Importance of Texture)

1. 기본 개념

- **3차원 맛**

  3차원 맛은 여러 층위의 맛과 텍스처가 조화를 이루며 복합적이고 깊이 있는 풍미를 제공하는 것을 의미합니다. 텍스처는 음식의 물리적 질감을 나타내며, 이는 단순한 맛 이상의 입체감을 제공하여 음식의 전체적인 미각 경험을 풍부하게 만듭니다. 예를 들어, 바삭한 표면과 부드러운 내부가 결합된 음식은 단일한 질감의 음식보다 더 복합적이고 흥미로운 미식 경험을 제공합니다.

2. 응용

- **입체감과 다층적 맛 경험**

  다양한 텍스처를 활용하여 음식의 입체감을 강화하고, 다층적인 맛 경험을 만들어내는 방법을 학습합니다. 텍스처는 단순히 맛을 보완하는 역할을 넘어, 요리의 전체적인 구조와 느낌을 결정하는 중요한 요소입니다. 적절한 텍스처 조합은 음식을 더욱 생동감 있게 만들고, 미각뿐만 아니라 촉각적 즐거움까지 제공할 수 있습니다.

  - **바삭함과 부드러움의 조화:** 예를 들어, 크리스피한 튀김과 부드러운 내부를 결합한 요리는 대조적인 질감이 만들어내는 미각적 긴장감을 통해 다차원적인 맛을 제공합니다.
  - **크리미함과 씹힘성의 결합:** 크리미한 소스와 쫄깃한 파스타를 결합한 요리는 입안에서 다양한 질감을 경험하게 하며, 이로 인해 더 풍부한 맛을 느낄 수 있습니다.

3. 텍스처 조합 기법

• 텍스처의 다층적 조합

여러 텍스처를 조합하여 음식의 질감과 맛을 최적화하는 기술을 익힙니다. 이러한 기법을 통해 요리사는 각각의 텍스처가 서로 조화를 이루며, 미각 경험을 보다 복합적으로 만들 수 있습니다. 다음은 몇 가지 주요 기법입니다.

- **콘트라스트 기법(Contrast Technique):** 서로 대조적인 텍스처를 결합하여 미각 경험을 극대화합니다. 예를 들어, 바삭한 너트와 부드러운 퓌레를 함께 제공하거나, 크리스피한 크러스트와 부드러운 푸딩을 결합하는 식으로, 텍스처 간의 대비를 통해 더욱 흥미로운 맛을 창출합니다.

- **텍스처 레이어링(Texture Layering):** 한 접시의 요리에서 다양한 텍스처를 층층이 쌓아 올려 복합적인 맛을 만듭니다. 예를 들어, 여러 층으로 구성된 디저트에서 각 층마다 다른 텍스처를 부여하여, 한 번 베어 물기만 해도 다채로운 질감을 느낄 수 있게 합니다.

- **텍스처 변환(Texture Transformation):** 동일한 재료를 사용하되, 조리법을 달리하여 다양한 텍스처를 만들어내는 방법입니다. 예를 들어, 당근을 퓌레로 만들어 부드럽게 제공하면서 동시에 얇게 썰어 바삭하게 튀겨서 제공함으로써, 동일한 재료에서 다양한 텍스처를 창출합니다.

💬 **핵심 정리**

3차원 맛은 여러 층위의 맛과 텍스처가 조화를 이루어 복합적이고 깊이 있는 미각 경험을 제공합니다. 텍스처는 음식의 입체감을 강화하고, 다층적인 맛을 만들어내는 중요한 요소로서, 적절한 텍스처 조합은 미식 경험을 더욱 풍부하고 흥미롭게 만듭니다. 요리사는 이러한 텍스처 조합 기법을 활용하여 음식의 질감과 맛을 최적화하고, 소비자에게 보다 생동감 있고 깊이 있는 요리를 제공할 수 있습니다.

연구 노트 1: 텍스처 조합 실습(60분)

1. 활동 개요

학생들은 다양한 텍스처를 조합하여 복합적이고 조화로운 미각 경험을 창출하는 방법을 실습합니다. 이 과정에서 바삭함과 부드러움, 크리미함과 씹힘성 등 대조적인 텍스처를 활용하여 요리의 깊이와 복합성을 경험하게 됩니다.

2. 실습 목표

학생들이 다양한 텍스처 조합을 통해 미각을 자극하고, 조화로운 요리를 만드는 능력을 습득하도록 합니다.

3. 실습 내용

1) 바삭함과 부드러움의 조화 실습

- **활동 내용:** 튀김 요리와 식감이 부드러운 요리를 결합합니다. 예를 들어, 크리스피한 튀김옷을 입힌 치킨이나 생선과 부드러운 매시드 포테이토를 함께 제공하여, 대조적인 텍스처가 미각을 자극하는 과정을 체험합니다.

- **목표:** 대조적인 텍스처의 조합이 미각 경험에 어떻게 기여하는지 이해하고, 이를 요리에 효과적으로 적용하는 방법을 익힙니다.

- **세부 절차**
  - **재료 준비:** 튀김옷을 입힌 치킨(또는 생선)과 매시드 포테이토 준비
  - **조리 과정:** 치킨(또는 생선)을 바삭하게 튀긴 후, 부드러운 매시드 포테이토와 함께 제공
  - **시식 및 평가:** 튀김의 바삭함과 포테이토의 부드러움을 동시에 시식하며, 이들이 미각에 어떻게 작용하는지 평가

2) 크리미함과 씹힘성의 결합 실습

- **활동 내용:** 크리미한 소스와 쫄깃한 파스타를 결합하여, 다양한 텍스처가 미각에 미치는 영향을 실습합니다. 예를 들어, 크림 소스를 곁들인 알 덴테 파스타를 준비하여, 크리미한 질감과 씹히는 텍스처의 조화를 체험합니다.

다차원 맛의 비밀

- **목표**: 크리미한 소스와 씹힘성이 있는 재료의 조합이 맛의 경험을 어떻게 풍부하게 만드는지 이해합니다.

- **세부 절차**
  - **재료 준비**: 알 덴테로 조리된 파스타와 크림 소스 준비
  - **조리 과정**: 파스타에 크림 소스를 곁들여 완성
  - **시식 및 평가**: 크림 소스의 부드러움과 파스타의 씹힘성을 시식하며, 텍스처 조합이 맛에 미치는 영향을 분석

3) 콘트라스트 기법 적용 실습

- **활동 내용**: 서로 다른 텍스처를 조합하여 요리에 깊이와 복합성을 부여하는 방법을 실습합니다. 예를 들어, 바삭한 너트를 곁들인 부드러운 퓌레를 만들거나, 크리스피한 크러스트를 가진 푸딩을 준비하여 텍스처 간의 대비를 체험합니다.

- **목표**: 대조적인 텍스처가 요리의 복합성을 어떻게 높이는지 이해하고, 이를 활용해 미각적으로 흥미로운 요리를 만드는 방법을 학습합니다.

- **세부 절차**
  - **재료 준비**: 바삭한 너트(또는 크러스트)와 부드러운 퓌레(또는 푸딩) 준비
  - **조리 과정**: 부드러운 퓌레에 바삭한 너트를 곁들여 제공하거나, 푸딩에 크리스피한 크러스트를 더해 완성
  - **시식 및 평가**: 텍스처의 대비를 경험하며, 이들이 요리의 깊이와 복합성에 미치는 영향을 평가

4. 평가 및 피드백

- **결과 평가**: 학생들은 각 텍스처 조합 실습에서 얻은 결과를 시식하며, 텍스처가 미각 경험에 미치는 영향을 분석합니다.
- **피드백**: 강사는 학생들의 실습 결과를 검토하며, 텍스처 조합에서 나타난 특징과 개선할 점을 피드백합니다.

5. 실습 정리

이 실습을 통해 학생들은 다양한 텍스처 조합이 요리의 깊이와 복합성을 어떻게 강화하는지 이해하게 되며, 이를 실질적인 요리에 적용할 수 있는 능력을 키울 수 있습니다.

1. 활동 개요

학생들은 텍스처 레이어링과 텍스처 변환 기법을 실습하며, 한 접시의 요리에서 다양한 텍스처를 층층이 쌓아 복합적인 맛을 창출하는 방법을 체험합니다. 이를 통해 음식의 질감과 맛을 최적화하고, 미각 경험을 더욱 풍부하게 만드는 능력을 습득합니다.

2. 실습 목표

학생들이 텍스처 레이어링 기법을 통해 요리의 질감과 맛을 최적화하고, 이를 통해 복합적이고 풍부한 미각 경험을 창출하는 능력을 습득하는 것을 목표로 합니다.

3. 실습 내용

1) 텍스처 레이어링 실습

- **활동 내용:** 한 접시의 요리에서 다양한 텍스처를 층층이 쌓아 복합적인 맛을 만드는 방법을 실습합니다. 예를 들어, 크리미한 푸딩 위에 크리스피한 크러스트를 추가하여 부드러움과 바삭함이 조화를 이루는 텍스처 레이어링을 체험합니다.

- **목표:** 학생들이 다양한 텍스처를 한 접시의 요리에서 어떻게 층층이 쌓아 올려 복합적인 미각 경험을 제공하는지 이해하고, 이를 실습을 통해 직접 구현합니다.

- **세부 절차**
  - **재료 준비:** 크리미한 푸딩, 크리스피한 크러스트(예: 설탕을 입힌 견과류 또는 그래놀라)
  - **조리 과정:** 크리미한 푸딩을 만들고, 그 위에 크리스피한 크러스트를 층층이 쌓아 올리며 텍스처 레이어링을 실습
  - **시식 및 평가:** 완성된 요리를 시식하며, 부드러운 푸딩과 바삭한 크러스트의 조화가 어떻게 이루어지는지 평가

2) 텍스처 변환 실습

- **활동 내용:** 동일한 재료를 사용하되, 조리법을 달리하여 다양한 텍스처를 만들어내는 실습을 진행합니다. 예를 들어, 고기를 저온에서 천천히 익힌 후, 마지막에 고온에서 바삭하게 시어링하는 방법을 통해 부드러움과 바삭함의 텍스처 변환을 체험합니다.

- **목표:** 학생들이 동일한 재료를 사용하여 다양한 텍스처를 만들어내는 방법을 학습하고, 이를 통해 요리의 질감과 맛을 극대화하는 능력을 기릅니다.

- **세부 절차**
  - **재료 준비:** 고기(예: 스테이크), 소금, 후추, 조리기구(저온 조리기구 및 고온 시어링 팬)
  - **조리 과정:** 고기를 저온에서 천천히 익혀 부드러운 내부를 만든 후, 고온에서 시어링하여 바삭한 외부 텍스처를 추가
  - **시식 및 평가:** 완성된 고기를 시식하며, 부드러운 내부와 바삭한 외부 텍스처의 조화가 어떻게 이루어지는지 평가

4. 평가 및 피드백

- **결과 평가:** 각 요리 실습 후 학생들은 완성된 요리를 시식하며, 다양한 텍스처가 어떻게 조화를 이루어 복합적인 미각 경험을 제공하는지 분석합니다.
- **피드백:** 강사는 학생들의 실습 결과를 검토하며, 텍스처 레이어링 및 변환에서 나타난 특징과 개선할 점을 피드백합니다.

5. 실습 정리

이 실습에서 학생들은 다양한 텍스처 레이어링과 변환 기법을 직접 체험하게 됩니다. 이를 통해 요리의 질감과 맛을 최적화하는 방법을 배워, 복합적이고 풍부한 미각 경험을 창출할 수 있는 능력을 키울 수 있습니다.

Unit 2 다층적 맛 경험을 위한 조리 기술
────────(Culinary Techniques for Multilayered Flavor Experiences)

1. 기본 개념

• 다층적 맛 경험

다층적 맛 경험은 다양한 맛과 텍스처가 서로 겹쳐지면서 복합적인 풍미를 제공하는 과정을 의미합니다. 이러한 경험은 단일한 맛이나 텍스처로는 얻을 수 없는 깊이와 복잡성을 가지며, 음식의 각 층위가 조화를 이루어 미각을 다방면으로 자극하게 됩니다. 예를 들어, 겹겹이 쌓인 재료들에서 각각의 맛이 다른 텍스처와 결합하여 풍부한 맛의 층을 형성하게 됩니다.

2. 응용

• 다층적 맛 구현을 위한 요리

여러 층으로 이루어진 요리를 통해 3차원 맛의 구현 방법을 학습합니다. 이러한 요리들은 다양한 텍스처와 맛이 결합된 복합적인 구조를 가지고 있으며, 각각의 층이 서로 다른 맛과 질감을 제공함으로써 전체적인 미각 경험을 완성합니다. 다음은 이를 학습할 수 있는 대표적인 요리들입니다.

- 파이(Pie)

파이는 바삭한 크러스트와 부드러운 필링의 조합으로, 다양한 텍스처가 한 번에 느껴지는 다층적 맛을 제공합니다. 애플 파이와 같은 요리에서는 달콤한 사과 필링과 바삭한 크러스트가 조화를 이루며, 디저트의 깊이를 더합니다.

- 라자냐(Lasagna)

라자냐는 다층적 요리의 대표적인 예로, 각 층마다 다른 재료와 소스가 쌓여 복합적인 맛을 제공합니다. 고기, 치즈, 소스, 파스타 시트가 층층이 쌓이며 각각의 맛이 서로 어우러져 풍부한 미각 경험을 만듭니다.

- 케이크(Cake)

여러 층으로 구성된 케이크는 각 층마다 다른 맛과 텍스처를 포함할 수 있습니다. 크림, 스펀지케이크, 잼 등 다양한 재료가 층층이 쌓여 각기 다른 맛과 질감이 조화를 이루게 됩니다.

3. 실습 예시

• 다층적 맛을 구현하는 요리 실습

다층적인 맛을 구현하는 구체적인 요리 실습을 통해 3차원 맛의 원리를 체험합니다. 학생들은 이 실습에서 맛과 텍스처를 조합하여 복합적인 맛을 만들어내는 과정을 경험할 수 있습니다.

- 라자냐 만들기

라자냐를 직접 만들어 보며, 각각의 재료가 어떻게 층층이 쌓이고, 이들이 결합되어 복합적인 맛을 형성하는지 실습합니다. 고기 소스, 베샤멜 소스, 파스타 시트, 치즈 등을 적절히 배치하여 다층적인 맛과 텍스처의 조화를 배웁니다.

- 애플 파이 만들기

애플 파이의 바삭한 크러스트와 부드러운 필링이 어떻게 결합되어 맛의 깊이를 더하는지 실습합니다. 크러스트의 바삭함과 필링의 촉촉함을 동시에 느끼며, 각각의 텍스처가 음식 전체에 어떻게 영향을 미치는지 체험합니다.

- 층층이 쌓인 케이크 만들기

여러 층으로 이루어진 케이크를 만들어 보며, 각 층마다 다른 맛과 텍스처를 부여하여 복합적인 맛을 창출하는 방법을 실습합니다. 크림과 스펀지 케이크의 부드러움, 잼의 달콤함이 결합된 케이크에서 다양한 텍스처가 조화를 이루는 방식을 배웁니다.

💬 **핵심 정리**

다층적 맛 경험은 여러 층으로 이루어진 맛과 텍스처가 서로 겹쳐지면서 복합적이고 깊이 있는 풍미를 제공하는 것을 의미합니다. 라자냐, 파이, 케이크와 같은 여러 층으로 이루어진 요리를 통해 3차원 맛을 구현하는 방법을 학습하고, 이를 실습을 통해 직접 체험함으로써, 요리의 입체감과 복합적인 미각 경험을 창출하는 능력을 배양할 수 있습니다.

1. 활동 개요

학생들은 라자냐, 애플 파이, 층층이 쌓인 케이크 등 다양한 요리를 통해 다층적 맛을 구현하는 조리 기술을 실습합니다. 이를 통해 각 층이 어떻게 맛과 텍스처를 형성하며, 이들이 결합되어 복합적이고 깊이 있는 미각 경험을 제공하는지 체험합니다.

2. 실습 목표

학생들이 다층적 맛을 구현하는 조리 기술을 습득하여, 복합적이고 깊이 있는 미각 경험을 창출하는 능력을 습득하는 것을 목표로 합니다.

3. 실습 내용

1) 라자냐 만들기 실습

• **활동 내용:** 라자냐를 직접 만들어 보며, 각 재료들이 어떻게 층층이 쌓이고 이들이 결합되어 복합적인 맛을 형성하는지 실습합니다. 고기 소스, 베샤멜 소스, 파스타 시트, 치즈 등을 활용하여 라자냐의 다층적인 맛을 체험합니다.

• **목표:** 학생들은 다양한 재료와 소스가 층을 이루며 결합될 때, 각각의 맛이 어떻게 조화롭게 어우러지는지 이해하고 이를 실습을 통해 직접 구현합니다.

• **세부 절차**
 - **재료 준비:** 고기 소스, 베샤멜 소스, 파스타 시트, 치즈 준비
 - **조리 과정:** 라자냐를 층층이 쌓아 올리며 조리
 - **시식 및 평가:** 완성된 라자냐를 시식하며, 각 층의 맛이 어떻게 조화되는지 평가

2) 애플 파이 만들기 실습

• **활동 내용:** 바삭한 크러스트와 부드러운 필링이 결합된 애플 파이를 만들어, 텍스처와 맛의 조화를 경험합니다. 크러스트의 바삭함과 사과 필링의 부드러움이 결합된 다층적 맛을 체험합니다.

• **목표:** 학생들은 다양한 텍스처가 결합된 애플 파이를 통해 바삭함과 부드러움이 조화를 이루는 맛을 이해하고 이를 구현하는 능력을 기릅니다.

- **세부 절차**
  - **재료 준비:** 파이 크러스트, 사과 필링, 설탕, 계피 등 준비
  - **조리 과정:** 파이 크러스트를 만들고, 사과 필링을 채운 후 구워 완성
  - **시식 및 평가:** 완성된 애플 파이를 시식하며, 바삭한 크러스트와 부드러운 필링의 조화를 평가

3) 층층이 쌓인 케이크 만들기 실습

- **활동 내용:** 여러 층으로 이루어진 케이크를 만들어, 각 층마다 다른 맛과 텍스처를 부여하여 복합적인 맛을 창출하는 방법을 실습합니다. 크림, 스펀지 케이크, 잼 등 다양한 재료를 사용하여 다층적 맛을 경험합니다.

- **목표:** 학생들은 케이크의 각 층을 설계하고, 이를 통해 다양한 텍스처와 맛이 어떻게 결합되는지 이해하며, 복합적인 미각 경험을 제공하는 방법을 배웁니다.

- **세부 절차**
  - **재료 준비:** 케이크 베이스, 크림, 잼, 토핑 등 준비
  - **조리 과정:** 케이크의 각 층을 쌓아 올리며 조리
  - **시식 및 평가:** 완성된 케이크를 시식하며, 각 층의 맛과 텍스처가 어떻게 어우러지는지 평가

4. 평가 및 피드백

- **결과 평가:** 각 요리 실습을 마친 학생들은 완성된 요리를 시식하며, 각 층이 어떻게 맛과 텍스처를 형성하고 결합되어 복합적인 미각 경험을 제공하는지 분석합니다.
- **피드백:** 강사는 학생들의 실습 결과를 검토하며, 다층적 맛 구현에서 나타난 특징과 개선할 점을 피드백합니다.

5. 실습 정리

이 실습에서 학생들은 다층적 맛을 구현하는 다양한 조리 기술을 직접 체험하게 됩니다. 이를 통해 각 층이 결합된 복합적이고 깊이 있는 미각 경험을 창출하는 능력을 키울 수 있습니다.

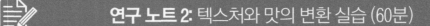
1. 활동 개요

학생들은 동일한 재료를 사용하여 조리법을 달리함으로써 다양한 텍스처와 맛의 변화를 만들어내는 기법을 실습합니다. 텍스처 변환과 함께 맛이 어떻게 변하는지 탐구하여, 다양한 맛의 층을 형성하는 과정을 경험합니다.

2. 실습 목표

학생들은 텍스처와 맛의 변환 기법을 통해 요리에 변화를 주고, 다양한 맛과 질감을 조화롭게 결합하는 능력을 습득하는 것을 목표로 합니다.

3. 실습 내용

1) 텍스처 변환 실습

• **활동 내용:** 동일한 재료를 사용하되, 조리법을 달리하여 다양한 텍스처를 만들어내는 방법을 실습합니다. 예를 들어, 리버스 시어링(reverse searing) 기법을 적용하여 고기를 저온에서 천천히 익힌 후, 마지막에 고온에서 겉면을 바삭하게 만드는 실습을 진행합니다.

• **목표:** 학생들이 동일한 재료로 다양한 텍스처를 만들어내는 방법을 학습하고, 이를 통해 요리의 질감과 맛을 극대화하는 능력을 기릅니다.

• **세부 절차**
  - **재료 준비:** 고기(예: 스테이크), 소금, 후추, 저온 조리기구, 고온 시어링 팬
  - **조리 과정:** 고기를 저온에서 천천히 익혀 부드러운 내부를 만들거나(저온 조리) 저온 조리된 고기를 고온에서 빠르게 시어링하여 겉면을 바삭하게 만듭니다(고온 시어링).
  - **시식 및 평가:** 완성된 고기를 시식하며, 부드러운 내부와 바삭한 외부 텍스처의 조화가 어떻게 이루어지는지 평가합니다.

2) 맛의 변환 실습

- **활동 내용:** 조리 과정에서 맛이 어떻게 변하는지 탐구하고, 이를 통해 다양한 맛의 층을 만들어내는 실습을 진행합니다. 예를 들어, 고기의 리버스 시어링 과정에서 감칠맛과 함께 캐러멜화된 풍미가 어떻게 형성되는지 분석합니다.

- **목표:** 학생들은 조리 과정에서 맛이 어떻게 변화하고, 이를 통해 복합적이고 다층적인 맛을 구현할 수 있는지 이해하도록 합니다.

- **세부 절차**
  - **맛의 변화 관찰:** 저온에서 조리된 고기와 고온 시어링된 고기의 맛을 비교하여, 조리법에 따른 맛의 변화를 관찰합니다.
  - **감칠맛과 캐러멜화 분석:** 시어링 과정에서 발생하는 캐러멜화와 감칠맛의 증폭을 분석하며, 이러한 맛의 변환이 요리에 어떻게 영향을 미치는지 평가합니다.
  - **맛의 층 만들기:** 다양한 조리 기법을 적용하여, 요리에 다양한 맛의 층을 만드는 실습을 진행합니다.

4. 평가 및 피드백

- **결과 평가:** 학생들은 실습을 마친 결과물을 시식하며, 텍스처와 맛의 변환이 요리에 어떻게 영향을 미쳤는지 분석합니다.

- **피드백:** 강사는 학생들의 실습 과정을 검토하고, 텍스처와 맛의 변환에서 나타난 특징과 개선할 점을 피드백합니다.

5. 실습 정리

이 실습에서 학생들은 동일한 재료로 다양한 텍스처와 맛을 만들어내는 기법을 배우게 됩니다. 텍스처와 맛의 변환 기법을 익힘으로써, 학생들은 요리에 깊이와 복합성을 더하고, 더욱 창의적인 미각 경험을 제공할 수 있는 능력을 키울 수 있습니다.

4차원 맛과 시간의 미학

Unit 1 숙성, 발효, 에이징의 과학
(The Science of Aging, Fermentation, and Maturation)

1. 기본 개념

- **4차원 맛**

  4차원 맛은 시간이 흐름에 따라 변화하고 깊어지는 맛을 의미합니다. 이는 숙성(Aging), 발효(Fermentation), 에이징(Maturation) 과정에서 발생하는 화학적, 생화학적 변화로 인해 음식의 풍미가 더욱 복합적이고 깊어지는 것을 포함합니다. 시간은 이 과정에서 중요한 요소로 작용하며, 음식이 성숙하고 발전하면서 고유의 맛과 텍스처를 형성하게 됩니다.

2. 응용

- **시간에 따른 맛의 변화**

  시간에 따라 맛이 어떻게 변화하고 발전하는지 이해하고, 이를 음식에 적용하는 방법을 학습합니다. 숙성, 발효, 에이징 과정에서의 맛 변화는 요리의 복잡성과 깊이를 더해 주며, 이를 통해 요리사는 보다 풍부하고 독창적인 맛을 구현할 수 있습니다. 예를 들어, 발효된 치즈나 숙성된 고기는 신선한 상태와는 다른, 깊이 있는 풍미를 제공합니다.

- **숙성된 치즈(Aged Cheese):** 시간이 지남에 따라 치즈의 풍미가 강해지고 텍스처가 변화하는 과정을 이해하며, 이러한 숙성 과정을 통해 다양한 치즈의 맛을 경험합니다.
- **발효된 김치(Fermented Kimchi):** 발효 과정을 통해 김치의 맛이 어떻게 변화하는지 이해하며, 발효 과정의 진행에 따라 맛이 어떻게 달라지는지 배웁니다.
- **에이징된 스테이크(Aged Steak):** 스테이크의 드라이 에이징(dry aging) 과정을 통해 고기의 풍미와 텍스처가 어떻게 깊어지는지 학습하고, 이를 실제 요리에 적용합니다.

3. 과학적 원리

• 숙성, 발효, 에이징의 과학

숙성, 발효, 에이징 과정에서 일어나는 과학적 원리를 이해하고, 이를 실제 조리에 적용하는 방법을 탐구합니다. 이러한 과정들은 음식의 맛을 변화시키는 핵심적인 역할을 하며, 미생물 활동, 효소 작용, 산화 등 다양한 과학적 메커니즘이 포함됩니다.

- **미생물 활동:** 발효 과정에서 미생물의 역할을 이해하고, 이들이 음식의 맛을 어떻게 변화시키는지 학습합니다. 예를 들어, 젖산균이 김치나 요구르트의 발효 과정에서 산미와 감칠맛을 생성하는 방법을 탐구합니다.
- **효소 작용:** 숙성 과정에서 효소가 단백질, 지방, 탄수화물을 분해하여 음식의 풍미를 증진하는 과정을 학습합니다. 예를 들어, 치즈 숙성 중 효소가 어떻게 작용하여 풍미를 강화하는지 이해합니다.
- **산화 과정:** 에이징된 고기나 와인에서 산화 과정이 맛을 어떻게 변화시키는지에 대한 원리를 학습하고, 이 과정을 적절히 관리하여 최상의 맛을 구현하는 방법을 배웁니다.

핵심 정리

4차원 맛은 시간이 흐름에 따라 변화하고 깊어지는 맛을 의미하며, 숙성, 발효, 에이징 과정이 포함됩니다. 이러한 과정에서 발생하는 과학적 원리를 이해하고, 이를 음식에 적용함으로써 맛의 깊이와 복잡성을 더할 수 있습니다. 학생들은 이를 통해 시간에 따른 맛의 변화를 활용하여 요리를 발전시키는 방법을 배우게 되며, 이를 실질적인 조리에 적용할 수 있는 능력을 키울 수 있습니다.

연구 노트 1: 간에 따른 맛의 변화 체험(60분)

1. 활동 개요

학생들은 숙성, 발효, 에이징 과정을 거친 다양한 식품을 시식하며, 시간이 지남에 따라 맛과 텍스처가 어떻게 변화하는지 체험하게 됩니다. 이를 통해 시간의 흐름이 음식의 풍미에 미치는 영향을 이해하고, 이를 요리에 적용할 수 있는 능력을 학습합니다.

2. 실습 목표

학생들이 시간의 경과에 따라 맛과 질감이 어떻게 변하는지 직접 체험하고, 이러한 변화를 요리에 적용하는 방법을 학습하는 것을 목표로 합니다.

3. 실습 내용

1) 숙성된 치즈 시식

• **활동 내용:** 다양한 숙성 기간을 거친 치즈를 시식합니다. 각각의 치즈가 시간이 지남에 따라 어떻게 변화하는지, 풍미와 텍스처의 차이를 경험합니다.

• **목표:** 학생들이 치즈의 숙성 과정에서 발생하는 맛과 텍스처의 변화를 이해하고, 이러한 변화가 치즈의 풍미에 어떤 영향을 미치는지 학습합니다.

• **세부 절차**
  - **치즈 준비:** 1개월, 6개월, 1년 등 다양한 숙성 기간을 거친 치즈를 준비합니다.
  - **시식:** 학생들은 각 치즈를 시식하며, 숙성 기간에 따라 치즈의 맛과 텍스처가 어떻게 변하는지 비교합니다.
  - **평가:** 시식 후 각 치즈의 풍미와 텍스처의 차이를 기록하고 분석합니다.

2) 발효된 김치 시식

• **활동 내용:** 발효 단계별로 다른 김치를 시식하여, 발효 과정에서 맛이 어떻게 변화하는지 체험합니다. 신선한 김치부터 발효가 진행된 김치까지 다양한 단계를 비교합니다.

222

다채로운 맛의 비밀

- **목표:** 학생들이 김치의 발효 과정에서 발생하는 맛의 변화를 이해하고, 발효가 음식의 풍미에 어떤 영향을 미치는지 학습합니다.

- **세부 절차**
  - **김치 준비:** 발효가 덜 된 신선한 김치, 중간 정도 발효된 김치, 완전히 발효된 김치를 준비합니다.
  - **시식:** 학생들은 각 김치를 시식하며, 발효 정도에 따라 맛이 어떻게 변하는지 비교합니다.
  - **평가:** 발효 단계에 따른 맛의 변화와 그 특징을 기록하고 분석합니다.

3) 에이징된 스테이크 시식

- **활동 내용:** 드라이 에이징된 스테이크와 신선한 스테이크를 비교 시식하여, 에이징 과정이 고기의 풍미와 질감에 미치는 영향을 체험합니다.

- **목표:** 학생들이 스테이크의 에이징 과정에서 발생하는 맛과 질감의 변화를 이해하고, 이를 요리에 적용하는 방법을 학습합니다.

- **세부 절차**
  - **스테이크 준비:** 신선한 스테이크와 드라이 에이징된 스테이크를 준비합니다.
  - **시식:** 학생들은 스테이크 두 종류를 시식하며, 에이징이 고기의 풍미와 질감에 어떻게 영향을 미치는지 비교합니다.
  - **평가:** 에이징된 스테이크와 신선한 스테이크의 차이점을 기록하고, 그에 따른 맛과 질감의 변화를 분석합니다.

4. 평가 및 피드백

- **결과 평가:** 학생들은 각 시식 결과를 평가하고, 숙성, 발효, 에이징 과정이 음식에 미치는 영향을 분석합니다.

- **피드백:** 강사는 학생들의 시식 과정과 결과를 검토하며, 각 과정에서 나타난 맛과 질감의 변화를 토대로 피드백을 제공합니다.

5. 실습 정리

이 실습에서 학생들은 시간이 음식의 맛과 질감에 미치는 영향을 직접 체험하게 됩니다. 이러한 경험으로 학생들은 요리에 시간을 활용하는 방법을 이해하고, 이를 통해 깊이 있고 복합적인 맛을 창출하는 능력을 키울 수 있습니다.

1. 활동 개요

학생들은 숙성, 발효, 에이징 과정에서 일어나는 과학적 원리를 탐구하며, 이러한 원리들이 음식의 맛과 질감에 어떻게 영향을 미치는지 깊이 이해합니다. 이 과정을 통해 학생들은 조리 과정에서 이러한 과학적 원리를 효과적으로 적용하는 방법을 학습합니다.

2. 실습 목표

학생들이 미생물 활동, 효소 작용, 산화 과정 등 숙성, 발효, 에이징에 관련된 과학적 원리를 이해하고, 이를 실제 조리 과정에 적용할 수 있는 능력을 습득하는 것을 목표로 합니다.

3. 실습 내용

1) 미생물 활동 탐구

- **활동 내용:** 발효 과정에서 미생물이 어떻게 작용하여 음식의 맛을 변화시키는지 탐구합니다. 특히, 김치나 요구르트 등의 발효 과정에서 미생물(예: 젖산균)의 역할을 집중적으로 살펴봅니다.

- **목표:** 학생들이 발효 과정에서 미생물의 역할을 이해하고, 이들이 음식의 맛과 질감에 미치는 영향을 학습합니다.

- **세부 절차**
  - **발효 샘플 준비:** 발효가 진행 중인 샘플(예: 김치, 요구르트)을 준비합니다.
  - **미생물 활동 관찰:** 현미경이나 설명 자료를 통해 미생물의 활동을 관찰하고, 이들이 발효 과정에서 어떤 역할을 하는지 탐구합니다.
  - **맛 비교:** 발효 과정의 초기, 중기, 후기 샘플을 시식하여 미생물 활동에 따른 맛의 변화를 평가합니다.

2) 효소 작용 탐구

- **활동 내용:** 숙성 과정에서 효소가 어떻게 작용하여 음식의 단백질, 지방, 탄수화물을 분해하고, 이를 통해 음식의 풍미를 증진하는 과정을 학습합니다. 특히, 치즈나 고기 숙성 과정에서 효소의 역할을 강조합니다.

- **목표:** 학생들이 효소 작용을 통해 음식의 맛과 텍스처가 어떻게 변화하는지 이해하고, 이를 조리 과정에 적용하는 방법을 학습합니다.

- **세부 절차**
  - **효소 작용 사례 탐구:** 숙성 치즈나 고기를 준비하여, 효소가 단백질, 지방 등을 분해하는 과정을 설명합니다.
  - **분해 과정 이해:** 효소 작용이 어떻게 음식의 맛을 증진하는지, 그리고 이 과정이 음식의 텍스처에 어떤 영향을 미치는지 학습합니다.
  - **맛 비교:** 효소 작용 전후의 샘플을 비교하여, 효소가 음식의 맛에 미치는 영향을 평가합니다.

3) 산화 과정 탐구

- **활동 내용:** 에이징된 고기나 와인에서 산화 과정이 어떻게 진행되며, 이로 인해 음식의 맛이 어떻게 변화하는지 탐구합니다. 산화 과정에서 음식의 풍미가 어떻게 향상하는지, 그리고 이를 어떻게 관리할 수 있는지에 대해 학습합니다.

- **목표:** 학생들이 산화 과정을 이해하고, 이를 통해 음식의 최상의 맛을 구현하는 방법을 학습합니다.

- **세부 절차**
  - **산화 과정 사례 탐구:** 드라이 에이징된 고기나 숙성된 와인을 준비하여, 산화 과정이 어떻게 진행되는지 설명합니다.
  - **산화 과정의 영향:** 산화 과정이 음식의 맛과 질감에 미치는 영향을 이해하고, 이를 통해 맛의 변화와 그 원리를 학습합니다.
  - **맛 비교:** 산화 전후의 샘플을 시식하여, 산화 과정이 음식에 미치는 영향을 평가합니다.

4. 평가 및 피드백

- **결과 평가:** 학생들은 각 과학적 원리에 따른 맛의 변화를 평가하고, 그 결과를 기록합니다.

- **피드백:** 강사는 학생들이 이해한 과학적 원리를 검토하고, 이를 조리에 어떻게 적용할 수 있는지 설명하며 피드백을 제공합니다.

5. 실습 정리

이 실습을 통해 학생들은 숙성, 발효, 에이징 과정에서 발생하는 과학적 원리를 깊이 이해하게 됩니다. 이를 바탕으로 학생들은 실습에서 배운 원리를 조리 과정에 효과적으로 적용하여, 음식의 맛과 텍스처를 최적화하는 능력을 키울 수 있습니다.

Unit 2 시간에 따른 맛의 변화와 적용 사례
(Flavor Evolution Over Time and Practical Applications)

1. 기본 개념

• 시간에 따른 맛의 변화

음식은 시간이 지남에 따라 숙성(Aging), 발효(Fermentation), 에이징(Maturation) 과정을 통해 맛이 변화하고, 그 복잡성과 풍미가 증대됩니다. 이러한 맛의 변화는 음식에 깊이와 고유의 개성을 부여하며, 미식 경험을 더욱 풍부하게 만듭니다. 시간은 음식의 성숙을 돕고, 맛이 점점 더 복합적이고 다층적으로 발전할 수 있게 합니다.

다차원 맛의 비밀

2. 응용

• 4차원 맛의 적용 방법

다양한 발효 음식과 숙성 요리의 사례를 통해 4차원 맛의 적용 방법을 학습합니다. 이러한 요리들은 시간을 통해 맛이 발전하면서 독특한 풍미를 제공하는데, 요리사는 이러한 과정을 이해하고 적절히 활용함으로써 맛의 깊이를 더할 수 있습니다.

- 숙성 치즈(Aged Cheese)

치즈는 숙성 과정에서 맛과 텍스처가 크게 변화하며, 이 과정에서 깊고 강렬한 풍미가 생성됩니다. 다양한 숙성 기간과 환경에서 치즈가 어떻게 변화하는지, 그리고 이 변화가 요리에 어떻게 적용될 수 있는지 학습합니다.

- 발효 김치(Fermented Kimchi)

김치는 발효가 진행됨에 따라 맛이 변화하며, 신선할 때와 숙성될 때의 맛이 크게 다릅니다. 발효 시간에 따른 김치의 맛 변화와 이를 다양한 요리에 활용하는 방법을 배웁니다.

-드라이 에이징 스테이크(Dry-Aged Steak)

스테이크는 드라이 에이징 과정에서 고유의 풍미가 깊어지며, 텍스처가 부드러워집니다. 이 과정을 통해 고기의 맛이 어떻게 변화하는지 이해하고, 에이징된 스테이크를 활용한 요리법을 탐구합니다.

3. 실습 예시

• **시간에 따른 맛의 변화를 경험하는 실습**

숙성된 치즈나 발효된 김치 등을 활용하여 시간에 따른 맛의 변화를 직접 경험하는 실습을 진행합니다. 이러한 실습을 통해 학생들은 시간의 흐름이 음식의 맛에 어떻게 영향을 미치는지 체험하고, 이를 요리에 어떻게 응용할 수 있는지 배웁니다.

- 숙성 치즈와 와인의 페어링

숙성된 치즈와 와인을 페어링하여, 숙성 과정이 맛에 어떤 영향을 미치는지 직접 경험합니다. 이 과정을 통해 치즈의 숙성도에 따라 와인의 선택이 어떻게 달라지는지 이해할 수 있습니다.

- 발효 김치와 불고기

다양한 발효 단계의 김치를 사용하여 불고기와 함께 제공해 보며, 발효된 김치의 풍미가 불고기의 맛을 어떻게 보완하는지 경험합니다. 이는 김치의 발효 정도에 따른 맛의 변화를 활용한 실습입니다.

- 드라이 에이징 스테이크 조리

드라이 에이징된 스테이크를 조리하여, 에이징 과정이 고기의 풍미와 질감에 미치는 영향을 직접 확인합니다. 이를 통해 학생들은 에이징된 고기와 신선한 고기의 차이점을 명확히 이해하게 됩니다.

📑 핵심 정리

시간에 따른 맛의 변화는 음식의 복잡성과 풍미를 증대시키며, 이는 다양한 요리에 적용될 수 있습니다. 발효와 숙성 과정에서 맛이 어떻게 발전하는지 이해하고, 이를 실질적으로 요리에 적용함으로써 학생들은 4차원 맛의 원리와 활용 방법을 체득하게 됩니다. 이러한 실습은 학생들에게 시간이 음식에 미치는 영향을 깊이 이해하고, 이를 통해 더욱 독창적이고 깊이 있는 요리를 창조하는 능력을 키울 수 있습니다.

연구 노트 1: 시간에 따른 맛의 변화를 체험하는 요리 실습 (60분)

1. 활동 개요

학생들은 발효와 숙성 과정을 거친 다양한 음식들을 직접 조리하고 시식하면서, 시간이 음식의 맛과 질감에 어떻게 영향을 미치는지 체험합니다. 이러한 실습을 통해 학생들은 발효와 숙성의 중요성을 이해하고, 이를 요리에 실질적으로 적용하는 방법을 습득하게 됩니다.

2. 실습 목표

학생들이 발효와 숙성 과정을 이해하고, 시간이 음식의 맛과 질감에 미치는 영향을 직접 체험함으로써, 이를 요리에 실질적으로 적용할 수 있는 능력을 습득하는 것을 목표로 합니다.

3. 실습 내용

1) 숙성 치즈와 와인의 페어링

• **활동 내용:** 다양한 숙성 기간의 치즈와 와인을 페어링하여, 숙성 과정이 맛에 미치는 영향을 체험합니다. 각각의 치즈와 와인이 서로 어떻게 보완하며, 맛의 조화가 이루어지는지 경험합니다.

• **목표:** 학생들이 숙성된 치즈와 와인의 조화를 통해, 숙성 과정에서 발생하는 맛의 변화와 그 복합성을 이해합니다.

• **세부 절차**
  - **재료 준비:** 다양한 숙성 기간의 치즈(예: 브리, 체다, 파르미지아노 레지아노)와 이와 잘 어울리는 와인을 준비합니다.
  - **맛 비교:** 각 치즈를 와인과 함께 시식하면서, 숙성 기간에 따른 맛의 변화와 와인과의 페어링 효과를 평가합니다.
  - **토론:** 숙성된 치즈와 와인의 맛이 어떻게 조화를 이루는지, 그리고 각 치즈의 숙성 기간이 맛에 어떤 영향을 미쳤는지 토론합니다.

2) 발효 김치와 불고기

• **활동 내용:** 발효 단계에 따른 김치를 사용하여 불고기와 함께 제공하면서, 발효된 김치의 풍미가 불고기의 맛을 어떻게 보완하는지 경험합니다.

• **목표:** 학생들이 발효 과정에서 발생하는 맛의 변화를 이해하고, 발효된 김치가 요리의 전체적인 맛에 미치는 영향을 체험합니다.

다차원 맛의 비밀

- **세부 절차**
  - **재료 준비:** 발효 단계별로 다른 김치(예: 신선한 김치, 중간 발효된 김치, 완전히 발효된 김치)와 불고기를 준비합니다.
  - **맛 비교:** 각기 다른 발효 단계의 김치를 불고기와 함께 시식하면서, 발효된 김치가 불고기의 맛을 어떻게 보완하는지 평가합니다.
  - **토론:** 발효된 김치의 맛이 불고기와의 조화에 어떤 영향을 미쳤는지, 그리고 발효 단계별 맛의 차이를 토론합니다.

3) 드라이 에이징 스테이크 조리

- **활동 내용:** 드라이 에이징된 스테이크를 조리하여, 에이징 과정이 고기의 풍미와 질감에 미치는 영향을 직접 확인합니다.

- **목표:** 학생들이 드라이 에이징된 스테이크를 조리하고 시식하면서, 에이징 과정이 고기의 맛과 질감에 미치는 영향을 이해하도록 합니다.

- **세부 절차**
  - **재료 준비:** 드라이 에이징된 스테이크와 신선한 스테이크를 준비합니다.
  - **조리:** 두 가지 스테이크를 동일한 방식으로 조리합니다. (예: 그릴링 또는 팬 시어링)
  - **맛 비교:** 드라이 에이징된 스테이크와 신선한 스테이크를 시식하고, 에이징 과정이 고기의 풍미와 질감에 미친 영향을 평가합니다.
  - **토론:** 드라이 에이징된 스테이크가 신선한 스테이크와 비교하여 어떤 맛과 질감의 차이를 나타내는지 토론합니다.

4. 평가 및 피드백

- **결과 평가:** 학생들은 각 활동에서 발생한 맛의 변화와 그 원인을 분석하고 기록합니다.

- **피드백:** 강사는 학생들이 체험한 맛의 변화를 검토하고, 이를 요리에 어떻게 적용할 수 있는지에 대해 피드백을 제공합니다.

5. 실습 정리

이 실습을 통해 학생들은 발효와 숙성 과정을 거친 음식들이 시간이 지남에 따라 어떻게 맛과 질감이 변화하는지 직접 체험하게 됩니다. 이 경험을 바탕으로, 학생들은 이러한 과정을 요리에 적용하여 더욱 풍부하고 복합적인 미각 경험을 창출할 수 있는 능력을 키울 수 있습니다.

연구 노트 2: 시간에 따른 맛의 적용 사례 연구 (60분)

1. 활동 개요

학생들은 시간에 따른 맛의 변화를 활용하여 새로운 요리를 개발하고, 이를 실제 요리에 적용하는 방법을 연구합니다. 발효와 에이징 과정을 통해 다양한 맛의 깊이를 이해하고, 이를 바탕으로 창의적이고 독창적인 요리를 개발하는 경험을 쌓습니다.

2. 실습 목표

학생들이 시간의 흐름에 따라 변화하는 맛의 특성을 이해하고, 이를 바탕으로 새로운 요리를 개발하여 실제 요리에 적용할 수 있는 능력을 습득하는 것을 목표로 합니다.

3. 실습 내용

1) 시간에 따른 맛의 변화를 활용한 요리 개발

- **활동 내용:** 학생들은 시간이 지남에 따라 맛이 깊어지고 복합성이 증가하는 요리를 개발합니다. 예를 들어, 숙성된 재료를 활용하여 새로운 소스나 메인 요리를 창작하는 과정을 실습합니다.

- **목표:** 학생들은 시간의 요소를 고려하여 요리의 맛을 설계하고, 시간이 맛에 미치는 영향을 활용한 창의적인 요리를 개발합니다.

- **세부 절차**
  - **재료 선택:** 발효되거나 숙성된 재료(예: 숙성 치즈, 발효 소스, 에이징된 고기)를 선택합니다.
  - **요리 개발:** 선택한 재료를 중심으로 새로운 요리 아이디어를 구상하고, 맛의 깊이를 최대한 살릴 수 있는 조리법을 개발합니다.
  - **실습 및 평가:** 개발한 요리를 실습하고, 결과물의 맛을 평가하여 개선점을 도출합니다.

2) 다양한 발효 단계의 김치 활용

- **활동 내용:** 발효 단계가 다른 김치를 활용하여, 각각의 김치를 다양한 요리에 응용하는 방법을 연구합니다. 학생들은 발효 초기, 중기, 완전히 발효된 김치를 사용하여 다양한 맛의 조합을 실습합니다.

- **목표:** 학생들은 김치의 발효 단계별 맛의 차이를 이해하고, 이를 기반으로 요리에서 최적의 발효 상태를 선택하는 방법을 배웁니다.

- **세부 절차**
  - **김치 샘플 준비**: 발효 초기, 중기, 완전히 발효된 김치 샘플을 준비합니다.
  - **요리 적용**: 각기 다른 발효 상태의 김치를 다양한 요리(예: 김치찌개, 김치볶음밥, 김치샐러드)에 적용하여 맛의 변화를 연구합니다.
  - **결과 평가**: 요리된 음식의 맛을 평가하고, 각 발효 단계의 김치가 요리에 어떤 영향을 미치는지 분석합니다.

3) 에이징된 재료를 활용한 요리법 개발

- **활동 내용**: 에이징된 고기나 치즈를 활용하여 새로운 요리법을 개발하고, 이를 실습합니다. 학생들은 에이징 과정을 거친 재료의 특성을 이해하고, 이를 최적으로 활용할 수 있는 요리를 창작합니다.

- **목표**: 학생들이 에이징된 재료의 풍미와 텍스처를 고려하여, 이를 효과적으로 활용할 수 있는 요리법을 개발하는 능력을 배양합니다.

- **세부 절차**
  - **재료 선택**: 에이징된 고기(예: 드라이 에이징 스테이크) 또는 치즈(예: 에이징된 체다)를 선택합니다.
  - **요리 개발**: 선택한 재료의 특성을 살릴 수 있는 요리법을 개발하고, 맛과 텍스처의 조화를 고려하여 조리 방법을 결정합니다.
  - **실습 및 평가**: 개발한 요리를 실습하고, 결과물을 시식하여 요리법의 효과성을 평가합니다.

4. 평가 및 피드백

- **결과 평가**: 학생들은 개발된 요리의 맛과 텍스처를 평가하고, 시간에 따른 맛의 변화를 효과적으로 적용했는지에 대한 피드백을 받습니다.

- **피드백**: 강사는 학생들이 개발한 요리의 창의성, 맛의 깊이, 시간 요소의 활용도를 검토하고, 개선할 점을 제시합니다.

5. 실습 정리

이 실습을 통해 학생들은 시간에 따른 맛의 변화를 이해하고, 이를 활용하여 창의적인 요리를 개발할 수 있는 능력을 키울 수 있습니다. 학생들은 발효, 숙성, 에이징 등 시간에 따른 맛의 변화를 실질적으로 요리에 적용하며, 이를 통해 요리의 깊이와 복합성을 극대화하는 방법을 익힙니다.

CHAPTER 9

5차원 맛과 문화적 맥락

Unit 1 맛의 문화적, 사회적 의미
——————— (Cultural and Social Significance of Flavor)

1. 기본 개념

- **5차원 맛**

  5차원 맛은 단순한 미각 경험을 넘어, 음식의 사회적, 문화적, 감정적 맥락이 더해진 맛을 의미합니다. 이는 음식이 특정 문화나 사회적 환경에서 어떻게 인식되고, 그 음식이 어떤 감정적 연관성을 가지는지를 포함합니다. 5차원 맛은 음식이 단순한 영양 공급원이 아닌, 문화적 상징이자 정체성을 표현하는 매개체로 작용하게 합니다. 예를 들어, 특정 음식이 특정 문화에서 갖는 상징적 의미나, 사회적 경험이 음식의 맛을 어떻게 형성하는지 이해하는 것이 5차원 맛의 핵심입니다.

다차원 맛의 비밀

2. 응용

- **문화적 맥락을 고려한 요리 설계**

  다양한 문화권의 맛을 이해하고, 이를 바탕으로 요리와 맛을 설계하는 방법을 학습합니다. 각 문화권에서는 고유한 재료와 조리법, 그리고 맛의 선호도가 존재하며, 이러한 요소들을 이해함으로써 요리사는 그 문화에 맞는 적절한 맛을 창조할 수 있습니다. 이는 글로벌 요리나 퓨전 요리에서 특히 중요하며, 음식의 사회적, 문화적 의미를 반영하여 보다 깊이 있는 미식 경험을 제공할 수 있습니다.

- 문화적 맛 이해

예를 들어, 동남아시아의 요리는 강렬한 향신료와 허브를 사용하여 복합적인 맛을 만들어 내는데, 이는 지역의 기후와 역사적 배경에서 기인합니다. 반면, 지중해 요리는 올리브 오일, 토마토, 허브를 사용하여 신선하고 밝은 맛을 강조합니다. 이러한 차이점을 이해하고 요리에 반영하는 것이 중요합니다.

- 문화적 요소 반영

특정 문화권에서 중요시되는 재료나 조리법을 활용하여, 그 문화의 미각적 특성을 존중하고, 새로운 맛을 창조할 수 있습니다. 예를 들어, 일본 요리에서는 감칠맛(Umami)이 중요한 요소로, 이를 활용한 요리는 일본 문화의 맛을 전달할 수 있습니다.

3. 문화적 사례 연구

• 문화적 배경을 가진 음식의 맛 분석

각기 다른 문화적 배경을 가진 음식의 맛을 분석하고, 이를 통해 5차원 맛의 구현 방법을 탐구합니다. 이러한 사례 연구는 학생들이 다양한 문화에서 맛이 어떤 의미를 가지며, 그 문화적 배경이 음식의 맛과 경험에 어떻게 영향을 미치는지 이해하는 데 도움을 줍니다.

- **김치와 한국 문화**: 김치는 한국에서 발효 음식의 대표적인 예로, 그 문화적 의미가 매우 깊습니다. 김치의 발효 과정과 그 맛이 한국인들에게 어떤 감정적, 사회적 의미를 가지는지 분석하고, 이를 바탕으로 한국 요리에 대한 이해를 넓힙니다.
- **이탈리아의 파스타와 가족 문화**: 파스타는 이탈리아에서 단순한 음식 이상의 의미를 가지며, 가족과의 식사에서 중요한 역할을 합니다. 파스타의 다양한 소스와 형태가 어떻게 이탈리아의 지역적 차이와 문화적 배경을 반영하는지 탐구합니다.
- **멕시코의 타코와 사회적 상징**: 타코는 멕시코의 대표적인 길거리 음식으로, 사회적 상징성을 가지고 있습니다. 타코의 재료와 조리법이 멕시코의 다양한 지역적 특성과 사회적 맥락에서 어떻게 발전해 왔는지 분석합니다.

💬 핵심 정리

5차원 맛은 음식이 사회적, 문화적, 감정적 맥락에서 어떻게 인식되고 경험되는지를 의미합니다. 다양한 문화권의 맛을 이해하고, 이를 바탕으로 요리를 설계하는 방법을 학습함으로써, 요리사는 더 깊이 있는 미식 경험을 제공할 수 있습니다. 문화적 사례 연구를 통해 학생들은 음식이 단순한 맛 이상의 의미를 가지며, 그 문화적 배경이 맛과 경험에 어떤 영향을 미치는지 이해하게 됩니다.

연구 노트 1: 문화적 맥락을 고려한 요리 설계 (60분)

1. 활동 개요

학생들은 동남아시아와 지중해 요리를 중심으로, 각 지역의 문화적 배경이 음식의 맛에 어떻게 반영되는지 학습하고, 이를 바탕으로 그 문화의 미각적 특성을 반영한 요리를 설계하는 실습을 진행합니다.

2. 실습 목표

학생들은 다양한 문화적 배경을 이해하고, 이를 바탕으로 음식의 맛을 설계하는 능력을 기르는 것을 목표로 합니다. 각 문화권에서 중요시되는 재료와 조리법을 활용하여, 문화적 특성이 반영된 요리를 창조하는 능력을 습득합니다.

3. 실습 내용

1) 문화적 맛 이해

- **활동 내용:** 동남아시아와 지중해 요리를 중심으로, 각 지역의 전통 재료와 조리법이 어떻게 음식의 맛에 반영되는지 학습합니다.

- **목표:** 학생들이 각 지역의 문화적 배경이 요리에 어떻게 영향을 미치는지 이해하고, 이를 통해 문화적 특성을 고려한 요리 설계의 중요성을 인식하도록 합니다.

- **세부 절차**
  - **지역별 재료와 조리법 학습:** 동남아시아의 고수, 레몬그라스, 코코넛 밀크 등의 재료와 지중해의 올리브 오일, 토마토, 허브를 사용한 전통 조리법을 학습합니다.
  - **문화적 배경 분석:** 각 지역의 역사적, 기후적, 사회적 배경이 어떻게 요리에 반영되는지 분석합니다.
  - **문화적 맛 체험:** 간단한 샘플 요리(예: 태국식 카레, 그리스식 샐러드)를 시식하며, 각 지역의 맛 특성을 체험합니다.

다차원 맛의 비밀

2) 문화적 요소 반영

- **활동 내용:** 학생들은 특정 문화권에서 중요시되는 재료와 조리법을 활용하여, 그 문화의 미각적 특성을 반영한 요리를 설계합니다.

- **목표:** 학생들이 배운 문화적 요소를 실제 요리에 반영하여, 해당 문화의 미각적 특성을 이해하고 표현하는 능력을 기르도록 합니다.

- **세부 절차**
  - **요리 설계:** 각 학생이 선택한 문화권의 재료와 조리법을 바탕으로 요리 아이디어를 구상합니다.
  - **요리 준비:** 필요한 재료와 조리 도구를 준비하고, 구상한 요리를 실제로 조리합니다.
  - **결과물 평가:** 완성된 요리를 시식하고, 그 요리가 학생이 선택한 문화권의 맛과 특성을 얼마나 잘 반영하고 있는지 평가합니다.

4. 평가 및 피드백

- **결과 평가:** 학생들은 자신이 설계한 요리를 발표하고, 그 요리가 해당 문화권의 맛과 특성을 얼마나 잘 반영했는지 피드백을 받습니다.

- **피드백:** 강사는 학생들의 요리를 평가하며, 문화적 배경을 고려한 맛 설계의 성공 여부와 개선할 점을 제시합니다.

5. 실습 정리

이 실습을 통해 학생들은 다양한 문화적 배경을 이해하고, 이를 요리에 반영하는 방법을 배웁니다. 학생들은 각 문화권의 재료와 조리법을 활용하여, 단순한 맛 설계를 넘어선 문화적 의미를 담은 요리를 창조하는 능력을 키울 수 있습니다.

1. 활동 개요

학생들은 각기 다른 문화적 배경을 가진 음식의 사례를 연구하여, 해당 음식이 그 문화에서 가지는 의미와 사회적 맥락을 분석합니다. 이를 통해 음식의 문화적 배경이 맛과 경험에 어떻게 영향을 미치는지 깊이 있게 이해합니다.

2. 실습 목표

학생들은 다양한 문화적 배경을 가진 음식을 연구함으로써, 그 음식이 해당 문화에서 가지는 사회적, 감정적, 상징적 의미를 이해하고, 이러한 요소들이 음식의 맛과 경험에 어떤 영향을 미치는지 학습하는 것을 목표로 합니다.

3. 실습 내용

1) 김치와 한국 문화

- **활동 내용:** 김치의 발효 과정이 한국 문화에서 가지는 중요성과 의미를 분석합니다.

- **목표:** 학생들은 김치의 발효 과정이 한국인의 정체성과 생활에서 어떤 역할을 하는지 이해하고, 이 과정이 김치의 맛과 경험에 어떻게 영향을 미치는지 탐구합니다.

- **세부 절차**
  - **발효 과정 학습:** 김치의 발효 과정에 대한 과학적 원리를 학습하고, 발효 단계에 따른 맛의 변화를 분석합니다.
  - **문화적 의미 분석:** 김치가 한국인의 식문화에서 가지는 상징적 의미와 가족적, 사회적 연대감에서의 역할을 탐구합니다.
  - **맛의 문화적 연관성:** 김치의 맛이 한국인들에게 어떻게 문화적으로 인식되고 있는지 분석합니다.

2) 이탈리아의 파스타와 가족 문화

- **활동 내용:** 파스타가 이탈리아의 가족 문화에서 어떤 의미를 가지며, 가족 간의 유대감을 형성하는 데 어떻게 기여하는지 탐구합니다.

- **목표:** 학생들은 파스타의 다양한 형태와 소스가 이탈리아의 지역적 차이와 가족 문화에 어떻게 반영되어 있는지 이해합니다.

- **세부 절차**
 - **파스타의 역사:** 이탈리아 각 지역에서 파스타가 어떻게 발전해 왔는지, 그리고 그 지역적 특성이 어떻게 반영되었는지 학습합니다.
 - **가족 문화 분석:** 이탈리아에서 파스타가 가족 간의 유대감과 전통을 유지하는 데 어떤 역할을 하는지 탐구합니다.
 - **파스타의 맛과 경험:** 파스타의 맛이 이탈리아인들에게 어떻게 문화적이고 감정적으로 인식되고 있는지 분석합니다.

3) 멕시코의 타코와 사회적 상징

- **활동 내용:** 타코가 멕시코에서 가지는 사회적 상징성과 지역적 특성 그리고 사회적 맥락에서 타코가 어떻게 발전해 왔는지 분석합니다.

- **목표:** 학생들이 타코의 재료와 조리법이 멕시코의 지역적 다양성과 사회적 상징성을 어떻게 반영하는지 이해합니다.

- **세부 절차**
 - **타코의 기원:** 타코의 역사와 기원을 탐구하고, 그 발전 과정에서 지역적 특성이 어떻게 반영되었는지 학습합니다.
 - **사회적 상징 분석:** 타코가 멕시코 사회에서 가지는 상징적 의미와 그것이 사회적 계층이나 지역적 차이에 따라 어떻게 다르게 인식되는지 탐구합니다.
 - **타코의 맛과 사회적 경험:** 타코의 맛이 멕시코인들에게 어떻게 사회적 경험과 연관되어 있는지 분석합니다.

4. 평가 및 피드백

- **결과 평가:** 학생들은 각자 연구한 사례를 발표하고, 그 음식이 해당 문화에서 가지는 의미와 사회적 맥락에 대해 발표합니다.

- **피드백:** 강사는 학생들의 분석을 평가하며, 음식의 문화적 배경이 맛과 경험에 미치는 영향을 얼마나 깊이 있게 이해했는지 피드백을 제공합니다.

5. 실습 정리

이 실습을 통해 학생들은 각기 다른 문화적 배경을 가진 음식이 그 문화에서 어떤 의미를 가지며, 이러한 문화적 요소들이 음식의 맛과 경험에 어떻게 영향을 미치는지를 깊이 있게 이해할 수 있습니다. 이로써 학생들은 음식의 맛을 더 깊고 넓은 관점에서 분석하고 이해하는 능력을 키울 수 있습니다.

Unit 2 스토리텔링과 감정이 미치는 영향
(Role of Storytelling and Emotions in Flavor Perception)

1. 기본 개념

• 스토리텔링과 감정의 역할

스토리텔링과 감정은 음식의 맛을 더욱 깊고 의미 있게 만드는 중요한 요소입니다. 음식에 담긴 이야기는 단순히 맛을 넘어서, 그 음식을 소비자에게 더욱 기억에 남고 감동적으로 전달할 수 있게 합니다. 음식에 얽힌 스토리나 감정적 경험은 그 음식의 맛을 강화하고, 소비자가 음식과 감정적으로 연결될 수  있는 다리 역할을 합니다. 이러한 감정적 연결은 맛을 더욱 풍부하게 느끼게 하고, 음식의 전체적인 경험을 더 특별하게 만듭니다.

다차원 맛의 비밀

2. 응용

• 요리에 스토리와 감정 더하기

요리에 스토리와 감정을 더하여 소비자와의 감성적 연결을 강화하는 방법을 학습합니다. 이를 통해 요리사는 단순히 맛있는 음식을 제공하는 것을 넘어서, 소비자에게 감동적이고 기억에 남는 미식 경험을 제공할 수 있습니다.

- 지역성과 역사성 반영

특정 지역의 역사나 전통에 뿌리를 둔 요리 이야기를 통해, 음식의 배경을 설명하고 소비자가 그 음식에 담긴 가치를 더 깊이 이해할 수 있도록 돕습니다. 예를 들어, 특정 지방의 전통 요리를 소개하며 그 지역의 문화와 역사를 스토리텔링하는 방식입니다.

- 개인적 경험과 추억 연계

음식에 개인적 경험이나 추억을 연결하여, 소비자에게 더 큰 감동을 줄 수 있습니다. 예를 들어, 어머니의 레시피나 어린 시절의 기억을 바탕으로 한 요리를 소개하며, 소비자가 그 음식과 감정적으로 연결될 수 있도록 합니다.

- 음식의 기원과 의미 강조

음식의 기원과 의미를 강조하여, 소비자가 그 음식에 대한 존중과 가치를 느낄 수 있도록 합니다. 예를 들어, 지속 가능한 농업에서 생산된 재료로 만든 요리를 제공하면서, 그 재료의 배경과 의미를 이야기하는 방법입니다.

3. 실습 예시

• 스토리와 감정을 담은 요리 실습

특정 요리에 이야기를 담아, 감정과 맛의 상호작용을 체험하는 실습을 진행합니다. 이 실습은 학생들이 요리와 스토리텔링의 결합을 통해 감정적으로 풍부한 맛 경험을 제공하는 방법을 직접 체험할 수 있게 합니다.

- 전통 요리 재해석

전통적인 요리를 현대적으로 재해석하면서, 그 요리에 얽힌 이야기를 전달하는 실습입니다. 예를 들어, 전통적인 김치찌개를 현대적 감각으로 재해석하면서, 김치찌개의 역사와 가족 식탁에서의 의미를 설명하는 방식입니다.

- 개인적인 이야기가 담긴 디저트

학생들이 자신의 개인적 경험이나 추억에 기반한 디저트를 만들어, 그 디저트에 얽힌 이야기를 함께 소개합니다. 예를 들어, 어린 시절 자주 먹던 과일을 활용한 디저트를 만들어서 그 과일과 관련된 가족의 이야기를 나누는 방식입니다.

- 지속 가능성의 이야기가 담긴 샐러드

지속 가능한 재료로 만든 샐러드를 준비하면서, 그 재료들이 어떤 과정을 거쳐 식탁에 오르게 되었는지, 그리고 이 과정이 환경과 사회에 어떤 영향을 미치는지 이야기하는 실습입니다.

핵심 정리

스토리텔링과 감정은 음식의 맛을 더욱 깊고 의미 있게 만드는 중요한 요소입니다. 요리에 스토리와 감정을 더함으로써, 요리사는 소비자와 감성적으로 연결되며, 단순한 맛 이상의 미식 경험을 제공합니다. 실습을 통해 학생들은 스토리텔링과 감정이 음식의 맛과 경험에 어떻게 영향을 미치는지 직접 체험하고, 이를 요리에 효과적으로 적용하는 방법을 배울 수 있습니다.

연구 노트 1: 요리에 스토리와 감정 더하기 (60분)

1. 활동 개요

학생들은 요리에 스토리와 감정을 더하는 방법을 학습하며, 이를 통해 소비자와 감성적 연결을 강화하는 요리법을 실습합니다. 각 학생은 지역성, 역사성, 개인적 경험, 지속 가능성 등의 요소를 요리에 반영하여, 음식에 담긴 이야기를 전달하는 경험을 쌓습니다.

2. 실습 목표

학생들이 요리에 스토리와 감정을 더하는 방법을 이해하고, 이를 통해 소비자와의 감성적 연결을 강화하는 능력을 습득하는 것을 목표로 합니다. 음식에 담긴 이야기가 소비자의 미각 경험을 어떻게 풍부하게 만드는지 체득합니다.

3. 실습 내용

1) 지역성과 역사성 반영

- **활동 내용:** 학생들은 특정 지역의 역사나 전통을 반영한 요리를 설계하고, 이 요리에 담긴 이야기를 전달하는 실습을 진행합니다. 이를 통해 소비자에게 음식의 가치를 전달하는 방법을 배웁니다.

- **세부 절차**
  - **지역 연구:** 학생들은 특정 지역의 역사적, 문화적 배경을 연구합니다.
  - **요리 설계:** 해당 지역의 전통 재료와 조리법을 활용하여 요리를 설계합니다.
  - **스토리텔링:** 요리에 담긴 역사적, 문화적 이야기를 전달하며, 음식의 의미를 강조합니다.

2) 개인적 경험과 추억 연계

- **활동 내용:** 학생들은 자신의 개인적 경험이나 추억을 바탕으로 한 요리를 설계하고, 그에 담긴 이야기를 전달하는 실습을 진행합니다.

- **세부 절차**
  - **개인적 경험 선택:** 학생들은 자신의 추억이나 경험과 연관된 음식을 선택합니다.
  - **요리 설계:** 해당 경험을 반영한 요리를 설계합니다. 예를 들어, 어린 시절의 추억을 떠올리게 하는 재료나 조리법을 활용합니다.
  - **스토리텔링:** 요리에 얽힌 개인적인 이야기를 전달하며, 음식에 담긴 감정을 공유합니다.

3) 음식의 기원과 의미 강조

- **활동 내용:** 지속 가능한 재료를 활용한 요리를 준비하고, 그 재료의 배경과 의미를 이야기하는 실습을 진행합니다.

- **세부 절차**
  - **재료 연구:** 학생들은 지속 가능한 재료를 연구하고, 그 재료의 생산 과정과 환경적 의미를 이해합니다.
  - **요리 설계:** 지속 가능한 재료를 활용하여 요리를 설계합니다.
  - **스토리텔링:** 재료의 기원과 지속 가능성에 대한 이야기를 전달하며, 그 의미를 소비자에게 전달합니다.

4. 평가 및 피드백

- **결과 평가:** 학생들은 각자 설계한 요리를 발표하고, 그 요리에 담긴 스토리와 감정을 전달합니다.

- **피드백:** 강사는 학생들이 전달한 이야기가 어떻게 요리의 맛과 경험을 풍부하게 만들었는지 평가하며, 감성적 연결을 강화하는 방법에 대한 피드백을 제공합니다.

5. 실습 정리

이 실습에서 학생들은 요리에 스토리와 감정을 더하는 방법을 배웁니다. 이를 통해 소비자와의 감성적 연결을 강화하여, 단순한 미각 경험을 넘어서는 의미 있는 미식 경험을 제공할 수 있는 능력을 키울 수 있습니다.

1. 실습 목표

학생들이 요리에 스토리텔링과 감정을 효과적으로 적용하여, 음식의 맛과 경험에 미치는 영향을 직접 체험하고 이해하는 것을 목표로 합니다. 각 실습에서는 요리에 담긴 이야기를 전달하며, 이를 통해 음식의 가치를 더욱 풍부하게 만드는 방법을 학습합니다.

2. 실습 내용

1) 전통 요리 재해석

- **활동 내용:** 학생들은 전통적인 요리를 현대적으로 재해석하여, 그 요리에 담긴 역사적 또는 문화적 이야기를 전달하는 실습을 진행합니다.

- **세부 절차**
  - **전통 요리 선정:** 각 학생은 자신이 선택한 전통 요리를 선택하고, 그 요리의 문화적 배경을 연구합니다.
  - **재해석 및 설계:** 전통 요리를 현대적 감각으로 재해석하여 설계합니다. 예를 들어, 전통적인 김치찌개를 현대적인 프레젠테이션 방식으로 재구성합니다.
  - **스토리텔링:** 요리 과정에서 그 요리에 담긴 이야기를 전달하며, 음식이 가진 역사적 의미를 강조합니다.

2) 개인적인 이야기가 담긴 디저트

- **활동 내용:** 학생들은 자신의 경험에 기반한 디저트를 만들고, 그 디저트에 담긴 이야기를 소개합니다.

- **세부 절차**
  - **개인적 경험 선택:** 학생들은 자신의 경험이나 추억과 연관된 디저트를 선택합니다.
  - **디저트 설계:** 해당 경험을 반영한 디저트를 설계하고, 이를 만들면서 그 과정에 담긴 개인적인 이야기를 구체화합니다.
  - **스토리텔링:** 디저트를 소개하며, 그 디저트에 담긴 개인적인 이야기를 전달하고, 왜 이 디저트가 의미 있는지 설명합니다.

3) 지속 가능성의 이야기가 담긴 샐러드

- **활동 내용**: 학생들은 지속 가능한 재료로 샐러드를 만들고, 그 재료들이 어떤 과정을 거쳐 식탁에 오르게 되었는지 설명하는 실습을 진행합니다.

- **세부 절차**
  - **지속 가능한 재료 선택**: 학생들은 지속 가능한 농업이나 지역 농장에서 생산된 재료를 선택합니다.
  - **샐러드 설계**: 선택한 재료를 활용하여 샐러드를 설계하고, 이를 준비하는 동안 재료의 배경과 의미를 탐구합니다.
  - **스토리텔링**: 샐러드를 소개하며, 그 재료들이 어떤 과정을 거쳐 식탁에 오르게 되었는지, 그리고 이 과정이 환경과 사회에 미치는 영향을 설명합니다.

3. 평가 및 피드백

- **결과 발표**: 학생들은 각자 준비한 요리를 발표하고, 그 요리에 담긴 이야기를 전달합니다.

- **피드백**: 강사는 학생들이 전달한 이야기가 어떻게 요리의 맛과 경험을 풍부하게 만들었는지 평가하며, 스토리텔링과 감정이 음식에 미치는 영향을 강화하는 방법에 대한 피드백을 제공합니다.

4. 실습 정리

이 실습에서 학생들은 요리에 스토리텔링과 감정을 효과적으로 적용하는 방법을 배우며, 이를 통해 음식의 맛과 경험을 더욱 의미 있게 만드는 능력을 키울 수 있습니다. 각 실습은 요리의 문화적, 개인적, 지속 가능성 측면에서 이야기를 전달하는 데 중점을 두며, 이를 통해 음식의 가치를 깊이 있게 전달할 수 있는 방법을 체득하게 됩니다.

Unlocking the Secrets
of Multidimensional Flavor

PART 3

다차원 맛의 상업적 응용과
14~15주차 연구노트

Part 3에서는 다차원 맛을 상업적으로 어떻게 응용할 수 있는지 탐구합니다. 14주차부터 15주차까지의 연구노트는 다차원 맛의 개념을 실제 비즈니스와 제품 개발에 적용하는 과정을 기록하며, 실질적인 응용 방법을 모색하는 데 중점을 둡니다.

이 파트에서 학생들은 다차원 맛의 상업적 가치를 이해하고, 이를 통해 시장에서 차별화된 제품과 경험을 창출하는 방법을 연구합니다. 이를 통해 실질적인 응용 능력을 갖추고, 성공적인 비즈니스 전략을 개발하는 데 필요한 지식을 습득할 수 있습니다.

메뉴 개발에서의 다차원 맛 적용

Unit 1 다차원 맛을 활용한 혁신적 메뉴 개발
(Innovative Menu Development Using Multidimensional Flavor)

1. 기본 개념

1) 다차원 맛의 이해와 메뉴 개발

다차원 맛은 음식의 다양한 감각적 요소들이 조화롭게 결합된 복합적인 맛을 의미합니다. 이를 메뉴 개발에 적용함으로써, 혁신적이고 차별화된 요리를 설계할 수 있습니다.

다차원 맛은 0차원부터 5차원까지의 개념을 포함하며, 각각의 차원이 요리에 어떻게 적용될 수 있는지 이해하는 것이 핵심입니다. 이 과정에서 학생들은 각 차원의 맛이 어떻게 서로 상호작용하며 새로운 미식 경험을 창조하는지 학습하게 됩니다.

- **0차원 맛:** 개별적인 기본 맛(단맛, 짠맛, 신맛, 쓴맛, 감칠맛, 지방 맛)을 이해하고 이를 메뉴의 기초로 삼는 방법

- **1차원 맛:** 기본 맛을 조합하여 새로운 맛을 창조하는 기법

- **2차원 맛:** 향과 맛의 조화를 통해 음식의 표면적 인상을 강화하는 방법

- **3차원 맛:** 텍스처와 맛의 층위를 통해 음식의 입체감과 복합성을 구현하는 방법

- **4차원 맛:** 숙성, 발효, 에이징 과정을 통해 시간의 흐름에 따른 맛의 변화를 반영하는 방법

• **5차원 맛**: 문화적, 사회적, 감정적 맥락을 반영하여 음식의 의미와 경험을 풍부하게 만드는 방법

2. 응용

1) 다차원 맛의 메뉴 개발 전략

실제 메뉴 개발 과정에서 다차원 맛의 원리를 적용하여, 새로운 요리와 메뉴를 창조하는 전략을 제시합니다. 이 과정에서는 학생들이 다차원 맛을 어떻게 활용하여 혁신적인 메뉴를 설계하고, 시장에서 경쟁력을 갖출 수 있는지 학습합니다.

• **시그니처 요리 개발**

다차원 맛의 요소들을 조합하여 독창적이고 기억에 남을 시그니처 요리를 개발합니다. 예를 들어, 2차원 맛을 강조한 향신료와 허브를 결합한 새로운 소스를 개발하거나, 4차원 맛을 반영한 숙성 요리를 설계하는 과정이 포함됩니다.

• **다양한 차원 결합**

메뉴 내에서 각기 다른 차원의 맛을 결합하여, 메뉴 전체에 걸쳐 일관된 미각 경험을 제공하는 방법을 탐구합니다. 예를 들어, 1차원 맛과 3차원 맛을 결합하여 텍스처와 맛의 조화를 극대화하는 요리를 설계합니다.

• **0차원 및 1차원 맛의 활용**

단순하고 강렬한 기본 맛을 강조하여, 소비자에게 명확하고 직관적인 맛을 제공하는 전략을 탐구합니다. 예를 들어, 단맛과 짠맛의 조합을 활용한 시그니처 디저트 개발입니다.

• **2차원 및 3차원 맛의 적용**

향과 텍스처의 조화를 통해, 요리의 표면적 인상과 입체감을 강화하는 메뉴를 설계합니다. 예를 들어, 향신료와 허브를 활용한 복합적인 소스와 크리미한 질감이 결합된 파스타 메뉴 개발입니다.

- **4차원 및 5차원 맛의 통합**

  시간의 흐름과 문화적 맥락을 고려한 요리 개발을 통해, 소비자에게 감동적인 경험을 제공하는 방법을 학습합니다. 예를 들어, 숙성된 고기와 전통적인 스토리텔링이 결합된 요리 개발입니다.

- **소비자 경험 최적화**

  다차원 맛을 활용하여 소비자가 경험하는 전체적인 미각 여정을 설계합니다. 이는 소비자가 메뉴를 처음 접했을 때부터 마지막 한 입까지 일관된 감동을 느낄 수 있도록 하는 것을 목표로 합니다.

3. 사례 연구

1) 성공적인 다차원 맛 적용 사례 분석

다차원 맛을 활용한 성공적인 메뉴 개발 사례를 분석하고, 이를 바탕으로 메뉴 혁신의 가능성을 탐구합니다. 이 과정에서 학생들은 이론을 실제 사례에 적용해 보고, 창의적인 메뉴 개발을 위한 인사이트를 얻을 수 있습니다.

- **국제적 성공 사례**

  글로벌 시장에서 다차원 맛을 적용하여 성공한 메뉴를 분석합니다. 예를 들어, 동서양의 조리법을 결합한 퓨전 요리의 성공 사례나, 특정 지역의 전통을 현대적으로 재해석한 메뉴의 성공 사례를 다룹니다.

- **발효와 숙성 기반 메뉴**

  발효와 숙성을 기반으로 한 메뉴의 성공 사례를 통해, 시간에 따른 맛의 변화를 전략적으로 활용하는 방법을 배웁니다. 예를 들어, 숙성된 치즈를 활용한 피자 메뉴 개발 사례를 분석합니다.

- **문화적 스토리텔링이 결합된 메뉴**

  음식에 문화적 배경과 스토리텔링을 결합하여 소비자와의 감성적 연결을 강화한 사례를 분석합니다. 예를 들어, 특정 지역의 전통적인 재료와 이야기를 담은 메뉴가 소비자에게 어떻게 어필했는지 연구합니다.

핵심 정리

다차원 맛을 이해하고 이를 메뉴 개발에 적용하는 것은 혁신적이고 경쟁력 있는 요리를 창조하는 데 필수적인 전략입니다. 다양한 차원의 맛을 활용해 메뉴를 설계하고, 성공적인 사례를 분석함으로써 학생들은 메뉴 혁신의 가능성을 탐구하고 실질적인 응용 능력을 키울 수 있습니다.

연구 노트 1: 새로운 메뉴 개발 (60분)

1. 실습 목표

학생들이 다차원 맛의 개념을 활용하여 새로운 메뉴를 창조하고, 이 메뉴가 어떻게 복합적이고 깊이 있는 미각 경험을 제공할 수 있는지 구체적으로 설계하는 능력을 습득하는 것을 목표로 합니다.

2. 메뉴개발 단계

학생들은 아이디어-연구-계획-과정-분석-결과 과정을 거쳐 새로운 메뉴개발을 진행합니다.

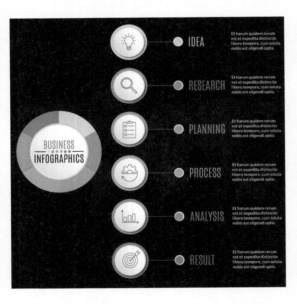

- **아이디어(Idea):** 창의적인 생각을 떠올리고, 문제 해결 방안을 제안하는 시작 단계

- **연구(Research):** 아이디어를 구체화하기 위한 자료를 조사하고 실현 가능성을 평가

- **계획(Planning):** 연구를 바탕으로 목표와 방법, 자원, 일정을 수립

- **과정(Process):** 계획에 따라 실질적으로 아이디어를 실행

- **분석(Analysis):** 실행 결과를 분석해 목표 달성 여부와 개선할 점을 평가

- **결과(Result):** 최종 결과를 확인하고, 성공 여부를 평가한 후 후속 작업을 계획

다차원 맛의 비밀

3. 실습 내용

1) 아이디어 구상
• 활동 내용
- 학생들은 다차원 맛(예: 2차원 향과 맛의 결합, 3차원 텍스처의 층위, 4차원 시간에 따른 맛의 변화 등)의 개념을 활용하여 독창적인 메뉴 아이디어를 구상합니다.
- 각자 메뉴는 최소 하나 이상의 다차원 맛 개념을 포함해야 하며, 이를 통해 맛의 복합성과 깊이를 강조하도록 합니다.

• 목표: 학생들이 창의적인 사고를 통해 다차원 맛을 요리에 적용하는 방법을 탐구하고, 이를 바탕으로 새로운 메뉴의 기본 아이디어를 수립하도록 합니다.

2) 메뉴 설계
• 활동 내용
- 구상한 메뉴 아이디어를 구체화하여, 필요한 재료, 조리법, 프레젠테이션 방법 등을 설계합니다.
- 다차원 맛의 요소들(예: 텍스처의 조화, 발효와 숙성, 향과 맛의 결합 등)이 어떻게 메뉴 내에서 조화를 이루는지에 중점을 두어 설계합니다.

• 세부 절차
- **재료 선택:** 다차원 맛의 요소를 구현할 수 있는 적합한 재료를 선정합니다. 예를 들어, 발효된 재료나 텍스처가 다양한 재료를 선택합니다.
- **조리법 결정:** 각 재료의 맛과 텍스처를 극대화할 수 있는 조리법을 선택하고, 그 과정에서 다차원 맛의 개념을 반영합니다.
- **프레젠테이션 방법:** 메뉴의 시각적 프레젠테이션을 설계하여, 다차원 맛의 경험이 시각적으로도 전달될 수 있도록 합니다.

• 목표: 학생들이 구상한 메뉴를 구체화하여, 이를 실제로 구현할 수 있는 단계별 계획을 수립하도록 합니다.

3) 조리 준비
• 활동 내용
- 설계된 메뉴를 실질적으로 구현하기 위해 필요한 재료를 준비하고, 조리 과정에 따른 단계별 계획을 세웁니다.

- 조리 과정에서 예상되는 도전 과제를 파악하고, 이를 해결할 수 있는 방법을 사전에 계획합니다.

- **세부 절차**
  - **재료 준비:** 필요한 재료를 적절한 양과 품질로 준비하고, 각각의 재료가 조리 과정에서 어떻게 사용될지에 대해 명확히 계획합니다.
  - **조리 단계 계획:** 메뉴의 각 단계별 조리 과정을 상세히 계획하고, 필요한 장비와 도구를 준비합니다.
  - **시간 관리:** 메뉴 조리 과정에서 각 단계에 소요될 시간을 예측하고, 효율적인 시간 관리를 계획합니다.

- **목표:** 학생들이 메뉴를 실질적으로 구현하기 위한 준비 과정을 경험하고, 조리 과정에서 발생할 수 있는 문제를 해결할 수 있는 능력을 습득하도록 합니다.

4. 평가 및 피드백

- **결과 발표:** 각 학생은 자신이 구상한 메뉴를 발표하고, 다차원 맛의 개념을 어떻게 적용했는지 설명합니다.
- **피드백:** 강사는 학생들의 메뉴 구상과 설계 과정에서 다차원 맛의 요소가 어떻게 구현되었는지 평가하고, 메뉴의 실현 가능성과 창의성에 대해 피드백을 제공합니다.

5. 실습 정리

이 실습을 통해 학생들은 다차원 맛의 개념을 창의적으로 적용하여 새로운 메뉴를 설계하는 과정을 체험하고, 이를 실제 요리에 적용하는 방법을 학습합니다. 각 단계에서 학생들은 메뉴의 복합성과 깊이를 강조하며, 이를 실현하기 위한 구체적인 조리 계획을 수립하는 능력을 키울 수 있습니다.

연구 노트 2: 메뉴 조리 및 발표 (60분)

1. 목표

학생들이 자신이 개발한 메뉴를 성공적으로 조리하고, 시각적 및 미각적으로 매력적인 프레젠테이션을 할 수 있도록 합니다. 이 과정에서 다차원 맛의 개념을 요리에 효과적으로 적용하고, 이를 소비자에게 설득력 있게 전달하는 능력을 습득합니다.

2. 활동

1) 메뉴 조리(30분)

각 학생은 사전에 설계한 메뉴를 실제로 조리합니다. 이 과정에서 다음 사항을 구체적으로 확인하고 조정합니다.

2) 텍스처

조리 중에 음식의 질감이 의도한 대로 표현되는지 확인합니다. 예를 들어, 바삭함이 필요한 경우, 튀김의 온도와 시간을 조절하여 바삭함을 유지합니다. 부드러움이 필요한 부분에서는 저온 조리나 소스의 농도를 조절해 최적의 질감을 만듭니다.

3) 향

요리 중간에 향신료나 허브를 추가하여 음식의 향을 강화합니다. 올바른 타이밍에 향을 추가하여, 향이 음식에 깊이 스며들도록 합니다. 예를 들어, 신선한 허브는 조리 마지막 단계에 추가하여 향이 날아가지 않도록 합니다.

4) 맛의 조화

조리 과정에서 간을 맞추고, 다차원 맛 요소들이 균형 있게 조화를 이루는지 확인합니다. 필요시, 추가 조미료를 사용하여 각 맛이 조화롭게 어우러지도록 조정합니다.

3. 프레젠테이션 준비(15분)

조리가 완료된 메뉴를 시각적으로 매력적이게 프레젠테이션하는 방법을 구체적으로 설계합니다.

1) 접시 디자인

음식이 가장 돋보일 수 있는 접시를 선택하고, 그 위에 음식의 색상, 질감, 높이를 고려하여 배치합니다. 예를 들어, 다양한 색상이 조화롭게 어우러지도록 음식의 배열을 계획하고, 음식의 높이와 형태를 고려하여 시각적 입체감을 제공합니다.

2) 장식 및 마무리

신선한 허브, 소스 드리즐, 식용 꽃 등으로 마지막 장식을 추가하여 프레젠테이션을 완성합니다. 이 과정에서 너무 복잡하지 않게 음식 자체의 아름다움을 강조할 수 있도록 합니다.

3) 테이블 세팅

음식을 서빙할 때 함께 사용할 식기, 컵, 냅킨 등의 테이블 세팅도 고려합니다. 이는 전반적인 식사 경험에 중요한 역할을 합니다.

4. 발표(15분)

완성된 메뉴를 강의실 앞에서 발표하며, 발표는 다음과 같은 내용으로 구성됩니다.

1) 메뉴 콘셉트

메뉴의 주제와 아이디어를 설명합니다. 왜 이 메뉴를 선택했고, 어떤 다차원 맛 요소를 포함했는지 논의합니다.

2) 다차원 맛의 적용

각 다차원 맛 요소(예: 텍스처, 향, 시간에 따른 맛의 변화 등)가 어떻게 요리에 적용되었는지 구체적으로 설명합니다. 예를 들어, 텍스처의 대비를 통해 입체적인 미각 경험을 제공하는 방법이나, 시간이 지남에 따라 맛이 어떻게 변화했는지 발표합니다.

3) 조리 과정의 특징

메뉴 조리 과정에서의 주요 도전과 그 해결 방법을 설명합니다. 예를 들어, 특정 조리 단계에서 발생한 문제를 어떻게 해결했는지, 그 과정에서 무엇을 배웠는지 논의합니다.

4) 혁신적 요소

이 메뉴가 기존 요리와 비교해 어떤 점에서 혁신적인지, 소비자에게 어떻게 새로운 미각 경험을 제공할 수 있는지 설명합니다. 예를 들어, 메뉴에 적용된 새로운 조리 기술이나, 기존 요리를 재해석하는 방법을 설명합니다.

Unit 2 시장 트렌드와 소비자 선호도 반영
(Incorporating Market Trends and Consumer Preferences)

1. 기본 개념

• 시장 트렌드와 소비자 선호도의 중요성

현대의 식품 시장은 빠르게 변화하며, 소비자들의 취향과 선호도도 그에 따라 계속 변화합니다. 시장 트렌드와 소비자 선호도를 반영한 다차원 맛의 적용은 메뉴 개발에서 필수적인 요소입니다. 이를 이해함으로써, 요리사는 소비자의 요구를 충족시키는 동시에 시장에서 경쟁력을 갖춘 혁신적인 메뉴를 개발할 수 있습니다. 트렌드 분석은 소비자들이 현재 선호하는 맛, 건강 식품, 지속 가능성, 문화적 감수성 등 다양한 요소들을 파악하고 이를 메뉴에 반영하는 데 중요한 역할을 합니다.

2. 응용

• 소비자 데이터를 활용한 메뉴 개발

최신 트렌드와 소비자 데이터를 분석하여, 다차원 맛을 통해 소비자에게 어필할 수 있는 메뉴를 개발하는 방법을 학습합니다. 이를 통해 메뉴 개발자는 소비자 니즈에 맞춘 요리를 설계하고, 시장에서의 성공 가능성을 높일 수 있습니다.

- **트렌드 분석:** 최신 식품 트렌드를 분석하여, 다차원 맛의 개념을 적용한 메뉴를 설계합니다. 예를 들어, 건강 식품 트렌드를 반영하여 저칼로리, 저당, 고단백 메뉴를 개발하거나, 식물 기반 식단을 선호하는 소비자를 겨냥한 비건 요리를 설계합니다.
- **소비자 선호도 분석:** 소비자 선호도 데이터를 활용하여, 특정 소비자 그룹이 선호하는 맛과 요리 스타일을 파악하고 이를 메뉴에 반영합니다. 예를 들어, 밀레니얼 세대가 선호하는 혁신적이고 감각적인 요리 스타일을 반영한 메뉴 개발입니다.
- **맞춤형 메뉴 개발:** 타깃 소비자 그룹의 특성과 요구를 반영하여 맞춤형 메뉴를 개발합니다. 예를 들어, 건강을 중시하는 중장년층을 위한 저염식 메뉴나, 문화적 다양성을 존중하는 글로벌 메뉴를 개발하는 방법을 학습합니다.

- 밀레니얼 세대(Millennials)의 의미

밀레니얼 세대는 일반적으로 1981년에서 1996년 사이에 태어난 세대를 가리킵니다. 이 세대는 인터넷과 디지털 기술의 급속한 발전을 경험하며 성장했기 때문에 디지털 네이티브라고도 불립니다. 또한, 이들은 사회적 변화, 경제 불안, 그리고 글로벌화의 영향을 많이 받은 세대입니다. Millennials는 소비 습관, 직업 선택, 그리고 기술 사용에서 기존 세대와는 다른 특징을 보이며, 특히 온라인과 모바일 환경에서의 활동이 활발한 특징이 있습니다.

3. 실습 예시

- 메뉴 개발 실습

다양한 소비자 그룹을 대상으로 한 메뉴 개발 실습을 통해, 다차원 맛을 활용한 제품의 시장 가능성을 평가합니다. 이 실습을 통해 학생들은 소비자 데이터를 활용한 메뉴 개발 과정을 체험하고, 실제 시장에서 성공할 수 있는 메뉴를 설계하는 방법을 배웁니다.

- 건강식 트렌드를 반영한 메뉴 개발

최신 건강식 트렌드를 반영하여, 다차원 맛을 결합한 메뉴를 개발합니다. 예를 들어, 식물성 재료를 중심으로 한 채식 메뉴를 개발하고, 이를 통해 소비자에게 건강하고 맛있는 음식을 제공하는 방법을 학습합니다.

- 젊은 소비자 취향을 반영한 메뉴 개발

밀레니얼 세대와 Z세대의 소비자 취향을 반영한 혁신적인 메뉴를 개발합니다. 예를 들어, 비주얼이 강하고 소셜 미디어에 공유하기 좋은 메뉴를 설계하고, 이를 통해 소비자와의 감성적 연결을 강화하는 방법을 실습합니다.

- 글로벌 소비자를 겨냥한 퓨전 메뉴 개발

글로벌 시장에서 인기를 끌 수 있는 퓨전 메뉴를 개발합니다. 다양한 문화적 요소를 결합하여 다차원 맛을 구현하고, 이를 통해 글로벌 소비자에게 어필할 수 있는 메뉴를 설계하는 방법을 학습합니다.

4. 연구 노트

• 시장 트렌드와 소비자 선호도 반영 사례: MZ세대를 타깃으로 한 '오마카세' 트렌드

아래 이미지는 현대 식품 시장에서 시장 트렌드와 소비자 선호도를 반영한 마케팅 전략이 얼마나 중요한지 잘 보여주는 사례로, 특히 MZ세대를 타깃으로 한 '오마카세' 트렌드를 활용하고 있습니다.

1) 시장 트렌드와 소비자 선호도의 중요성

현대의 식품 시장은 빠르게 변화하고 있으며, 소비자들이 무엇을 선호하는지, 어떤 트렌드가 시장을 주도하는지 파악하는 것이 필수적입니다. MZ세대는 특히 '플렉스(Flex)'와 '자신을 위한 소비'를 중시하는 경향이 있습니다. 아래 이미지는 그런 소비 성향을 정확히 반영하고 있습니다. MZ세대는 자신의 소비를 통해 자아를 표현하고, 고급스러운 경험을 중시하기 때문에, 오마카세 같은 고급 식문화와의 결합은 그들의 선호도를 제대로 겨냥한 마케팅 전략이라고 할 수 있습니다.

2) 다차원 맛의 적용

오마카세는 단순히 음식을 먹는 것을 넘어, 셰프가 직접 추천하는 요리를 통해 소비자에게 특별한 식사 경험을 제공합니다. 이 경험은 시각적, 미각적, 감각적 요소들이 결합된 다차원적인 맛의 경험으로, 소비자에게 잊지 못할 기억을 선사합니다.

이 이미지에서 초밥 위에 앉아있는 모델과 흩날리는 돈다발은 MZ세대가 추구하는 고급스러움과 플렉스 문화를 시각적으로 표현하고 있습니다. 즉, MZ세대가 원하는 고급스러운 맛과 특별한 경험을 강조한 것입니다.

3) 트렌드 분석의 중요성

이 이미지는 MZ세대가 중시하는 트렌드를 반영한 마케팅의 중요성을 보여줍니다. MZ세대는 자아 표현, 고급 소비, 그리고 최신 트렌드에 민감합니다. 그들은 자신만의 독특한 경험을 추구하며, 새롭고 고급스러운 식문화를 즐기고자 하는 경향이 있습니다. 따라서 이 이미지처럼 트렌드를 정확히 분석하고 반영함으로써, 소비자가 원하는 맛과 경험을 제공하는 것이 중요합니다. 이를 통해 소비자에게 더 강력하게 어필할 수 있으며, 브랜드가 시장에서 경쟁력을 유지하는 데 중요한 역할을 합니다.

결론적으로 이 이미지는 시장 트렌드와 소비자 선호도를 반영한 마케팅 전략이 얼마나 효과적인지 잘 보여줍니다. MZ세대의 특성을 반영한 이 마케팅 전략은 그들의 취향을 정확히 겨냥하여 브랜드의 인지도를 높이고, 시장에서 경쟁력을 강화하는 데 기여할 것입니다. 이와 같은 전략을 통해 소비자와의 강력한 연결을 구축하고, 브랜드의 성공을 이끌어낼 수 있습니다.

다차원 맛의 비밀

CHAPTER 11 식품 산업에서의 다차원 맛

Unit 1 식품 제품 개발과 다차원 맛의 융합
(Integrating Multidimensional Flavor in Food Product Development)

1. 기본 개념

• **식품 제품 개발에 다차원 맛 융합하기**

식품 제품 개발에 다차원 맛을 융합하는 방법을 학습하며, 기존 제품과 차별화된 새로운 제품을 창출하는 전략을 탐구합니다.

다차원 맛의 개념은 단순히 맛의 조합을 넘어서, 식품의 텍스처, 향, 시각적 요소, 시간에 따른 변화, 그리고 문화적, 감정적 맥락을 고려한 종합적인 맛 경험을 제공하는 것을 목표로 합니다. 이러한 접근은 소비자에게 더 깊이 있고 기억에 남는 미식 경험을 제공함으로써, 제품의 성공 가능성을 높입니다.

2. 응용

• **다차원 맛을 고려한 식품 개발 과정 설계**

다차원 맛을 고려한 식품 개발 과정을 설계하고, 이를 통해 차별화된 제품을 시장에 내놓는 방법을 논의합니다. 이를 통해 식품 개발자는 혁신적인 제품을 창조하고, 시장에서 경쟁력을 확보할 수 있습니다.

- **맛의 차원 결합:** 다양한 차원의 맛을 결합하여 소비자에게 복합적이고 깊이 있는 맛을 제공하는 제품을 설계합니다. 예를 들어, 감칠맛과 바삭한 텍스처를 결합한 스낵 제품이나, 숙성된 향을 강조한 소스 제품을 개발합니다.

- **시장 세분화와 맞춤형 제품:** 특정 소비자 그룹을 겨냥한 맞춤형 제품을 개발합니다. 예를 들어, 건강을 중시하는 소비자를 위한 저칼로리, 고단백 식품이나, 글로벌 시장을 겨냥한 퓨전 제품을 설계합니다.
- **지속 가능한 제품 개발:** 지속 가능한 재료를 사용하여, 환경친화적이고 사회적으로 책임 있는 제품을 개발합니다. 예를 들어, 재활용 가능한 포장재를 사용한 친환경 스낵 제품을 개발하거나, 공정 무역 원료를 사용한 초콜릿 제품을 설계합니다.

3. 사례 연구

- **성공적인 다차원 맛 통합 식품 제품 분석**

  다차원 맛을 성공적으로 통합한 식품 제품의 사례를 분석하여, 그 성공 요인을 파악하고 응용할 수 있는 방법을 모색합니다. 이를 통해 학생들은 실질적인 사례를 통해 이론을 확인하고, 실제 제품 개발에 적용할 수 있는 아이디어를 얻을 수 있습니다.

  - **프리미엄 아이스크림 사례:** 텍스처, 향, 감칠맛을 결합하여 고급스러운 맛을 구현한 아이스크림 제품의 성공 요인을 분석합니다. 예를 들어, 벨벳 같은 부드러움과 복합적인 맛을 강조한 프리미엄 아이스크림의 개발 과정과 소비자 반응을 연구합니다.
  - **발효 음료 사례:** 발효 과정을 통해 복합적인 맛을 구현한 음료 제품의 성공 사례를 분석합니다. 예를 들어, 발효차(콤부차)나 케피어와 같은 발효 음료의 개발과정에서 다차원 맛의 역할을 탐구합니다.
  - **고급 스낵 제품 사례:** 감각적 경험을 극대화한 고급 스낵 제품의 성공 요인을 분석합니다. 예를 들어, 향신료와 텍스처의 조합을 통해 복합적인 맛을 제공하는 프리미엄 감자칩의 사례를 살펴봅니다.

다차원 맛의 비밀

💬 **핵심 정리**

식품 제품 개발에서 다차원 맛을 융합하는 것은 시장에서 차별화된 제품을 창출하는 데 중요한 전략입니다. 다양한 차원의 맛을 고려한 제품 개발 과정 설계와 성공적인 사례 분석을 통해, 학생들은 혁신적인 식품 제품을 개발하는 능력을 키울 수 있습니다. 이를 통해 학생들은 식품 산업에서 경쟁력 있는 제품을 시장에 출시할 수 있는 실질적인 기술과 통찰력을 얻게 됩니다.

Unit 2 상품화 전략 및 사례 연구
(Commercialization Strategies and Case Studies)

1. 기본 개념

• 다차원 맛의 상품화 전략 이해

다차원 맛을 상품화하는 과정에서는 효과적인 전략과 접근법이 필요합니다. 이는 제품 개발 초기 단계에서부터 마케팅, 브랜딩, 유통에 이르기까지 모든 과정에서 다차원 맛의 강점을 강조하고, 이를 소비자에게 효과적으로 전달하는 데 중점을 둡니다. 다차원 맛의 복합성과 차별성을 이해하고 이를 상품화 과정에 반영하는 것이 중요합니다.

2. 응용

• 다차원 맛을 활용한 마케팅 및 브랜딩 전략 수립

다차원 맛을 활용한 제품의 마케팅과 브랜딩 전략을 세우고, 성공적인 상품화를 위한 방법을 학습합니다. 이를 통해 학생들은 제품의 고유한 다차원 맛을 소비자에게 효과적으로 전달하고, 시장에서의 차별화를 통해 성공을 거둘 수 있는 방법을 익히게 됩니다.

- **브랜드 스토리텔링(Brand Storytelling):** 다차원 맛을 기반으로 한 브랜드 스토리텔링을 통해, 소비자와 감성적 연결을 강화하는 방법을 학습합니다. 예를 들어, 제품의 개발 배경, 사용된 고유한 재료, 또는 전통적 조리법과 현대적 감각의 융합을 강조하는 스토리를 통해 브랜드 가치를 전달하는 전략입니다.

- **소비자 체험 마케팅(Experiential Marketing):** 소비자가 다차원 맛을 직접 체험할 수 있도록 하는 마케팅 전략을 개발합니다. 시식 행사, 팝업 스토어, 또는 몰입형 체험 공간을 통해 소비자에게 제품의 독창적인 맛을 직접 경험하게 하는 방법을 학습합니다.

- **디지털 마케팅 전략(Digital Marketing Strategy):** 소셜 미디어, 웹사이트, 블로그, 이메일 마케팅 등을 통해 다차원 맛의 특성을 강조하는 디지털 마케팅 전략을 수립합니다. 비주얼 콘텐츠와 동영상을 활용해 다차원 맛의 복합성을 소비자에게 시각적으로 전달하는 방법도 포함됩니다.

3. 사례 연구(Case Studies)

- **• 상품화 성공 및 실패 사례 분석**

  다차원 맛을 적용한 상품화의 성공 및 실패 사례를 통해, 상품화 전략을 구체화하는 방법을 연구합니다. 이 과정에서는 다양한 사례를 통해 다차원 맛의 적용이 시장에서 어떻게 평가받았는지, 그리고 그 성공 또는 실패의 원인이 무엇이었는지 분석합니다.

  - **성공 사례:** 특정 제품이 다차원 맛을 통해 성공적으로 시장에 자리 잡은 사례를 분석합니다. 예를 들어, 복합적인 맛과 혁신적인 텍스처를 강조한 프리미엄 스낵 제품이 소비자에게 어떻게 어필했는지, 그 마케팅 전략과 브랜드 포지셔닝이 어떻게 기여했는지 연구합니다.
  - **실패 사례:** 다차원 맛을 강조했으나 시장에서 성공하지 못한 제품의 사례를 분석합니다. 실패의 원인을 분석하고, 그로부터 배울 수 있는 교훈을 도출합니다. 예를 들어, 지나치게 복잡한 맛이나 소비자 이해 부족으로 인해 시장에서 실패한 제품이 어떻게 개선될 수 있었는지에 대해 논의합니다.
  - **브랜드 리포지셔닝(Brand Repositioning):** 초기 실패 후, 전략을 수정하여 시장에서 재도약한 브랜드의 사례를 분석합니다. 소비자의 피드백을 반영하여 제품과 마케팅 전략을 조정하고, 성공적인 리포지셔닝을 통해 시장에서 성공을 거둔 사례를 탐구합니다.

4. 연구 노트

제주 토종 재래 흑돼지 동파육 맛 스낵의 상품화 전략

제주 토종 재래 흑돼지 동파육 맛 스낵의 상품화 전략은 이 제품의 고유한 다차원 맛을 강조하고, 소비자에게 특별한 경험을 제공하는 데 중점을 두어야 합니다. 이 전략은 제품 개발에서부터 마케팅, 브랜딩, 유통에 이르기까지 전 과정을 아우르는 통합적 접근이 필요합니다.

맛의 차원 결합 예 : 감칠맛과 바삭한 텍스처를 결합한 스낵 제품 개발

• 제주 토종 흑돼지 동파육

• 제주 흑돼지 동파육 스낵으로 개발하여 판매

1) 기본 개념

제주 토종 재래 흑돼지의 독특한 맛과 중국의 전통 요리인 동파육의 깊고 풍부한 맛을 결합한 스낵 제품은 시장에서 차별화된 경쟁력을 가질 수 있습니다.

이 제품을 상품화할 때는 다차원 맛의 복합성과 차별성을 강조하는 전략이 필요합니다. 즉 제주 토종 흑돼지의 역사적, 문화적 가치를 소비자에게 전달하고, 동파육의 맛과 조리법을 현대적인 스낵으로 재해석하는 과정을 통해 독특한 브랜드 스토리를 구축할 수 있습니다.

2) 응용

(1) 브랜드 스토리텔링

제주 토종 재래 흑돼지 동파육 스낵의 브랜드 스토리텔링은 제주 흑돼지의 전통성과 중국 동파육의 풍미를 결합한 과정을 중심으로 전개됩니다.

- **제주 토종 재래 흑돼지의 역사와 가치**: 제주 토종 재래 흑돼지는 오랜 역사와 전통을 가진 고유 품종으로, 그 맛과 품질이 뛰어납니다. 이 흑돼지가 어떻게 제주 지역에서 보호되고 발전되었는지 강조하여, 소비자에게 신뢰감을 줄 수 있습니다.

- **동파육의 전통과 현대적 재해석**: 동파육은 중국의 전통 요리로, 오랜 시간 동안 사랑받아온 풍미가 있습니다. 이를 제주 흑돼지와 결합하여, 전통적인 맛을 현대적인 스낵 형태로 재해석했다는 점을 강조할 수 있습니다.

(2) 소비자 체험 마케팅

소비자가 직접 제주 토종 재래 흑돼지 동파육 스낵을 체험할 수 있는 마케팅 전략을 개발합니다.

- **시식 행사 및 팝업 스토어:** 대형 마트나 주요 도시의 쇼핑몰에서 시식 행사를 열어, 소비자가 직접 스낵을 맛볼 수 있게 합니다. 또한, 제주 관광지나 중국 요리 전문 식당과 연계한 팝업 스토어를 운영하여 스낵의 맛을 체험하게 할 수 있습니다.

- **몰입형 체험 공간:** 제주도나 중국의 문화적 요소를 반영한 체험 공간을 만들어, 소비자가 동파육의 전통과 제주 흑돼지의 역사를 배우고, 그 맛을 체험할 수 있게 합니다. 이를 통해 소비자는 단순한 스낵 이상의 경험을 하게 됩니다.

(3) 디지털 마케팅 전략

디지털 플랫폼을 활용한 마케팅은 제품의 다차원 맛과 브랜드 스토리를 시각적으로 전달하는 데 중요한 역할을 합니다.

- **소셜 미디어 캠페인:** 인스타그램, 페이스북 등 소셜 미디어에서 제주 토종 흑돼지와 동파육의 결합을 주제로 한 캠페인을 진행합니다. 스낵의 시각적 요소를 강조한 이미지와 동영상을 공유하고, 소비자 리뷰와 체험담을 통해 제품의 인지도를 높입니다.

- **브랜드 웹사이트 및 블로그:** 제품의 기원, 개발 과정, 사용된 재료 등을 상세히 소개하는 콘텐츠를 제작하여 웹사이트와 블로그에 게시합니다. 소비자가 제품의 배경과 가치를 이해하고, 구매를 고려하게 됩니다.

3) 사례 연구

(1) 성공 사례 분석
- **프리미엄 스낵 브랜드 사례:** 복합적인 맛과 텍스처를 강조한 프리미엄 스낵 브랜드가 어떻게 소비자에게 어필했는지 연구합니다. 예를 들어, 제과업체에서 지역 특산물을 활용해 개발한 스낵이 소비자의 주목을 받고, 성공적인 시장 진입을 이뤄낸 사례를 분석하여 제주 토종 재래 흑돼지 동파육 스낵에 적용할 수 있습니다.

(2) 실패 사례 분석

- **복잡한 맛의 제품 실패 사례:** 지나치게 복잡한 맛을 강조하거나 소비자 이해가 부족했던 제품이 실패한 사례를 분석합니다. 소비자가 쉽게 이해하고 접근할 수 있는 맛을 제공하는 것이 중요하다는 교훈을 도출할 수 있습니다.

(3) 브랜드 리포지셔닝

- **리포지셔닝 성공 사례:** 초기 실패 후 전략을 수정해 성공을 거둔 브랜드의 사례를 연구합니다. 예를 들어, 소비자 피드백을 반영해 맛과 마케팅 전략을 조정하고, 그 결과 시장에서 재도약한 브랜드의 사례를 통해, 제주 흑돼지 동파육 스낵이 시장에서 성공하기 위한 개선점을 모색할 수 있습니다.

핵심 정리

제주 토종 재래 흑돼지 동파육 스낵의 상품화 전략은 그 고유한 맛과 전통성을 강조하면서도 현대 소비자에게 어필할 수 있는 방식으로 설계되어야 합니다. 다차원 맛의 복합성과 전통을 살리면서도, 소비자가 쉽게 접근할 수 있는 마케팅 전략을 통해 시장에서 성공할 수 있을 것입니다.

CHAPTER 12 마케팅에서의 다차원 맛 활용

Unit 1 다차원 맛을 활용한 브랜드 스토리텔링
(Brand Storytelling with Multidimensional Flavor)

1. 기본 개념

- **다차원 맛과 브랜드 스토리텔링의 연계**

    다차원 맛의 개념을 브랜드 스토리텔링에 활용하는 방법을 탐구합니다. 다차원 맛은 단순히 음식의 맛을 넘어서, 소비자와의 감성적 연결을 강화할 수 있는 강력한 도구입니다.

- **브랜드의 차별성 강조**

    브랜드는 다차원 맛을 통해 제품의 차별성과 고유성을 강조하고, 이를 통해 소비자에게 감동적이고 기억에 남는 경험을 제공할 수 있습니다.

    브랜드 스토리텔링은 제품의 맛, 재료의 출처, 제조 과정, 그리고 음식에 담긴 문화적, 사회적 배경을 함께 전달하는 방식으로 이루어집니다.

2. 핵심요소

1) 디자인

제품, 서비스, 또는 브랜드의 시각적 요소를 말합니다. 이는 브랜드의 외관과 사용자가 인식하는 이미지를 형성하는 중요한 요소입니다.

2) 신뢰

소비자가 브랜드를 신뢰하고, 제품이나 서비스를 신뢰할 수 있는지에 대한 감정입니다. 신뢰는 브랜드 충성도를 높이고, 장기적인 성공을 이끌어냅니다.

3) 전략

브랜드 또는 마케팅 목표를 달성하기 위한 계획과 방법을 의미합니다. 효과적인 전략은 시장에서 경쟁 우위를 확보하는 데 필수적입니다.

4) 가치

고객이 제품이나 서비스를 통해 얻는 이익이나 만족도를 의미합니다. 브랜드가 제공하는 가치가 클수록 고객의 충성도를 얻을 수 있습니다.

5) 마케팅

제품이나 서비스를 홍보하고 판매하는 활동입니다. 마케팅은 고객과의 소통을 통해 브랜드를 알리고, 수익을 창출하는 중요한 과정입니다.

6) 로고

브랜드를 상징하는 시각적 요소로, 고객이 브랜드를 인식하고 기억하는 데 중요한 역할을 합니다.

7) 정체성

브랜드의 고유한 특성과 가치, 비전을 포함한 전체적인 이미지를 말합니다. 정체성은 브랜드가 시장에서 차별화되는 데 중요한 요소입니다.

8) 광고

특정 제품이나 서비스, 브랜드를 홍보하기 위한 커뮤니케이션 활동입니다. 광고는 대중에게 브랜드 메시지를 전달하고, 인지도를 높이는 데 중요한 역할을 합니다.

9) 참여

브랜드와 소비자 간의 상호작용을 말합니다. 참여는 브랜드 충성도를 높이고, 소비자와의 관계를 강화하는 중요한 요소입니다. 소셜 미디어, 이벤트, 프로모션 등을 통해 소비자의 적극적인 참여를 유도할 수 있습니다.

10) 경험

소비자가 브랜드와 상호작용할 때 느끼는 전체적인 인상을 의미합니다. 긍정적인 경험은 브랜드에 대한 긍정적인 감정을 형성하고, 재구매 의도를 높이는 데 기여합니다.

11) 일관성

브랜드 메시지와 경험의 일관성은 소비자에게 신뢰감을 줄 수 있습니다. 일관된 브랜딩은 소비자가 브랜드를 더 쉽게 인식하고 기억하게 합니다.

12) 혁신

새로운 아이디어와 기술을 활용해 브랜드와 제품을 지속적으로 발전시키는 것을 의미합니다. 혁신은 브랜드를 시장에서 경쟁력 있게 유지하는 데 중요한 역할을 합니다.

13) 고객 인사이트

소비자의 행동, 필요, 욕구를 깊이 이해하는 것을 의미합니다. 고객 인사이트를 통해 브랜드는 더 나은 마케팅 전략을 수립하고, 소비자의 기대를 충족시킬 수 있습니다.

이러한 요소들은 다차원 맛을 활용한 브랜드 스토리텔링과 마케팅 전략을 성공적으로 구축하기 위한 중요한 요소들입니다.

3. 응용

• 다차원 맛을 활용한 브랜드 스토리 설계

다차원 맛을 브랜드 스토리에 포함하여, 제품의 차별성과 고유성을 강조하는 마케팅 전략을 수립합니다. 이 과정에서는 다차원 맛의 다양한 측면을 브랜드 스토리와 연결하여, 소비자에게 독특한 브랜드 경험을 제공하는 방법을 학습합니다.

- **맛과 재료의 이야기:** 제품에 사용된 고유한 재료와 그 맛의 조합이 어떻게 탄생했는지 이야기합니다. 예를 들어, 특정 지역에서만 생산되는 고급 재료를 사용한 제품이 그 지역의 역사와 문화를 어떻게 반영하는지 설명합니다.
- **제조 과정의 예술성:** 제품이 어떻게 만들어지는지에 대한 이야기를 통해 제조 과정의 독창성과 품질을 강조합니다. 예를 들어, 전통적인 발효 방식과 현대적인 기술이 결합된 과정이 제품의 풍미를 어떻게 높이는지 설명합니다.
- **문화적 연결고리:** 제품이 특정 문화와 어떻게 연결되는지를 브랜드 스토리로 담아냅니다. 예를 들어, 특정 문화의 전통 음식에서 영감을 받아 현대적인 방식으로 재해석한 제품이 그 문화적 맥락을 어떻게 전달하는지 이야기합니다.

4. 실습 예시

• 다차원 맛을 활용한 브랜드 스토리텔링 실습

다양한 사례를 통해, 다차원 맛을 활용한 브랜드 스토리텔링의 효과를 분석하고 적용하는 방법을 실습합니다. 이를 통해 학생들은 다차원 맛의 요소를 브랜드 스토리에 어떻게 통합할 수 있는지, 그리고 이를 통해 소비자에게 어떤 감동을 줄 수 있는지 직접 경험하게 됩니다.

- **성공적인 브랜드 사례 분석:** 다차원 맛을 브랜드 스토리텔링에 성공적으로 적용한 브랜드의 사례를 분석합니다. 예를 들어, 고급 초콜릿 브랜드가 특정 원료의 출처와 맛의 복합성을 강조한 스토리텔링을 통해 어떻게 소비자에게 어필했는지 연구합니다.
- **브랜드 스토리텔링 설계 실습:** 학생들이 직접 브랜드 스토리를 설계하고, 다차원 맛의 개념을 통합하여 소비자와의 감성적 연결을 강화하는 전략을 실습합니다. 예를 들어, 새로운 스낵 제품을 위해 사용된 향신료의 역사와 그 맛의 특별함을 강조하는 스토리를 만들어 보는 과정입니다.

- **소비자 피드백을 통한 스토리텔링 개선:** 소비자 피드백을 기반으로 브랜드 스토리텔링을 개선하는 방법을 실습합니다. 예를 들어, 소비자 조사나 시식 이벤트를 통해 얻은 피드백을 반영하여 스토리를 조정하고, 이를 통해 소비자에게 더 강렬한 인상을 남길 수 있는 방법을 탐구합니다.

5. 연구 노트

다차원 맛을 활용한 브랜드 스토리텔링 예시: 신규 프랜차이즈 개발

브랜드 명칭: 호랑이 피자

1) 호랑이 피자의 브랜드 스토리텔링

여보, 여보…여쁘! 자, 여기 호랑이 피자의 다차원 맛 이야기가 있어. 이걸로 우리가 진짜 특별한 브랜드를 만들어보자구!

(1) 첫 번째, 맛과 재료의 이야기

호랑이 피자의 첫 번째 이야기는 바로 '용맹한 맛'이야. 이 피자는 시베리아의 혹독한 겨울에서 자란 천연 고추와, 호랑이가 사냥할 때 느끼는 야생의 에너지를 담은 특별한 소스가 들어가 있어. 이 고추는 오직 그 지역에서만 자라, 피자에 매운맛과 신비로운 향을 더해준다고 해. 피자를 한 입 베어 물면 마치 시베리아의 눈 속을 달리는 호랑이처럼 힘이 솟아나는 느낌이야!

(2) 두 번째, 제조 과정의 예술성

이 피자를 만드는 과정도 예술이야. 전통적인 도우 발효 방식을 이용해, 시간이 주는 풍미를 한껏 담아냈어. 그리고 독특한 소스를 현대적인 기술로 균형 있게 조합해, 그야말로 '전통과 혁신의 완벽한 조화'가 이루어지는 순간이지. 피자를 만드는 동안 마치 한 폭의 그림을 그리는 것 같아. 재료 하나하나에 담긴 정성과 세심함이 느껴진다니까!

(3) 세 번째, 문화적 연결고리

호랑이 피자는 단순한 피자가 아니야, 우리 문화를 담은 상징이기도 해. 한국의 호랑이 신화를 현대적으로 재해석해서, 용맹하고 강인한 이미지를 피자에 담았거든. 호랑이 피자는 그저 먹는 음식이 아니라, 한 조각 한 조각이 우리 고유의 전통과 자부심을 표현하는 하나의 '문화적 경험'이지.

(4) 마지막으로, 소비자와의 감성적 연결

이제 우리가 할 일은 이 다차원적인 맛을 소비자와 어떻게 연결할지 고민하는 거야. 피자 시식 이벤트를 열어서 사람들이 이 피자를 먹으며 느끼는 감정과 생각을 직접 들어보는 거지. 피드백을 바탕으로 스토리를 조금씩 조정해서, '호랑이 피자'를 한 번 맛본 사람이라면 누구나 다시 찾고 싶어질 수 있도록 말이야.

호랑이 피자는 단순한 피자를 넘어서, 강렬한 맛과 깊은 문화적 의미, 그리고 정성 가득한 제조 과정이 어우러진 완벽한 브랜드 스토리로 탄생한 거야. 이제 이걸 바탕으로 세상에 없는 특별한 피자 브랜드를 만들어보자, 여보!

2) 호랑이 피자의 전략적 브랜드 설계와 실행 플랜

(1) 디자인

'호랑이 피자'의 디자인은 브랜드의 첫인상을 결정짓는 중요한 요소야. 호랑이의 강인한 이미지를 활용해, 로고와 매장 인테리어에 이를 반영할 거야. 예를 들어, 호랑이 무늬를 활용한 포장 디자인, 강렬한 오렌지와 검정의 색상 조합, 호랑이 발자국을 연상시키는 매장 내부 요소 등이 소비자에게 한눈에 기억될 수 있도록 말이야.

(2) 신뢰

신뢰는 프랜차이즈의 장기적인 성공에 필수적인 요소야. 호랑이 피자는 품질에 대한 철저한 관리와 지역 농장에서 직접 공수한 신선한 재료를 사용해 소비자에게 '믿고 먹을 수 있는 피자'라는 이미지를 심어줄 거야. 또한, 정기적인 품질 점검과 투명한 정보 공개를 통해 소비자의 신뢰를 더욱 강화할 수 있어.

(3) 전략

호랑이 피자의 성공적인 확장을 위해 우리는 '지역 문화와의 융합'이라는 전략을 선택했어. 각 지역의 전통 재료를 활용한 메뉴를 개발하고, 그 지역의 역사와 문화를 담은 스토리텔링을 통해 소비자에게 '우리 지역의 피자'라는 친근한 이미지를 줄 거야. 또한, 디지털 마케팅과 오프라인 이벤트를 조합한 하이브리드 전략을 통해 고객 유입을 극대화할 계획이야.

(4) 가치

호랑이 피자는 단순한 맛을 넘어서는 경험을 제공해. 소비자에게는 '강렬하고 독특한 맛'이라는 명확한 가치를 제공하고, 이를 통해 일상에서 느낄 수 없는 특별한 순간을 선사할 거야. 또한, 신선한 재료와 전통과 혁신이 결합된 조리법으로 소비자에게 가격 이상의 가치를 전달할 거야.

(5) 마케팅

호랑이 피자의 마케팅은 강렬함과 독특함을 강조할 거야. 예를 들어, "한 입 베어 물면 당신도 호랑이가 된다"라는 슬로건으로 소비자에게 피자의 강렬한 맛을 홍보할 거야. 소셜 미디어와 인플루언서를 활용한 캠페인, 지역 축제와 연계한 이벤트 등을 통해 호랑이 피자의 인지도를 높일 수 있어.

(6) 로고

호랑이 피자의 로고는 강렬하고 잊을 수 없는 이미지로 디자인할 거야. 호랑이의 얼굴을 단순화한 그래픽과 '호랑이 피자'라는 글자를 조합해, 한번 보면 쉽게 기억할 수 있도록 만들 거야. 그리고 로고는 다양한 크기와 매체에서도 일관되게 적용될 수 있도록 설계할 거야.

(7) 정체성

호랑이 피자의 정체성은 '강렬한 맛과 용맹함'이야. 피자 한 조각에 담긴 강력한 풍미와 야생의 에너지가 호랑이의 이미지와 결합해, 소비자에게 잊을 수 없는 경험을 제공할 거야. 또한, 브랜드의 정체성을 모든 커뮤니케이션과 마케팅 활동에 일관되게 반영해, 소비자에게 명확하고 일관된 메시지를 전달할 거야.

(8) 광고

광고에서는 호랑이 피자의 강렬한 맛과 브랜드 스토리를 강조할 거야. 예를 들어, "피자 속에 숨겨진 야생의 힘" 같은 문구로 TV와 온라인 광고를 진행해 소비자의 호기심을 자극할 거야. 또한, 지역 사회와 연계된 광고 캠페인을 통해 지역 주민들에게 더욱 친근하게 다가갈 수 있도록 할 거야.

(9) 참여

소비자의 적극적인 참여를 유도하기 위해 다양한 소셜 미디어 이벤트와 프로모션을 기획할 거야. 예를 들어, "호랑이 도전!"이라는 챌린지를 통해 소비자가 가장 매운 피자를 먹고 SNS에 인증샷을 올리는 이벤트를 진행해 볼 수 있어. 이를 통해 브랜드와 소비자 간의 유대감을 강화하고, 자연스러운 입소문을 유도할 수 있어.

(10) 경험

호랑이 피자는 단순한 피자 이상의 경험을 제공해. 매장에서 피자를 주문하는 순간부터, 포장을 열고 첫 입을 베어 물 때까지의 모든 과정이 하나의 특별한 경험으로 기억될 거야. 이를 위해 매장 인테리어, 직원의 서비스, 심지어는 포장지까지 소비자의 기대를 넘어서는 퀄리티로 제공할 계획이야.

(11) 일관성

브랜드 메시지와 경험의 일관성은 소비자에게 신뢰감을 줄 수 있어. 호랑이 피자는 모든 매장에서 동일한 품질의 피자와 서비스를 제공하는 것을 목표로 할 거야. 또한, 로고, 색상, 디자인 등 시각적 요소도 모든 매체에서 일관되게 적용해, 소비자에게 한결같은 브랜드 이미지를 심어줄 거야.

(12) 혁신

호랑이 피자는 끊임없는 혁신을 통해 시장에서의 경쟁력을 유지할 거야. 새로운 피자 메뉴 개발, 현대적인 조리 기술 도입, 그리고 소비자 맞춤형 서비스 등 다양한 측면에서 혁신을 시도할 거야. 예를 들어, 소비자가 원하는 대로 피자를 커스터마이즈할 수 있는 앱을 개발하거나, 새로운 맛을 지속적으로 출시해 소비자에게 신선함을 제공할 수 있어.

(13) 고객 인사이트

소비자의 행동과 니즈를 깊이 이해하는 것은 호랑이 피자의 성공에 필수적이야. 정기적인 고객 설문조사와 피드백 시스템을 통해 소비자의 의견을 반영하고, 이를 바탕으로 제품과 서비스를 개선할 거야. 또한, 고객 데이터를 분석해 트렌드를 파악하고, 이를 기반으로 새로운 마케팅 전략을 수립할 거야.

이렇게 해서 호랑이 피자는 독특하고 강렬한 브랜드 스토리와 함께, 프랜차이즈로서 성공할 수 있는 탄탄한 기반을 다질 수 있을 거야.

이젠 우리가 함께 이 브랜드를 세상에 알릴 준비를 시작해보자!

Unit 2 소비자 경험을 극대화하는 마케팅 전략
(Marketing Strategies for Enhancing Consumer Experience)

1. 기본 개념

• 소비자 경험을 극대화하는 다차원 맛의 역할

다차원 맛은 단순한 미각을 넘어서 소비자 경험의 핵심 요소로 작용합니다. 이를 통해 소비자에게 더 깊고 풍부한 미각 경험을 제공할 수 있으며, 이는 브랜드 충성도를 높이는 중요한 전략적 요소가 됩니다. 소비자가 제품을 소비할 때 느끼는 다차원적 맛 경험은 브랜드에 대한 긍정적인 인식을 강화하고, 반복 구매를 유도하는 강력한 동기가 됩니다.

2. 응용

• 다차원 맛을 활용한 소비자 경험 강화

다차원 맛을 활용하여 소비자의 미각 경험을 강화하고, 브랜드 충성도를 높이는 방법을 학습합니다. 이 과정에서는 다차원 맛을 마케팅 전략에 어떻게 효과적으로 통합할 수 있는지, 그리고 이를 통해 소비자에게 특별한 경험을 제공할 수 있는지 탐구합니다.

- **몰입형 마케팅 경험:** 소비자가 제품을 더욱 깊이 이해하고 체험할 수 있도록 몰입형 경험을 제공하는 마케팅 전략을 설계합니다. 예를 들어, 체험형 이벤트, 팝업 스토어, 또는 가상 현실(VR)을 활용한 다차원 맛 체험 프로그램을 통해 소비자와의 강력한 연결을 구축합니다.
- **맞춤형 소비자 경험:** 소비자의 개별적인 취향과 선호도를 반영하여 맞춤형 미각 경험을 제공하는 방법을 학습합니다. 예를 들어, 소비자의 피드백에 따라 개별화된 메뉴나 제품 추천을 제공하거나, 특정 소비자 그룹을 대상으로 한 특별한 맛 경험을 설계합니다.
- **다중 감각을 자극하는 마케팅:** 다차원 맛의 개념을 확장하여, 시각, 후각, 촉각 등 다양한 감각을 자극하는 마케팅 전략을 개발합니다. 예를 들어, 향기 마케팅을 결합하여 소비자에게 기억에 남는 경험을 제공하거나, 특정 텍스처와 맛의 조합을 강조하는 마케팅 캠페인을 진행합니다.

3. 사례 연구

• **성공적인 다차원 맛 마케팅 사례 분석**

다차원 맛을 중심으로 한 마케팅 전략이 성공한 사례를 분석하여, 이를 실제 마케팅 캠페인에 적용하는 방법을 연구합니다. 이 과정에서는 성공적인 사례를 통해 다차원 맛이 소비자 경험에 어떤 영향을 미쳤는지 분석하고, 이를 바탕으로 효과적인 마케팅 전략을 설계하는 방법을 배웁니다.

- **프리미엄 초콜릿 브랜드 사례:** 특정 초콜릿 브랜드가 다차원 맛을 강조한 마케팅을 통해 프리미엄 이미지를 구축하고 소비자 충성도를 높인 사례를 분석합니다. 초콜릿의 향, 텍스처, 맛의 조화를 강조한 마케팅 전략이 소비자에게 어떻게 어필했는지 연구합니다.
- **고급 레스토랑 체인 사례:** 다차원 맛을 중심으로 한 메뉴와 서비스 경험을 제공하여 성공한 고급 레스토랑 체인의 마케팅 전략을 분석합니다. 특별한 테이스팅 메뉴나 맞춤형 식사 경험을 통해 소비자 충성도를 높인 방법을 탐구합니다.
- **건강식품 브랜드 사례:** 다차원 맛을 활용하여 건강식품 브랜드가 소비자에게 혁신적이고 차별화된 경험을 제공한 사례를 분석합니다. 건강과 미각을 모두 만족시키는 제품 라인과 그 마케팅 전략이 어떻게 성공했는지 연구합니다.

4. 호랑이 피자 응용 사례 연구 노트

호랑이 피자의 소비자 경험을 극대화하기 위한 마케팅 전략을 설계해 봅시다. 이 전략은 다차원 맛의 개념을 중심으로, 몰입형 경험, 맞춤형 소비자 경험, 다중 감각 마케팅을 통해 소비자에게 잊지 못할 경험을 제공하는 데 중점을 둡니다.

1) 몰입형 마케팅 경험

• **목표:** 소비자가 호랑이 피자를 더 깊이 체험하고, 브랜드와 강력한 연결을 구축할 수 있도록 하는 것

• **체험형 이벤트:** 지역 축제나 인기 있는 장소에서 호랑이 피자 체험 부스를 설치해 봅시다. 이 부스에서는 소비자가 피자를 만드는 과정에 참여하고, 직접 만든 피자를 맛볼 수 있습니다. 이를 통해 소비자는 호랑이 피자의 독특한 맛을 직접 경험하고, 브랜드에 대한 긍정적인 인상을 가지게 될 것입니다.

- **팝업 스토어:** 호랑이 피자의 몰입형 경험을 제공하기 위해, 대도시 나 유명한 쇼핑몰에 팝업 스토어를 열어봅시다. 이곳에서 소비자 들은 호랑이 피자의 다양한 메뉴를 시식하고, 브랜드의 스토리를 듣고, 특별한 프로모션 상품도 구매할 수 있습니다.

- **가상 현실(VR) 체험:** VR 기술을 활용해 소비자가 호랑이 피자의 재료 가 어떻게 준비되고, 피자가 어떻게 만들어지는지 가상으로 체험할 수 있도록 합시다. 이 경험은 특히 젊은 세대에게 인기를 끌며, 브랜드의 혁신적인 이미지를 강화할 수 있습니다.

2) 맞춤형 소비자 경험
- **목표:** 소비자의 개별 취향을 반영하여, 개인 맞춤형 미각 경험을 제공함으로써 브랜드 충성도 를 높이는 것

- **개별화된 메뉴 추천:** 호랑이 피자의 앱이나 웹사이트를 통해 소비자의 선호도를 분석하고, 그에 맞는 메뉴를 추천해주는 기능을 제공합시다. 예를 들어, 소비자가 매운맛을 좋아하 면 매운맛이 강조된 메뉴를, 독특한 맛을 좋아하면 특별한 재료가 들어간 메뉴를 추천해주는 것입니다.

- **특정 소비자 그룹을 위한 특별 메뉴:** 특정 연령대나 직업군을 타깃으로 한 특별한 테마 메뉴를 개발해 봅시다. 예를 들어, 학생들을 위한 에너지 강화 피자나, 직장인을 위한 빠르고 건강한 피자 세트 등 맞춤형 메뉴를 제공하면 특정 소비자 층의 충성도를 높일 수 있습니다.

3) 다중 감각 마케팅

- **목표:** 소비자의 다양한 감각을 자극해, 호랑이 피자의 다차원 맛 경험을 더욱 강화하는 것

- **향기 마케팅:** 매장 주변에 호랑이 피자의 시그니처 향기를 퍼뜨려, 지나가는 사람들의 후각을 자극해 봅시다. 이는 자연스럽게 매장으로 발걸음을 이끌고, 피자의 맛에 대한 기대감을 높이는 데 도움이 될 것입니다.

- **특별한 텍스처 강조:** 피자의 바삭한 도우나, 쫄깃한 치즈 같은 텍스처를 강조하는 마케팅 캠페인을 진행해 봅시다. 예를 들어, TV 광고나 소셜 미디어에서 피자를 한 입 베어 물 때의 소리와 식감을 강조하는 영상을 제작해, 소비자의 미각과 청각을 동시에 자극할 수 있습니다.

4) 사례 연구와 적용(Case Studies and Application)

- **목표:** 성공적인 다차원 맛 마케팅 사례를 분석하고, 이를 호랑이 피자에 적용해 소비자 경험을 극대화하는 것

- **프리미엄 초콜릿 브랜드 사례 분석:** 프리미엄 초콜릿 브랜드가 다차원 맛을 활용해 어떻게 소비자에게 프리미엄 이미지를 전달했는지 연구하고, 이를 호랑이 피자에 적용해 봅시다. 예를 들어, 호랑이 피자의 특정 재료에 대한 스토리텔링을 강화해, 피자가 단순한 음식이 아닌 특별한 경험으로 느껴지도록 할 수 있습니다.

- **고급 레스토랑 체인 사례 분석:** 고급 레스토랑이 제공하는 맞춤형 식사 경험을 분석해, 호랑이 피자의 메뉴 구성과 서비스에 반영합시다. 예를 들어, 매장에서 소비자가 자신의 취향에 따라 직접 피자를 커스터마이즈할 수 있는 서비스를 제공해보는 것입니다.

- **건강식품 브랜드 사례 분석:** 건강식품 브랜드가 다차원 맛을 통해 어떻게 소비자에게 건강과 맛을 모두 만족시키는 경험을 제공했는지 연구하고, 호랑이 피자에 적용해 봅시다. 예를 들어, 건강한 재료를 사용한 피자 라인을 개발하고, 그 맛과 건강 이점을 강조하는 마케팅 캠페인을 전개하는 것입니다.

핵심 정리

호랑이 피자는 다차원 맛을 중심으로 소비자 경험을 극대화하는 마케팅 전략을 통해, 브랜드 충성도를 강화할 수 있습니다. 몰입형 경험, 맞춤형 서비스, 다중 감각 마케팅을 결합해 소비자에게 잊지 못할 미각 경험을 제공합시다. 성공적인 사례를 바탕으로 이러한 전략을 호랑이 피자에 적용하면, 소비자가 끊임없이 찾게 되는 강력한 브랜드를 만들 수 있을 것입니다.

Unlocking the Secrets
of Multidimensional Flavor

PART 4

다차원 맛을 활용한
창의적 문제 해결과 혁신

Part 4에서는 다차원 맛의 개념을 활용하여 요리와 식품 개발에서 발생하는 문제를 창의적으로 해결하는 방법을 탐구합니다.

다양한 사례와 전략을 통해 다차원 맛을 기반으로 한 혁신적 아이디어와 문제 해결 기법을 제시하며,

이를 통해 독자들이 실무에 적용할 수 있는 실용적인 접근법을 제공합니다.

창의적 문제 해결과 혁신

Unit 1 다차원 맛을 활용한 문제 해결 기법
(Problem-Solving Techniques Using Multidimensional Flavor)

1. 창의적 문제 해결 기법 탐구

1) 다차원 맛을 활용한 문제 해결
이 단원에서는 다차원 맛 개념을 활용하여 요리와 식품 개발에서 발생하는 다양한 문제를 창의적으로 해결하는 기법을 탐구합니다.

다차원 맛은 그 자체로 복잡성과 깊이를 가지고 있기 때문에, 이를 문제 해결에 응용하면 기존의 틀을 넘는 독창적인 해결책을 도출할 수 있습니다. 이 과정에서는 학생들이 맛의 각 차원을 이해하고, 이를 창의적인 문제 해결 과정에 적용하는 방법을 학습합니다.

2) 맛의 불균형 해결

특정 요리에서 맛의 불균형이 발생했을 때, 다차원 맛을 활용해 이를 해결하는 방법을 탐구합니다. 예를 들어, 단맛과 짠맛의 불균형을 향이나 텍스처를 활용해 보완하는 방법을 학습합니다.

- **향을 활용한 조화:** 단맛이 너무 강하거나 짠맛이 너무 강한 경우, 적절한 향신료나 허브를 추가하여 맛의 균형을 잡는 방법을 탐구합니다. 예를 들어, 강한 단맛을 중화하기 위해 신선한 허브를 사용하는 방법을 실습합니다.

- **텍스처를 활용한 보완:** 단맛과 짠맛의 균형이 맞지 않을 때, 바삭한 텍스처를 더해 맛의 깊이를 보완하는 방법을 학습합니다. 예를 들어, 지나치게 부드러운 요리에 크런치한 재료를 추가하여 맛의 조화를 이루는 방법을 실습합니다.

3) 텍스처와 맛의 조화

텍스처와 맛의 조화가 깨진 경우, 이를 다차원적으로 접근해 문제를 해결하는 방법을 탐구합니다. 텍스처는 음식의 맛과 경험에 큰 영향을 미치기 때문에, 이를 효과적으로 조합하는 것이 중요합니다.

- **부드러움과 바삭함의 조화:** 부드러운 음식에 바삭한 요소를 더해 맛의 깊이를 더하는 방법을 실습합니다. 예를 들어, 크림 소스를 곁들인 요리에 크런치한 토핑을 추가하여 텍스처와 맛의 조화를 이루는 방법을 탐구합니다.

- **다층적 텍스처 조합(:** 다양한 텍스처를 조합하여 복합적인 미각 경험을 제공하는 방법을 학습합니다. 예를 들어, 여러 층으로 구성된 디저트를 설계하고, 각 층이 맛과 텍스처에 어떻게 기여하는지 분석합니다.

4) 시간에 따른 맛의 변화 관리

조리나 저장 과정에서 시간에 따라 맛이 변하는 문제를 해결하기 위해, 4차원 맛 개념을 활용하는 방법을 학습합니다. 예를 들어, 발효나 숙성 과정에서 맛이 예기치 않게 변화하는 경우, 이를 사전에 예측하고 관리하는 방법을 탐구합니다.

- **발효와 숙성 과정 관리:** 발효 또는 숙성 과정에서 시간이 지남에 따라 맛이 어떻게 변화하는지 예측하고, 이를 관리하는 방법을 실습합니다. 예를 들어, 치즈나 고기를 숙성하는 동안 맛이 어떻게 깊어지는지 분석하고, 그 과정을 최적화하는 방법을 학습합니다.

- **조리 시간 조절:** 조리 시간에 따라 맛이 변하는 요리에서, 적절한 시간을 설정하여 최적의 맛을 구현하는 방법을 탐구합니다. 예를 들어, 저온 조리 방식에서 시간이 맛에 미치는 영향을 분석하고, 이를 기반으로 조리 시간을 조절하는 방법을 실습합니다.

2. 실제 사례를 통한 문제 해결 학습

1) 실제 사례를 바탕으로 한 문제 해결

학생들은 실제 사례를 바탕으로 다양한 문제를 해결하는 방법을 학습하고, 실습을 통해 이를 직접 적용해 봅니다. 이러한 실습은 학생들이 다차원 맛의 이론적 개념을 실제 상황에 어떻게 적용할 수 있는지 경험하게 하며, 문제 해결 능력을 향상시키는 데 도움을 줍니다.

2) 실패한 요리의 복구

특정 요리가 실패했을 때, 다차원 맛 개념을 적용하여 이를 복구하는 방법을 실습합니다. 예를 들어, 너무 쓴맛이 강한 요리에 감칠맛을 추가해 맛을 조화롭게 만드는 방법을 실습합니다.

(1) 쓴맛 조절

너무 쓴맛이 강한 요리에 감칠맛이나 단맛을 더해 쓴맛을 조화롭게 만드는 방법을 탐구합니다. 예를 들어, 다크 초콜릿 디저트에서 쓴맛이 지나치게 강할 때, 소금 한 꼬집이나 캐러멜 소스를 추가해 맛의 균형을 맞추는 방법을 실습합니다.

(2) 맛 조화의 과학적 접근

쓴맛을 조절하는 데 사용할 수 있는 과학적 기법들을 탐구하고, 이를 실습을 통해 적용해 봅니다. 예를 들어, 맛의 밸런스를 잡기 위해 특정 화합물을 사용하는 방법을 실습합니다. 쓴맛을 조절하기 위해 사용되는 과학적 기법 중에서, 특정 화합물들이 맛의 밸런스를 맞추는 데 활용될 수 있습니다. 몇 가지 예를 들어 설명드리겠습니다.

① **소금(NaCl)**: 소금은 쓴맛을 완화하는 데 매우 효과적입니다. 소금의 나트륨 이온은 쓴맛 수용체의 작용을 억제하거나, 다른 맛 수용체와 상호작용하여 쓴맛을 덜 느끼게 만듭니다. 예를 들어, 커피나 초콜릿과 같은 쓴맛이 강한 음식에 소량의 소금을 첨가하면 쓴맛이 완화됩니다.

② **설탕(Sucrose)**: 설탕 역시 쓴맛을 상쇄하는 데 사용될 수 있습니다. 단맛은 쓴맛과 대조적인 맛이기 때문에, 설탕을 첨가하면 쓴맛이 덜 느껴지게 됩니다. 이는 주로 음료나 디저트에서 쓴맛을 조절할 때 사용됩니다.

③ **시트릭 애시드(Citric Acid)**: 시트릭 애시드와 같은 산성 화합물은 쓴맛을 중화할 수 있습니다. 산성은 쓴맛과의 조합에서 신맛을 강조하며, 쓴맛을 완화하는 데 기여할 수 있습니다. 예를 들어, 과일 주스나 특정 소스에 사용됩니다.

④ **카페인**: 카페인은 쓴맛을 유도하는 대표적인 화합물이지만, 적정 농도에서는 쓴맛이 강한 재료들과의 조합에서 밸런스를 잡는 역할을 할 수 있습니다. 카페인의 쓴맛은 특히 다른 맛과의 조화를 이룰 때 중요한 요소로 작용할 수 있습니다.

⑤ **글루탐산나트륨**: 감칠맛을 증폭시켜 쓴맛을 간접적으로 감소시키는 데 사용될 수 있습니다. MSG는 쓴맛의 영향을 줄이고, 전체적인 맛의 풍미를 강화시킵니다.

이러한 화합물들은 맛의 밸런스를 맞추기 위한 과학적 도구로, 쓴맛을 조절하거나 다른 맛과의 조화를 이루는 데 활용될 수 있습니다.

3) 제품 개발 중 발생한 문제 해결

제품 개발 과정에서 발생하는 다양한 문제를 다차원 맛을 활용해 해결하는 방법을 학습합니다. 예를 들어, 신제품의 맛이 목표와 다르게 구현되었을 때, 다차원 척도법을 사용해 문제의 원인을 분석하고 해결하는 방법을 탐구합니다.

(1) 다차원 척도법(Multidimensional Scaling, MDS) 활용

MDS를 통해 신제품의 맛이 목표와 어떻게 다르게 구현되었는지 시각적으로 분석하고, 그 차이를 해결하는 방법을 실습합니다. 이를 통해 제품 개발 과정에서 발생할 수 있는 미묘한 맛의 차이를 조정하는 방법을 학습합니다.

(2) 제품의 맛 최적화

신제품의 맛이 소비자의 기대에 부응하지 않는 경우, 맛을 최적화하기 위해 다양한 맛 조합과 조리기법을 실험하고 조정하는 방법을 실습합니다. 여기에는 여러 가지 전략이 포함됩니다. 아래에 몇 가지 방법을 설명드리겠습니다.

① **재료 비율 조정**
- **단맛, 짠맛, 신맛, 쓴맛, 감칠맛의 균형 조정**: 기본 맛의 균형을 맞추기 위해 재료의 비율을 조정합니다. 예를 들어, 설탕, 소금, 식초, 쓴맛을 유발하는 재료들(예: 커피나 카카오), 감칠맛을 증폭하는 MSG 등을 사용하여 각각의 맛이 어떻게 상호작용하는지 실험해봅니다. 이는 맛의 밸런스를 맞추는 데 중요한 첫 단계입니다.

• **복합적인 향신료 조합:** 다양한 향신료나 허브를 조합하여 맛을 심화하거나, 특정 맛을 강조하거나 억제하는 방식으로 재료의 비율을 조정합니다.

② 조리 시간과 온도 조절

• **조리 과정의 변형:** 특정 재료가 높은 온도에서 어떻게 반응하는지, 낮은 온도에서 어떻게 변하는지 실험하여 최적의 맛을 구현할 수 있습니다. 예를 들어, 고온에서 조리하면 쓴맛이 강해질 수 있는 반면, 저온에서는 단맛이나 감칠맛이 더 잘 보존될 수 있습니다.

• **서로 다른 조리법 적용:** 찌기, 볶기, 굽기 등 다양한 조리 방법을 통해 동일한 재료가 어떻게 다른 맛을 낼 수 있는지 실험합니다. 예를 들어, 양파를 생으로 사용할 때와 캐러멜화할 때 맛이 크게 달라지며, 이는 최종 제품의 맛에도 큰 영향을 미칩니다.

③ 감각적 평가 및 피드백 수집

• **관능 검사:** 신제품의 맛을 다양한 패널에게 시식하도록 하고, 그들의 피드백을 바탕으로 맛의 요소를 조정합니다. 관능 검사는 소비자 선호도에 기반한 제품 개발의 핵심 요소로, 여러 사람의 의견을 반영하여 맛을 최적화할 수 있습니다.

• **다차원 척도법(MDS) 적용:** 다차원 척도법을 사용하여 관능 검사 결과를 시각적으로 분석합니다. 이는 제품이 목표한 맛과 얼마나 차이가 있는지 파악하고, 그 차이를 해결하는 데 유용합니다. 예를 들어, 특정 맛이 기대보다 강하거나 약한 경우, 이를 조정하는 방법을 시각적으로 이해할 수 있습니다.

④ 맛의 강화제 및 억제제 사용

• **맛 강화제:** 감칠맛을 더하기 위해 MSG, 이노신산, 글루탐산 등 다양한 맛 강화제를 사용하여 제품의 풍미를 강화할 수 있습니다. 이러한 강화제는 특히 복잡한 맛을 구현하는 데 유리합니다.

• **맛 억제제:** 불필요한 쓴맛이나 떫은맛을 줄이기 위해 쓴맛 억제제(예: Acesulfame-K) 등을 사용합니다. Acesulfame-K 또는 아세설팜 칼륨(Acesulfame Potassium)은 칼로리가 없는 인공 감미료로, 설탕보다 약 200배 더 강한 단맛을 지니고 있습니다. 쓴맛 억제제로도 사용되며,

주로 쓴맛이나 떫은맛을 줄이기 위해 다양한 식품 및 음료에서 사용됩니다.

⑤ 지속적인 실험과 피드백

- **반복적 실험:** 다양한 맛 조합과 조리 기법을 반복적으로 실험하여 최적의 조합을 찾아냅니다. 이는 제품 개발 과정에서 중요한 과정으로, 처음 시도한 조합이 완벽하지 않을 수 있기 때문에 여러 번의 시도와 수정이 필요합니다.

- **소비자 피드백:** 최종적으로 소비자의 피드백을 반영하여, 소비자가 선호하는 맛을 구현하는 것이 중요합니다. 이를 통해 제품이 시장에서 성공할 가능성을 높일 수 있습니다.

이러한 방법들을 사용하면 제품 개발 과정에서 발생하는 맛의 문제를 해결하고, 소비자가 선호하는 최적의 맛을 구현할 수 있습니다.

4) 창의적 접근을 통한 문제 해결

기존의 문제 해결 방식으로는 해결되지 않는 복잡한 문제를 창의적인 접근으로 해결하는 방법을 실습합니다.

(1) 대체 재료 사용: 특정 재료가 공급되지 않을 때, 대체 재료를 사용하여 새로운 맛 조합을 개발하는 방법을 탐구합니다. 예를 들어, 특정 허브가 부족할 때 다른 향신료를 사용하여 비슷한 풍미를 구현하는 방법을 실습합니다.

(2) 창의적 맛 조합 개발: 전통적인 맛 조합이 아닌 창의적인 조합을 통해 문제를 해결하는 방법을 탐구합니다. 예를 들어, 특정 음식에서 중요한 맛 요소를 다른 재료로 대체해 새로운 요리를 만드는 방법을 실습합니다.

- **창의적 맛 조합 예:** 특정 음식에서 중요한 맛 요소를 다른 재료로 대체해 새로운 요리를 만드는 방법은 주로 기존의 레시피나 맛 조합을 새롭게 변형하거나 혁신할 때 사용됩니다. 이 방법을 통해 익숙한 요리에 창의적이고 독특한 변화를 줄 수 있습니다.

- **감칠맛의 대체:** 전통적으로 감칠맛을 제공하는 재료인 간장을 사용하지 않고, 버섯 분말이나 김과 같은 재료를 사용해 감칠맛을 부여할 수 있습니다. 이러한 접근은 채식 요리나 새로운 맛의 음식을 개발할 때 유용합니다.
- **단맛의 대체:** 설탕을 사용하지 않고 과일 퓌레나 말린 과일을 사용해 자연스러운 단맛을 제공할 수 있습니다. 이를 통해 기존 디저트의 단맛을 더 건강한 재료로 대체하여 새로운 디저트를 만들 수 있습니다.
- **산미의 대체:** 레몬 주스 대신 라임 주스나 사과 식초를 사용하여 산미를 제공할 수 있습니다. 산미의 미묘한 차이를 이용해 요리에 새로운 느낌을 부여할 수 있습니다.
- **고소한 맛의 대체:** 참기름 대신 견과류 오일이나 아보카도 오일을 사용하여 요리에 고소한 맛을 더할 수 있습니다. 이 방법을 통해 기존 요리의 풍미를 바꾸면서도 고소한 맛을 유지할 수 있습니다.
- **바삭한 식감의 대체:** 빵가루 대신 견과류 크럼블이나 씨앗류를 사용해 바삭한 식감을 부여할 수 있습니다. 이를 통해 글루텐 프리 또는 더욱 영양가 있는 요리를 만들 수 있습니다.

이와 같은 방법을 통해, 요리사는 기존 요리의 중요한 맛 요소를 새로운 재료로 대체하여 색다르고 창의적인 요리를 개발할 수 있습니다. 이를 통해 전통적인 요리에 새로운 변화를 주고, 소비자에게 신선한 맛 경험을 제공할 수 있습니다.

Unit 2 창의적 사고를 통한 새로운 맛의 창조
(Creating New Flavors Through Creative Thinking)

1. 창의적 사고를 통한 새로운 맛 창조 학습

1) 창의적 사고의 중요성

창의적 사고는 기존의 틀을 벗어나 새로운 맛을 창조하는 데 핵심적인 역할을 합니다. 이 단원에서는 창의적 사고를 통해 새로운 맛을 창조하는 방법을 학습합니다. 학생들은 다양한 사고 기법과 혁신적 접근을 통해 전통적인 맛의 경계를 넘어서는 맛을 개발하는 방법을 배웁니다. 이러한 과정은 요리사나 식품 개발자가 자신의 독창성을 발휘하고, 새로운 미각 경험을 창출하는 데 중요한 기초를 제공합니다.

- **창의적 사고의 역할:** 창의적 사고는 새로운 맛을 창출하는 데 있어 중요한 역할을 합니다. 기존의 틀을 벗어나고, 전통적인 조합을 넘어서 새로운 맛의 가능성을 탐구하는 것이 창의적 사고의 핵심입니다.

- **독창성 발휘:** 요리사나 식품 개발자가 자신의 독창성을 발휘하여 새로운 맛을 개발하고, 이를 통해 소비자에게 차별화된 미각 경험을 제공하는 방법을 탐구합니다.

2) 브레인스토밍과 아이디어 발상

창의적 사고를 통해 새로운 맛을 창조하기 위한 첫 단계로, 브레인스토밍 기법을 활용해 다양한 아이디어를 발상합니다. 예를 들어, 서로 어울리지 않을 것 같은 맛을 조합하여 새로운 가능성을 탐구하는 방식입니다.

- **아이디어 발상 기법:** 브레인스토밍을 통해 다양한 맛의 조합을 실험하고, 기존의 맛에서 벗어나 새로운 맛을 창출할 수 있는 아이디어를 탐구합니다. 예를 들어, 단맛과 매운맛을 결합해 독특한 소스를 개발하거나, 짠맛과 신맛을 조합해 신선한 드레싱을 만들어 봅니다.

다차원 맛의 비밀

- **비정형 조합 탐구:** 서로 어울리지 않을 것 같은 맛의 조합을 시도하여 새로운 가능성을 탐구합니다. 예를 들어, 과일과 고기의 조합을 통해 색다른 요리를 만들어 봅니다.

3) 콘셉트 개발

브레인스토밍을 통해 나온 아이디어를 바탕으로, 새로운 맛의 콘셉트를 개발합니다. 이 과정에서는 특정 테마나 스토리를 기반으로 맛을 창조하고, 이를 어떻게 요리나 제품에 적용할 수 있을지 탐구합니다.

- **콘셉트 구상:** 브레인스토밍을 통해 도출된 아이디어를 구체적인 콘셉트로 발전시킵니다. 예를 들어, 계절의 변화에 따라 맛이 변화하는 음식이나, 특정 문화의 전통 재료를 현대적인 방식으로 재해석한 콘셉트를 발전시킵니다.

- **스토리텔링과의 결합:** 맛의 콘셉트에 스토리를 더해, 요리나 제품에 의미를 부여하고 소비자와의 감성적 연결을 강화하는 방법을 탐구합니다. 예를 들어, 특정 지역의 전통 음식을 현대적으로 재해석하여 그 음식이 가진 문화적 배경을 담아냅니다.

4) 창의적 사고 도구 활용

창의적 사고를 촉진하는 다양한 도구와 기법을 활용해 새로운 맛을 창조합니다. 마인드맵, SCAMPER 기법(대체, 결합, 조정, 수정, 다른 용도로 사용, 제거, 재배치), 또는 롤플레잉을 통해 다양한 맛 조합을 탐구하고, 기존의 맛에 새로운 변화를 주는 방법을 학습합니다.

(1) 마인드맵(Mind Mapping)

마인드맵을 통해 맛의 요소들을 시각적으로 정리하고, 새로운 맛 조합을 탐구합니다. 이 방법을 통해 복잡한 맛의 조합을 쉽게 시각화하고, 다양한 가능성을 탐색할 수 있습니다.

(2) SCAMPER 기법 활용

SCAMPER 기법을 사용해 기존의 맛을 대체, 결합, 적용, 수정하는 방식으로 새로운 맛을 개발합니다. 이 기법은 창의적 사고를 촉진하여 기존의 맛에 새로운 변화를 주는 데 유용합니다. SCAMPER 기법은 창의적 문제 해결과 혁신을 촉진하기 위한 아이디어 발상 도구로, 다양한 산업에서 활용되고 있습니다. 이 기법은 특정 문제나 제품, 서비스 등을 새롭게 변형하거나 개선할 때 유용합니다. SCAMPER는 다음과 같은 일곱 가지의 창의적 사고 기법을 나타내는 약자입니다.

S - Substitute(대체하기)
- 기존 재료나 요소를 다른 것으로 바꾸어 새로운 결과를 도출하는 방법입니다. 예를 들어, 요리에서 주재료를 다른 재료로 대체하거나, 조리법에서 특정 단계나 기술을 바꾸어 새로운 맛을 창출할 수 있습니다.
- 예시: 감자 대신 고구마를 사용해 새로운 감자 샐러드를 만드는 것

C - Combine(결합하기)
- 두 가지 이상의 요소를 결합해 새로운 아이디어나 제품을 창출하는 방법입니다. 요리에서는 서로 다른 맛을 결합해 독특한 풍미를 만드는 데 사용됩니다.
- 예시: 초콜릿과 칠리 페퍼를 결합해 매콤한 초콜릿 디저트를 만드는 것

A - Adapt(적용하기)
- 기존 아이디어나 요소를 새로운 상황에 맞게 조정하거나 적용하는 방법입니다. 요리에서는 다른 문화의 조리법을 변형하여 새로운 요리를 만들 수 있습니다.
- 예시: 일본식 된장국의 된장을 소스에 응용해 다른 요리에 감칠맛을 더하는 것

M - Modify(수정하기)
- 기존 요소의 크기, 색상, 모양 등을 변경하여 새로운 효과를 창출하는 방법입니다. 요리에서는 조리법의 일부를 변형해 새로운 식감을 도출할 수 있습니다.
- 예시: 피자의 크러스트를 얇게 만들거나, 채소의 형태를 바꿔 색다른 경험을 제공하는 것

P - Put to another use(다른 용도로 활용하기)
- 기존의 용도를 변경해 새로운 사용법을 찾는 방법입니다. 요리에서는 식재료의 전통적인 용도 외에 다른 방법으로 활용할 수 있습니다.
- 예시: 과일을 샐러드 대신 소스에 사용해 새로운 풍미를 만드는 것

E - Eliminate (제거하기)

- 제품이나 과정에서 불필요한 요소를 제거해 간소화하거나 새로운 형태를 만드는 방법입니다. 요리에서는 특정 재료를 제외하고 새로운 맛을 도출하는 데 사용됩니다.
- **예시:** 글루텐을 제거한 빵을 만들어 글루텐 프리 디저트를 개발하는 것

R - Reverse (거꾸로 또는 재배열하기)

- 순서를 바꾸거나, 반대로 실행하여 새로운 결과를 도출하는 방법입니다. 요리에서는 조리 과정의 순서를 바꾸어 새로운 식감을 만들거나, 요리의 외관을 혁신할 수 있습니다.
- **예시:** 디저트를 전채로, 전채를 디저트로 사용하여 새로운 메뉴 구성을 만드는 것

SCAMPER 기법은 이러한 일곱 가지의 접근 방식을 통해 기존의 아이디어를 다양하게 변형하고 혁신할 수 있도록 돕습니다. 요리와 같은 창의적인 분야에서 SCAMPER를 활용하면, 기존의 맛과 조리법을 새롭게 변형하여 독창적이고 매력적인 요리를 개발할 수 있습니다.

(3) 롤플레잉(Role-Playing)

롤플레잉은 다양한 시각에서 문제를 탐구하고 창의적인 해결책을 찾는 데 효과적인 기법입니다. 맛의 평가와 개발 과정에서 롤플레잉을 활용하면, 소비자와 요리사의 입장을 체험하며 새로운 관점에서 맛을 분석하고 혁신적인 아이디어를 도출할 수 있습니다. 소비자의 입장에서 맛을 평가하거나, 요리사의 관점에서 새로운 맛을 창출하는 과정을 시뮬레이션하여, 다양한 시각에서 맛을 탐구합니다.

● A. 롤플레잉을 활용한 맛 탐구 과정

① 소비자의 입장에서 맛 평가
• **목표:** 소비자의 관점에서 음식을 경험하고, 맛의 만족도와 감각적 특성을 평가합니다.
• **방법**
– 시나리오 설정: 특정 소비자 그룹(예: 건강을 중시하는 소비자, 미식가 등)의 입장에서 음식을 시식해봅니다.
– 맛 평가: 소비자가 느끼는 맛의 강도, 균형, 텍스처 등을 평가하고, 이에 대한 피드백을 제공합니다.
– 피드백 반영: 소비자 입장에서 느낀 개선점을 요리 과정에 반영하여, 맛을 최적화하는 방법을 찾습니다.

② 요리사의 관점에서 새로운 맛 창출
• **목표:** 요리사의 시각에서 창의적인 맛 조합을 개발하고, 이를 실험을 통해 구현합니다.
• **방법**
– 역할 설정: 요리사로서 특정 재료나 조리법을 사용해 새로운 요리를 창출하는 시나리오를 설정합니다.
– 창의적 사고: 기존 레시피를 변형하거나 새로운 재료를 추가하여 독특한 맛 조합을 구상합니다.
– 맛 조정: 실험을 통해 요리사의 시각에서 맛을 미세하게 조정하며, 최종 결과물을 도출합니다.

③ 팀 기반 롤플레잉
• **목표:** 여러 역할을 가진 팀 구성원들이 서로의 관점을 반영하여, 보다 다각적인 맛 분석과 개발을 진행합니다.
• **방법**
– 팀 내 역할 분담: 팀원 중 일부는 소비자 역할을, 다른 일부는 요리사 역할을 맡아 서로 다른 시각에서 맛을 탐구합니다.
– 상호 피드백: 각 역할에서 나온 피드백을 공유하고, 이를 바탕으로 맛의 개선점을 도출합니다.
– 통합 결과: 소비자와 요리사의 피드백을 모두 반영한 최종 요리를 개발합니다.

● B. 롤플레잉의 장점
• **다각적 접근:** 다양한 시각에서 맛을 분석함으로써, 보다 완성도 높은 결과물을 도출할 수 있습니다.
• **창의적 문제 해결:** 요리사의 시각에서 새로운 맛 조합을 창출하고, 소비자의 시각에서 이를 평가하며, 창의적이고 실질적인 해결책을 찾을 수 있습니다.
• **실험적 접근:** 실험을 통해 다양한 조합과 변화를 시도하며, 최적의 맛을 구현할 수 있습니다.

롤플레잉 기법을 통해 맛의 탐구 과정에서 여러 관점을 반영하면, 더 풍부하고 창의적인 요리 개발이 가능해집니다. 이 방법은 특히 메뉴 개발 과정에서 소비자와 요리사 간의 갭을 줄이고, 시장에서 성공할 수 있는 제품을 만드는 데 도움이 됩니다.

2. 다차원 맛 원리를 바탕으로 한 새로운 맛 개발

다차원 맛의 원리를 바탕으로 새로운 맛을 개발하고, 이를 요리와 식품에 적용하는 혁신적인 방법을 탐구합니다. 다차원 맛의 개념을 활용하면 복합적이고 깊이 있는 맛을 창조할 수 있으며, 이는 전통적인 맛 조합을 넘어서는 새로운 미각 경험을 제공합니다. 이러한 접근은 요리사나 식품 개발자가 새로운 맛을 창조하는 데 있어 매우 중요한 역할을 합니다.

1) 기본 맛과 새로운 조합

0차원 맛(기본 맛)을 활용해 새로운 조합을 시도하고, 이를 바탕으로 독창적인 맛을 개발하는 방법을 탐구합니다. 기본 맛의 조합은 모든 요리의 기초를 이루며, 이를 통해 새로운 맛을 창출할 수 있습니다.

- **감칠맛과 신맛 조합(:** 감칠맛과 신맛을 조합해 독특한 소스를 개발하거나, 이 조합을 활용하여 기존 소스의 맛을 변형하는 방법을 탐구합니다. 예를 들어, 신선한 레몬즙과 간장(소금)이 결합된 소스를 통해 감칠맛과 신맛의 균형을 맞추는 방식입니다.

- **단맛과 쓴맛의 균형:** 단맛과 쓴맛의 조합을 통해 새로운 디저트를 개발하는 방법을 학습합니다. 예를 들어, 다크 초콜릿과 캐러멜의 조합을 통해 쓴맛과 단맛이 조화를 이루는 디저트를 만드는 방식입니다.

2) 향과 텍스처의 혁신적 사용

2차원 맛(향)과 3차원 맛(텍스처)을 활용해 새로운 맛을 창조하는 방법을 학습합니다. 향과 텍스처는 음식의 경험을 더욱 풍부하게 만들어 주며, 이를 효과적으로 활용하면 전통적인 맛에서 벗어난 새로운 차원의 맛을 창출할 수 있습니다.

- **예상치 못한 텍스처 부여:** 일반적인 재료에 새로운 텍스처를 부여해 기존 요리에 새로운 차원의 맛을 더하는 방법을 탐구합니다. 예를 들어, 크리미한 수프에 크런치한 토핑을 추가하여 식감에 변화를 주는 방식입니다.

- **독창적인 향신료 활용:** 특정 향신료를 독창적인 방식으로 활용하여 기존 요리의 맛을 새롭게 재해석하는 방법을 학습합니다. 예를 들어, 라벤더나 로즈메리와 같은 향신료를 디저트에 사

용하여 새로운 풍미를 창출하는 방법입니다.

3) 시간과 맛의 조화

4차원 맛(시간에 따른 변화)을 고려하여 새로운 맛을 개발하는 방법을 탐구합니다. 숙성, 발효, 드라이 에이징 등의 기법을 활용해 시간이 지남에 따라 맛이 진화하는 요리를 설계합니다. 이러한 접근은 시간이 지나면서 맛이 깊어지고 복합적인 풍미가 형성되는 과정을 이해하는 데 중점을 둡니다.

- **발효와 숙성:** 발효나 숙성 과정을 통해 기존 재료의 맛을 변화시키고, 이를 활용해 독특한 풍미를 가진 요리를 개발하는 방법을 탐구합니다. 예를 들어, 발효된 고추장을 활용한 소스나 숙성된 치즈를 사용하는 방식입니다.

- **시간의 변화와 맛의 진화:** 드라이 에이징이나 저온 조리와 같은 기법을 통해 시간이 흐르면서 맛이 어떻게 변하는지 탐구합니다. 이를 통해 시간을 반영한 맛의 조화를 이루는 요리를 개발합니다.

4) 문화적 배경과 감정적 연결

5차원 맛(문화적, 감정적 요소)을 고려해 새로운 맛을 개발하는 방법을 학습합니다. 특정 문화적 배경이나 개인적 경험을 바탕으로 맛을 창조하고, 이를 통해 소비자와 감성적으로 연결되는 음식을 개발합니다.

- **문화적 스토리텔링:** 특정 지역의 전통 음식을 현대적인 감각으로 재해석하여 그 음식이 가진 문화적 배경을 담아내는 방법을 탐구합니다. 예를 들어, 한국의 김치를 기반으로 한 퓨전 요리를 개발하여, 전통과 현대의 조화를 이루는 방식을 학습합니다.

- **감정적 연결을 통한 맛의 창조:** 개인적인 추억이나 감정을 불러일으키는 맛을 재현하여 소비자와 감성적으로 연결되는 음식을 개발합니다. 예를 들어, 어린 시절의 기억을 떠올리게 하는 맛을 기반으로 한 디저트를 개발하는 방식입니다.

다차원 맛의 비밀

핵심 정리

창의적 사고를 통해 새로운 맛을 창조하는 과정은 요리와 식품 개발에서 매우 중요합니다. 다차원 맛의 원리를 바탕으로 혁신적인 맛을 개발하고 이를 요리와 식품에 적용함으로써, 학생들은 기존의 틀을 뛰어넘는 독창적이고 혁신적인 맛을 창조할 수 있습니다. 이러한 접근은 요리사와 식품 개발자가 차별화된 미각 경험을 제공하고, 시장에서 경쟁력을 확보하는 데 중요한 역할을 합니다.

Unlocking the Secrets
of Multidimensional Flavor

PART 5

다차원 맛의 미래와 전망

Part 5에서는 다차원 맛의 개념이 앞으로 요리와 식품 산업에서 어떻게 발전하고 적용될 수 있을지에
대한 미래 전망을 다룹니다.

기술의 발전, 글로벌 미식 트렌드, 그리고 소비자 행동의 변화에 따라 다차원 맛이 어떤 역할을 할 것인
지 예측하며, 혁신적인 식품 개발과 마케팅 전략에 대한 인사이트를 제공합니다.

이를 통해 독자들은 다차원 맛이 미래의 요리와 식품 산업에서 가지게 될 중요성과 가능성을 이해할 수
있습니다.

CHAPTER 14 미래의 다차원 맛 기술

Unit 1 다차원 맛의 미래와 전망
(The Future and Prospect of Multidimensional Flavor)

1. 인공지능(AI)과 머신러닝을 활용한 맛 조합과 예측 기술의 발전

1) 인공지능과 머신러닝

인공지능(AI)과 머신러닝 기술은 맛 조합과 예측에 큰 혁신을 가져오고 있습니다. 이 단원에서는 AI와 머신러닝을 활용해 새로운 맛을 개발하고, 이를 예측하는 기술의 발전을 탐구합니다.

AI는 방대한 데이터 세트를 분석하여 소비자들이 선호하는 맛 조합을 발견하고, 새로운 맛의 가능성을 제시할 수 있습니다.

"The Secrets of Multidimensional Flavor" 전용 인공지능 AI 채팅봇은 맛의 다차원적 세계를 탐구하고 이해하는 데 특화된 도구입니다. 이 채팅봇은 0차원부터 5차원에 이르는 맛의 복잡성을 체계적으로 설명하고, 이를 실용적으로 적용할 수 있도록 돕습니다. 요리사, 메뉴 개발자, 외식 산업 종사자, 그리고 음식에 관심 있는 누구나 이 채팅봇을 통해 맛의 조합과 혁신적인 요리 아이디어를 얻을 수 있습니다.

ChatGPT 기술을 바탕으로, "The Secrets of Multidimensional Flavor" 채팅봇은 실시간 대화를 통해 맞춤형 조언과 정보를 제공하며, 새로운 맛의 가능성을 예측하고 창조하는 과정을 지원합니다. 이 AI 도구는 단순한 정보 제공을 넘어, 사용자가 맛의 복합성을 이해하고 이를 창의적이고 상업적으로 활용할 수 있도록 가이드 역할을 합니다.

이 채팅봇과 함께라면, 맛의 비밀을 열어가는 여정에서 더 깊은 통찰과 혁신적인 아이디어를 얻을 수 있을 것입니다.

The Secrets of Multidimensional Flavor

작성자 이종필 &

I offer a clear and structured approach to understanding culinary knowledge, from the basics of 0-dimensional and 1-dimensional tastes to the complexities of 2-dimensional, 3-dimensional, 4-dimensional, and 5-dimensional cooking.

0차원의 맛의 근원,
1차원, 2차원, 3차원,
4차원, 다차원...

• 맛 조합 예측

AI를 사용해 기존 데이터를 분석하고, 소비자가 좋아할 가능성이 높은 맛 조합을 예측합니다. 예를 들어, 특정 재료들의 조합이 어떻게 서로 상호작용하는지 예측하여 새로운 소스나 요리의 맛을 미리 결정하는 방식입니다. 이 기술을 통해 요리사와 식품 개발자는 소비자에게 더 매력적인 제품을 보다 효율적으로 개발할 수 있습니다.

• 자동화된 맛 개발

머신러닝 알고리즘을 활용하여 수천 가지 맛 조합을 자동으로 생성하고, 그중 가장 유망한 조합을 선택하는 과정을 탐구합니다. 이 방법은 식품 개발에서 새로운 맛을 보다 빠르고 효율적으로 개발하는 데 사용될 수 있으며, 신제품 개발 주기를 단축시켜 시장에서의 경쟁력을 높이는 데 기여합니다.

2) "The Secrets of Multidimensional Flavor" 전용 AI 채팅봇 활용

다차원 맛의 비밀을 이해하고 응용하는 데 있어 다양한 상황에 따른 질문 방법은 다음과 같습니다. 각 상황에 맞는 질문 예시를 참고하여, 더 깊이 있는 이해와 실질적인 활용이 가능하도록 질문을 만들어 보세요.

(1) 기초 개념 이해

• **질문 방법**

기본적인 맛의 개념을 이해하고자 할 때, 용어와 정의에 대해 질문하세요. 예를 들어, 0차원 맛이 무엇인지, 또는 5차원 맛이 어떻게 다른 차원과 결합하여 작용하는지 질문할 수 있습니다.

• **질문 예시**

-"다차원 맛이란 무엇인가요?"

-"각 차원의 맛은 어떻게 정의되며, 각각의 차원이 요리에 어떤 영향을 미치나요?"

(2) 메뉴 개발 및 조합

• **질문 방법**

새로운 메뉴나 요리 아이디어를 개발하고자 할 때, 특정 재료나 맛의 조합에 대해 질문하세요. 예를 들어, 단맛과 짠맛을 조합하여 어떤 요리를 만들 수 있는지, 또는 특정 요리에 어떤 조리법이 적합한지 물어보세요.

• **질문 예시**

-"특정 재료를 사용하여 다차원적인 맛을 어떻게 구현할 수 있나요?"

-"0차원 맛과 1차원 맛을 결합하여 새로운 메뉴를 개발하는 방법을 알려주세요."

(3) 심화 학습 및 실습

• **질문 방법**

이미 알고 있는 개념을 실제 요리에 적용하고자 할 때, 구체적인 실습 방법이나 응용 아이디어에 대해 질문하세요. 시간에 따라 맛이 변하는 요리나, 여러 층으로 구성된 디저트 등을 구상할 때 도움을 받을 수 있습니다.

• **질문 예시**

-"3차원 맛을 표현하기 위한 구조적 접근 방법은 무엇인가요?"

-"4차원 맛의 시간적 요소를 활용한 요리 아이디어를 제시해 주세요."

(4) 비즈니스 전략

- **질문 방법**

  외식업계에서의 상업적 활용을 고려할 때, 다차원 맛이 브랜드나 메뉴에 어떻게 적용될 수 있는지 질문하세요. 이를 통해 맛의 일관성을 유지하면서도 차별화된 브랜드 전략을 수립할 수 있는 방법을 배울 수 있습니다.

- **질문 예시**

  -"다차원 맛을 활용한 브랜드 아이덴티티 구축 방법은 무엇인가요?"

  -"프랜차이즈에서 다차원 맛의 일관성을 유지할 수 있는 전략을 알려주세요."

(5) 창의적 응용

- **질문 방법**

  새로운 시도나 창의적인 요리를 구상할 때, 다차원 맛의 요소를 어떻게 활용할 수 있을지 질문하세요. 전통적인 요리법을 다차원적으로 해석하거나, 새로운 맛의 조합을 실험해보는 과정에서 도움을 받을 수 있습니다.

- **질문 예시**

  -"다차원 맛을 활용한 창의적인 요리 아이디어를 제시해 주세요."

  -"기존 요리에 다차원 맛을 추가하여 새로운 경험을 제공할 수 있는 방법은 무엇인가요?"

(6) 문제 해결 및 혁신

- **질문 방법**

  요리나 메뉴 개발 과정에서 발생하는 문제를 해결하거나, 혁신을 이루고자 할 때 질문하세요. 다차원 맛을 활용한 창의적인 문제 해결 방법이나 새로운 맛의 개발 방안에 대해 조언을 받을 수 있습니다.

- **질문 예시**

  -"다차원 맛을 활용한 문제 해결 기법은 무엇인가요?"

  -"맛의 혁신을 이루기 위해 어떤 접근 방법을 사용할 수 있을까요?"

이러한 질문 방법을 활용하여 다차원 맛의 비밀을 깊이 있게 배우고, 이를 실질적으로 응용하는 데 도움을 받을 수 있습니다. 다양한 상황에 맞는 질문을 통해 더욱 풍부하고 다채로운 맛의 세계를 탐구해 보세요.

"다차원 맛이란 무엇인가요?"

"다차원 맛"은 맛을 단순히 하나의 차원에서 인식하는 것이 아니라, 여러 차원에서 동시에 경험하고 이해하는 개념입니다. 이 접근법은 맛을 다각도로 분석하여, 요리에서 다양한 맛 요소들이 어떻게 조화롭게 작용하는지 이해하는 것을 목표로 합니다.

다차원 맛의 각 차원:

1. **0차원 맛**: 기본적인 단맛, 짠맛, 신맛, 쓴맛, 감칠맛, 지방맛과 같은 개별적인 맛 요소들입니다.

2. **1차원 맛**: 두 가지 이상의 기본 맛이 결합하여 새로운 맛을 형성하는 단계입니다.

3. **2차원 맛**: 기본 맛의 조합에 텍스 향신료, 허브 등을 추가하여 맛의 복합성을 더하는 단계입니다.

메시지 The Secrets of Multidimensional Flavor

2. 데이터 분석을 통한 소비자 선호도와 시장 트렌드 파악 및 혁신적 맛 개발

데이터 분석은 소비자 선호도와 시장 트렌드를 정확하게 파악하여, 혁신적인 맛을 개발하는 데 필수적인 도구로 자리잡고 있습니다. 이 단원에서는 데이터를 기반으로 한 맛 개발 사례를 통해, 데이터 분석이 어떻게 실제 제품 개발에 적용되는지 학습합니다.

- **소비자 선호도 분석**

  대규모 소비자 데이터를 분석하여, 특정 맛이 어떻게 받아들여지는지 파악하고, 이를 기반으로 제품을 최적화하는 방법을 학습합니다. 예를 들어, 특정 연령대나 지역의 소비자들이 선호하는 맛 프로필을 분석하여, 그에 맞춘 신제품을 개발하는 방식입니다. 이러한 분석은 제품 개발의 초기 단계에서 소비자와의 공감을 높이고 성공 가능성을 높이는 데 도움을 줍니다.

- **시장 트렌드 예측**

  데이터 분석을 통해 시장 트렌드를 예측하고, 이러한 트렌드를 반영한 맛을 개발하는 방법을
  탐구합니다. 예를 들어, 건강식 트렌드에 맞춰 저칼로리지만 풍미가 강한 제품을 개발하는
  사례를 학습합니다. 이 과정에서 데이터는 소비자의 기대와 시장 요구에 맞춘 제품 개발의
  길잡이 역할을 하며, 혁신적인 맛을 창출하는 데 중요한 역할을 합니다.

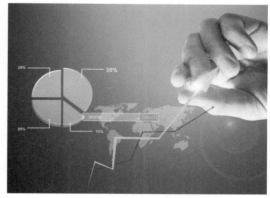

3. VR과 AR 기술을 활용한 가상 맛 체험과 새로운 맛의 가능성 탐색

가상 현실(VR)과 증강 현실(AR) 기술은 맛의 경험을 혁신적으로 변화시키고 있습니다. 이 단원
에서는 VR과 AR을 활용하여 가상으로 맛을 체험하고, 이를 통해 새로운 맛의 가능성을 탐색하는
방법을 학습합니다.

- **가상 맛 체험**

  VR 기술을 사용하여 가상 환경에서 맛을 체험하는 방법을 탐구합니다. 예를 들어, 가상의
  식사를 통해 다양한 맛을 시뮬레이션하고, 이를 통해 실제 요리 개발에 적용할 수 있는 데
  이터를 얻는 방식입니다. VR은 음식을 먹지 않더라도 시각적, 청각적 자극을 통해 맛을 상
  상할 수 있게 하여, 새로운 요리나 제품의 초기 디자인 단계에서 활용할 수 있습니다.

- **증강된 맛 경험**

  AR 기술을 활용해 실제 요리에서 가상의 맛을 덧입히는 방법을 학습합니다. 예를 들어, 실제
  음식을 보강하기 위해 가상 향신료나 재료를 추가하여, 소비자에게 더욱 풍부한 맛 경험을
  제공하는 방식입니다. 소비자는 AR을 통해 특정 재료가 없는 상황에서도 그 재료가 추가된
  것처럼 느낄 수 있으며, 이는 요리와 맛의 실험에 새로운 차원을 제공합니다.

4. 요리 및 식품 산업에서 VR과 AR의 혁신적 활용과 그 효과 분석

VR과 AR 기술이 요리 및 식품 산업에서 어떻게 혁신적으로 활용되고 있으며, 그 효과가 어떻게
나타나는지 분석합니다. 이러한 기술들이 소비자 경험을 어떻게 변화시키고, 시장에서의 경쟁력
을 높이는 데 어떤 역할을 하는지 탐구합니다.

- **요리 교육에서의 VR/AR 활용**

  VR과 AR 기술을 요리 교육에 적용하여, 학생들이 실제로 요리를 하지 않고도 다양한 기술을 배울 수 있는 방법을 탐구합니다. 예를 들어, 가상 주방에서 요리 과정을 실습하거나, 증강 현실을 통해 복잡한 조리 과정을 쉽게 이해하는 방식입니다. 이 방법은 학습자가 복잡한 조리 과정을 시각적으로 이해하고, 반복적으로 실습할 수 있는 환경을 제공하여 학습 효율을 극대화할 수 있습니다.

- **소비자 경험 향상**

  VR과 AR을 통해 소비자에게 새로운 미각 경험을 제공하는 방법을 학습합니다. 예를 들어, 레스토랑에서 AR을 통해 메뉴를 시각적으로 표시하거나, VR을 통해 식사 경험을 가상으로 재현하는 방식입니다. 이러한 기술은 소비자에게 더 풍부한 경험을 제공하고, 브랜드와 소비자 간의 감성적 연결을 강화할 수 있습니다.

5. 현재와 미래의 글로벌 푸드 트렌드

현재와 미래의 글로벌 푸드 트렌드를 분석하여, 이러한 트렌드가 식품 산업과 미식 시장에 어떤 영향을 미칠지 이해합니다. 이를 통해 다차원 맛의 개념을 어떻게 발전시키고 적용할 수 있을지 탐구합니다.

- **현재 푸드 트렌드**

  현재 글로벌 시장에서 인기 있는 푸드 트렌드를 분석합니다. 예를 들어, 식물 기반의 대체육, 지속 가능한 해산물, 저당 식품 등이 있습니다. 이러한 트렌드를 반영하여 다차원 맛을 기반으로 한 제품 개발 가능성을 모색합니다.

• Plant based protein sign

• 미래 푸드 트렌드

기술 발전과 소비자 요구 변화에 따라 등장할 미래의 푸드 트렌드를 예측합니다. 예를 들어, 맞춤형 영양 식품, 3D 프린팅 식품, 디지털 기술을 통한 맛 경험의 변화 등이 있습니다. 이러한 트렌드에 대응하는 다차원 맛의 전략적 응용을 탐구합니다.

• 3D Printed Food

6. 다차원 맛을 기반으로 한 지속 가능한 식품 개발과 혁신

다차원 맛을 활용한 지속 가능한 식품 개발과 혁신 전략을 제시합니다. 이 단원에서는 환경적으로 지속 가능하면서도 소비자에게 새로운 미각 경험을 제공할 수 있는 방법을 탐구합니다.

• 지속 가능한 재료 사용

다차원 맛을 구현하기 위해 지속 가능한 재료를 사용하는 방법을 탐구합니다. 예를 들어, 지역에서 생산된 재료를 사용하여 탄소 발자국을 줄이는 동시에, 이 재료를 다차원적으로 활용해 새로운 맛을 창출하는 방식입니다.

• 혁신적 맛 개발

환경에 미치는 영향을 최소화하면서도 소비자의 기대를 충족시키는 혁신적인 맛을 개발하는 전략을 제시합니다. 예를 들어, 식물성 대체육의 맛을 다차원적으로 강화하거나, 발효와 같은 전통적인 기술을 현대적으로 재해석하여 새로운 맛을 창출하는 방식입니다.

PART 6

결론
다차원 맛의 실현

Part 6에서는 다차원 맛의 개념이 실제로 어떻게 구현될 수 있는지에 대한 통찰을 제공합니다.

이론적 개념에서 출발한 다차원 맛은 이제 실제 조리 과정, 메뉴 개발, 그리고 식품 산업 전반에 적용될 준비가 되어 있습니다.

다차원 맛을 이해하고 실천함으로써, 요리사는 더욱 창의적이고 혁신적인 요리를 제공할 수 있으며, 소비자에게는 잊지 못할 미각 경험을 선사할 수 있습니다.

다차원 맛의 실현은 단순한 기술이 아니라, 문화와 철학을 담은 예술적 접근임을 강조하며, 이를 통해 요리의 새로운 가능성을 열어갈 것을 제안합니다.

CHAPTER 15 다차원 맛의 실용성과 응용

Unit 1 일상에서 다차원 맛을 구현하는 방법
(Implementing Multidimensional Flavor in Everyday Cooking)

1. 집에서 쉽게 다차원 맛을 구현할 수 있는 방법론

다차원 맛은 복잡한 기술 없이도 가정에서 쉽게 구현할 수 있습니다. 이 단원에서는 다차원 맛을 일상적인 가정 요리에서 활용할 수 있는 간단한 방법론을 제시합니다.

- **기본 맛의 균형 맞추기**

  가정에서 요리할 때, 0차원 맛(단맛, 짠맛, 신맛, 쓴맛, 감칠맛)의 균형을 맞추는 간단한 방법을 소개합니다. 예를 들어, 간단한 드레싱을 만들 때 신맛과 단맛의 비율을 조절하거나, 소금과 설탕을 적절히 조합하여 요리의 맛을 강화하는 방법이 있습니다.

- **기성 재료 활용**

  슈퍼마켓에서 쉽게 구할 수 있는 기성품이나 반조리 재료를 활용하여 다차원 맛을 구현하는 방법을 소개합니다. 예를 들어, 시판 소스에 허브나 향신료를 추가해 향을 더하고, 크런치한 재료를 사용해 텍스처를 더하는 방식입니다.

2. 가정 요리에서 맛의 차원을 확장하는 다양한 기술과 팁

가정 요리에서 맛의 차원을 확장하는 데 도움을 줄 수 있는 다양한 기술과 팁을 소개합니다. 이를 통해 일상적인 요리에서도 다차원 맛을 쉽게 구현할 수 있습니다.

• 간단한 발효 및 숙성 기술

가정에서도 손쉽게 시도할 수 있는 발효와 숙성 기술을 소개합니다. 예를 들어, 집에서 간단히 김치나 피클을 만들어 발효의 풍미를 더하거나, 고기를 숙성하여 깊은 맛을 구현하는 방법입니다. 이러한 과정은 시간이 지남에 따라 맛의 차원을 확장하는 효과를 제공합니다.

• 텍스처 변화 주기

같은 재료로도 다양한 텍스처를 만들어낼 수 있는 방법을 소개합니다. 예를 들어, 채소를 다양한 방식으로 조리해 바삭함과 부드러움을 동시에 구현하거나, 크림 같은 부드러운 소스에 바삭한 토핑을 추가하여 요리의 텍스처를 다차원적으로 만드는 팁을 제공합니다.

• 향신료와 허브의 창의적 사용

가정에서 흔히 사용하는 향신료와 허브를 창의적으로 조합하여 다차원적인 맛을 만들어내는 방법을 소개합니다. 예를 들어, 로즈메리와 레몬 제스트를 사용해 생선 요리에 새로운 향을 더하거나, 바질과 토마토를 조합해 신선한 맛을 강화하는 방법입니다.

CHAPTER 16 다차원 맛으로의 초대

Unit 1 독자의 요리 여정에서 다차원 맛을 활용하는 방법
(Utilizing Multidimensional Flavor in Your Culinary Journey)

1. 독자가 자신의 요리 여정에서 다차원 맛을 어떻게 활용할 수 있는지에 대한 실질적인 조언

이 단원에서는 독자가 자신의 요리 여정에서 다차원 맛을 효과적으로 활용할 수 있도록 실질적인 조언을 제공합니다. 다차원 맛은 요리를 더욱 흥미롭고 풍부하게 만드는 강력한 도구입니다.

여기서는 일상적인 요리부터 창의적인 요리에 이르기까지 다차원 맛을 적용하는 다양한 방법을 소개합니다.

- **음식의 주재료인 단백질, 탄수화물, 지방, 물, 채소의 역할**

단백질, 탄수화물, 지방, 물, 그리고 채소는 고분자 폴리머로 구성되어 있어, 우리 혀의 미뢰에서는 맛을 이온으로 인식하기 때문에 이들 자체로는 맛을 직접 느끼지 못합니다. 따라서 이들 재료에 6가지 기본 맛(단맛, 짠맛, 신맛, 쓴맛, 감칠맛, 지방 맛)과 4가지 보조 맛(아린 맛, 매운맛, 떫은맛, 시원한 맛)을 추가하고, 향미 재료를 더한 후 열을 가해야 3차원적인 풍부한 맛을 얻을 수 있습니다. 이는 요리의 깊이와 복합성을 한층 높여줍니다.

• **기본 맛의 균형 잡기**

요리의 출발점은 항상 기본 맛의 균형입니다. 단맛, 짠맛, 신맛, 쓴맛, 감칠맛과 같은 0차원 맛을 잘 조화시키는 방법을 학습하세요. 예를 들어, 소스를 만들 때 단맛과 신맛의 비율을 맞추거나, 감칠맛을 추가하여 깊이 있는 맛을 만드는 등, 각 기본 맛이 조화를 이루도록 신경 써보세요. 특히 매운맛과 신맛은 맛의 조절 변수로 작용할 수 있습니다. 매운맛은 열감과 자극을 주며, 신맛은 산미로서 요리에 신선함과 상쾌함을 더합니다. 이 두 가지 맛을 적절히 조절하는 것이 전체 맛의 균형을 맞추는 데 중요합니다.

• **향신료와 허브의 조화**

향신료와 허브를 사용하여 요리에 복합적인 향을 더하는 법을 익히세요. 특정 요리에 어울리는 향신료를 선택하고, 창의적으로 조합하여 요리의 향과 맛을 풍부하게 만들어 보세요. 예를 들어, 간단한 파스타에 바질과 오레가노를 추가해 풍미를 높이거나, 구운 채소에 커민과 고수 씨를 사용해 이국적인 맛을 더해 보세요.

• **텍스처의 다양성 추가**

요리에 다양한 텍스처를 부여하여 다차원적인 맛 경험을 제공하세요. 부드러운 크림이나 퓨레와 바삭한 토핑을 조합하거나, 육류 요리에 바삭한 채소를 곁들이는 등의 방법으로 요리의 질감을 다양화해 보세요.

2. 독창적인 요리 개발을 위한 다차원 맛의 활용 전략

독창적인 요리를 개발하기 위해 다차원 맛을 활용하는 전략을 제시합니다. 다차원 맛을 활용하면 단순한 요리에서도 새로운 맛의 가능성을 탐구할 수 있으며, 이를 통해 자신만의 시그니처 요리를 만들어낼 수 있습니다.

• **시간에 따른 맛의 변화 탐구**

4차원 맛의 개념을 활용하여 시간이 지남에 따라 맛이 변화하는 요리를 개발해보세요. 예를 들어, 발효나 숙성 과정을 통해 시간이 지날수록 깊어지는 맛을 탐구하고, 이를 활용하여 요리의 복합성을 극대화할 수 있습니다.

- **문화적 의미와 개인적 경험 반영**

  5차원 맛을 활용하여 문화적 배경과 개인적 경험을 요리에 담아보세요. 전통 요리에 현대적인 감각을 더하거나, 자신의 추억과 감정을 반영한 요리를 만들어보세요. 이를 통해 단순한 요리가 아닌, 스토리가 담긴 요리를 창출할 수 있습니다.

- **창의적 조합 실험**

  기존에 시도하지 않았던 맛의 조합을 실험해보세요. 예를 들어, 과일과 고기, 단맛과 매운맛, 바삭한 것과 부드러운 것 등 전통적인 틀에서 벗어난 조합을 시도하여 새로운 맛을 창조해보세요. 이를 통해 독창적인 요리를 개발하고, 자신만의 요리 스타일을 확립할 수 있습니다.

핵심 정리

독자의 요리 여정에서 다차원 맛을 활용하는 것은 요리를 더욱 풍부하고 창의적으로 만드는 중요한 방법입니다. 기본 맛의 균형, 향신료와 허브의 조화, 텍스처의 다양성, 그리고 시간과 문화적 요소를 반영한 맛의 변화를 탐구함으로써 독창적인 요리를 개발할 수 있는 전략을 배웁니다. 이를 통해 독자들은 요리에서 새로운 가능성을 발견하고, 자신만의 독특한 미식 경험을 창출할 수 있습니다.

Unit 2　다차원 맛의 지속적 발전과 응용 가능성

(Continuous Development and Application Potential of Multidimensional Flavor)

1. 다차원 맛의 지속적인 발전 가능성과 미래 응용 방안 탐색

다차원 맛은 현재 요리와 식품 산업에서 중요한 역할을 하고 있으며, 그 발전 가능성은 무궁무진합니다. 이 단원에서는 다차원 맛이 앞으로 어떻게 발전할 수 있을지, 그리고 이를 다양한 분야에 어떻게 응용할 수 있을지 탐색합니다.

- **기술 발전과의 융합**

  다차원 맛의 발전은 기술과의 융합을 통해 더욱 가속화될 것입니다. 예를 들어, 인공지능(AI)과 머신러닝을 활용해 새로운 맛 조합을 예측하거나, 가상 현실(VR)과 증강 현실(AR)을 활용해 소비자가 가상으로 맛을 체험하는 새로운 방식을 제시할 수 있습니다. 이러한 기술은 다차원 맛의 연구와 개발에 중요한 역할을 할 것입니다.

- **지속 가능성과의 연계**

  지속 가능한 재료와 조리 방법을 다차원 맛의 개념에 통합하는 방안을 탐구합니다. 예를 들어, 로컬 재료를 사용하거나, 환경에 미치는 영향을 최소화하는 조리법을 통해 다차원 맛을 실현하는 방법을 제시합니다. 이는 미래의 식품 산업에서 중요한 트렌드가 될 가능성이 큽니다.

다차원 맛은 요리와 식품 산업의 미래를 혁신적으로 변화시킬 잠재력을 가지고 있습니다. 이 단원에서는 다차원 맛이 식품 산업에 미칠 영향과 그 가능성에 대한 전망을 제시합니다.

• 미래 요리의 새로운 기준

다차원 맛은 미래 요리에서 새로운 기준을 제시할 것입니다. 복합적인 맛 경험을 통해 소비자의 기대를 뛰어넘는 요리를 창출하고, 이를 통해 미식 문화가 발전할 것입니다. 특히, 다양한 문화와 전통을 결합한 다차원적인 맛의 요리는 글로벌 시장에서 큰 인기를 끌 것으로 예상됩니다.

• 식품 산업의 혁신 촉진

다차원 맛은 식품 산업에서 혁신을 촉진하는 중요한 요소가 될 것입니다. 새로운 맛 조합과 조리 기술을 통해 소비자에게 더 건강하고 맛있는 선택지를 제공하는 동시에, 지속 가능한 제품 개발에 기여할 수 있습니다. 예를 들어, 식물성 대체육의 맛을 다차원적으로 강화하거나, 기능성 식품의 맛을 개선하는 방법을 탐구할 수 있습니다.

• 글로벌 시장에서의 경쟁력 강화

다차원 맛의 개념을 활용한 제품은 글로벌 시장에서의 경쟁력을 강화할 수 있습니다. 다차원적인 맛을 가진 제품은 차별화된 경험을 제공하며, 이는 소비자 충성도를 높이고 시장 점유율을 확대하는 데 중요한 역할을 할 것입니다. 이를 통해 글로벌 식품 브랜드는 새로운 시장을 개척하고, 다양한 문화적 배경을 가진 소비자들에게 어필할 수 있을 것입니다.

다차원 맛의 지속적인 발전과 응용 가능성은 요리와 식품 산업의 미래를 혁신적으로 변화시킬 잠재력을 가지고 있습니다. 기술 발전과 지속 가능성을 결합하여 새로운 맛 경험을 창출하고, 이를 통해 요리와 식품 산업의 혁신을 촉진할 수 있습니다. 또한, 다차원 맛은 글로벌 시장에서의 경쟁력을 강화하는 중요한 요소가 될 것입니다.

"다차원 맛 교육 시스템"
(Multidimensional Flavor Education System)

다차원 맛 교육 시스템은 맛의 개념을 다차원적으로 이해하고 이를 체계적으로 교육하는 혁신적인 프로그램입니다.

이 시스템은 0차원 맛에서 5차원 맛까지의 개념을 단계별로 설명하며, 각 차원을 체계적으로 학습할 수 있도록 구성되어 있습니다. 이를 통해 학생들은 기본적인 미각을 넘어서 복합적인 맛의 요소를 깊이 이해하고, 이를 바탕으로 창의적이고 혁신적인 요리와 식품을 개발할 수 있습니다.

● 시스템의 주요 구성
- **0차원 맛 교육 모듈:** 기본적인 맛의 요소를 개별적으로 학습하며, 각 맛의 특성을 이해하고 분석하는 방법을 배웁니다.
- **1차원 맛 교육 모듈:** 서로 다른 맛의 조합이 어떻게 새로운 맛을 만들어내는지에 대해 학습합니다.
- **2차원 맛 교육 모듈:** 냄새와 맛의 상호작용을 통해 복합적인 맛의 형성 과정을 이해합니다.
- **3차원 맛 교육 모듈:** 다양한 재료의 조리법과 레이어를 통해 복잡한 맛의 변화를 학습합니다.
- **4차원 맛 교육 모듈:** 시간의 흐름에 따른 맛의 변화, 숙성 및 발효 과정을 교육합니다.
- **5차원 맛 교육 모듈:** 사회적, 문화적 요소가 맛에 미치는 영향을 탐구하고, 음식과 관련된 스토리텔링과 문화를 교육합니다.

● 응용 시스템
- **교육 프로그램 개발:** 차원별 맛 교육을 위한 커리큘럼을 개발하고 실습 도구를 제공합니다.
- **디지털 교육 플랫폼:** 다차원 맛 교육을 온라인으로 진행할 수 있는 플랫폼을 개발합니다.
- **실습 및 평가 시스템:** 학습자가 각 차원의 맛에 대한 이해도를 평가할 수 있는 실습과 평가 시스템을 구축합니다.

"다차원 맛 교육 시스템"은 학생들에게 단순한 미각 교육을 넘어, 복합적인 요리와 식품 개발 능력을 습득할 수 있도록 돕는 혁신적인 교육 프로그램입니다.

다차원 맛 교육 시스템

The Secrets of Multidimensional Flavor 챗봇 소개

미래의 인공지능과 다차원 맛 탐구
The Secrets of Multidimensional Flavor GPTs의 역할과 활용법

"The Secrets of Multidimensional Flavor 챗봇"은 미식의 미래를 이끄는 혁신적 도구로, 요리의 기본적인 0차원 맛에서부터 복잡한 5차원 맛에 이르기까지의 모든 단계를 체계적으로 이해하고 구현할 수 있도록 돕습니다.

The Secrets of Multidimensional Flavor

작성자: 이종필 &

I offer a clear and structured approach to understanding culinary knowledge, from the basics of 0-dimensional and 1-dimensional tastes to the complexities of 2-dimensional, 3-dimensional, 4-dimensional, and 5-dimensional cooking.

이 GPTs는 AI와 데이터 분석 기술을 결합하여 셰프, 연구자, 그리고 식품 개발자들이 창의적인 요리 개발과 메뉴 교육, 컨설팅, 그리고 프랜차이즈 메뉴 개발까지 다양한 영역에서 새로운 가능성을 발견할 수 있도록 지원합니다.

활용 방법

1. 맛 조합 예측 및 메뉴 작성

- The Secrets of Multidimensional Flavor GPTs는 0차원에서 5차원에 이르는 맛의 복잡성을 분석하여, 각 차원에서 최적의 맛 조합을 제안합니다. 이를 통해 셰프와 요리 연구자들은 기본적인 맛의 조합에서 시작해, 복합적인 향과 질감, 그리고 시간에 따른 맛의 변화를 반영한 메뉴를 작성할 수 있습니다. GPT의 도움으로 완전히 새로운 메뉴를 창출하거나, 기존 메뉴를 혁신적으로 변형할 수 있습니다.

2. 자동화된 메뉴 개발

- 머신러닝 기술을 활용하여 다양한 맛 조합과 재료를 자동으로 분석하고, 가장 우수한 메뉴를 신속하게 개발할 수 있습니다. 이 과정에서 GPT는 0차원 맛(단맛, 짠맛 등)부터 5차원 맛(문화적, 사회적 의미를 포함한 맛)까지 모든 맛의 차원을 고려하여, 소비자가 원하는 최적의 맛 경험을 제공할 수 있는 메뉴를 제안합니다. 이로 인해 신제품 출시 주기를 단축하고, 시장의 트렌드에 신속하게 대응할 수 있습니다.

3. 메뉴 교육 및 훈련 도구로 활용

- The Secrets of Multidimensional Flavor GPTs는 요리 교육에 혁신적인 도구로 사용될 수 있습니다. 0차원 맛의 기초부터 5차원 맛의 복합성까지, 모든 맛의 차원을 체계적으로 교육하는 데 있어 이 GPT는 중요한 역할을 합니다. 학생들은 가상의 실험실에서 다양한 맛 조합을 테스트하고, GPT의 실시간 피드백을 통해 메뉴 개발 능력을 향상시킬 수 있습니다. 이로 인해 학생들은 요리의 복잡성을 깊이 이해하고, 실전에서 바로 적용할 수 있는 능력을 키울 수 있습니다.

4. 메뉴 컨설팅

- 이 GPT는 식당, 카페, 호텔 등 다양한 외식업체의 메뉴 컨설팅에도 활용될 수 있습니다. AI를 통해 시장 데이터를 분석하고, 소비자의 취향과 트렌드를 반영한 맞춤형 메뉴를 제안함으로써, 고객의 만족도를 높이고 경쟁력을 강화할 수 있습니다. 또한, GPT는 특정 지역이나 문화에 맞춘 메뉴 개발을 지원하여, 글로벌 프랜차이즈 사업에도 적합한 컨설팅 솔루션을 제공합니다.

5. 프랜차이즈 메뉴 개발

- 프랜차이즈 사업에서 메뉴의 일관성은 매우 중요합니다. The Secrets of Multidimensional Flavor GPTs는 각 매장에서 동일한 수준의 맛과 품질을 유지할 수 있도록, 표준화된 메뉴 개발을 지원합니다. 또한, 지역별 특성을 반영한 맞춤형 메뉴를 제안하여, 글로벌 프랜차이즈 사업의 성공 가능성을 높입니다. 이 GPT는 전 세계 어디서든 동일한 맛을 구현하면서도, 현지화된 메뉴를 통해 소비자의 다양성을 존중합니다.

The Secrets of Multidimensional Flavor GPTs는 단순히 맛을 조합하는 AI를 넘어, 0차원에서 5차원에 이르는 모든 맛의 차원을 탐구하고, 이를 바탕으로 혁신적인 메뉴를 개발하는 데 필수적인 도구입니다.

세프, 요리 교육자, 식품 개발자, 그리고 프랜차이즈 컨설턴트들이 이 GPTs를 활용하여 새로운 미식의 지평을 열고, 상업적 성공을 거두며, 소비자들에게 독창적이고 감동적인 맛 경험을 제공할 수 있을 것입니다.

다차원 맛의 비밀

참고 문헌

1. 고든 M. 셰퍼드(2015). 신경미각학: 뇌가 맛을 창조하는 방식. 이충원 옮김. 바이북스. 원제: Gordon M. Shepherd(2012). Neurogastronomy: How the Brain Creates Flavor and Why It Matters.

2. 김금숙, 이남수, 조성현, 이종필(2024년). 자연의 치유식탁. 백산출판사.

3. 댄 주라프스키(2015). 음식과 언어의 비밀. 조윤정 옮김. 글항아리. 원제: Dan Jurafsky(2014). The Language of Food: A Linguist Reads the Menu.

4. 데이비드 서튼(2015). 음식과 기억: 구술에서 디지털까지. 이재만 옮김. 아카넷. 원제: David Sutton(2010). Food and the Memory: From Oral to Digital.

5. 리처드 랭엄(2013). 불, 요리 그리고 인간 진화. 신좌섭 옮김. 시그마프레스. 원제: Richard Wrangham(2009). Catching Fire: How Cooking Made Us Human.

6. 이종필 외(2014). 양식조리 기능사. Dream Port.

7. 이종필 외(2015). All About SAUCES. 백산출판사.

8. 이종필 외(2016). Chef's 일식 복어조리. 백산출판사.

9. 이종필 외(2017). All About PASTA. 백산출판사.

10. 이종필 외(2019). Food Plating Technic+. 백산출판사.

11. 이종필 외(2019). Food Plating +. 백산출판사.

12. 이종필(2021). 맛의 기술. 백산출판사.

13. 이종필, 황경환(2022). Sauce Lab. 백산출판사.

14. 이종필 외(2021). 서양조리의 기술. 백산출판사.

15. 이종필(2023). 치유의 맛. 백산출판사.

16. 이종필 외(2023). 서양조리의 기술 (제3판). 백산출판사.

17. 찰스 스펜스, 베티나 피케라스-피즈만(2018). 완벽한 식사: 다감각의 과학. 임지인 옮김. 청림출판. 원제: Charles Spence & Betina Piqueras-Fiszman(2014). The Perfect Meal: The Multisensory Science of Food and Dining.

18. 페터 바람(2014). 요리의 과학: 요리 과정을 설명하는 과학적 원리. 김성훈 옮김. 이화여자대학교출판문화원. 원제: Peter Barham(2001). The Science of Cooking.

19. 해럴드 맥기(2008). 음식과 요리: 요리의 과학과 지식. 윤희영 옮김. 옥당. 원제: Harold McGee(2004). On Food and Cooking: The Science and Lore of the Kitchen.

20. 에이미 벤틀리(2017). 베이비 푸드의 탄생: 맛, 건강, 그리고 미국 식단의 산업화. 한은경 옮김. 문학동네. 원제: Amy Bentley(2014). Inventing Baby Food: Taste, Health, and the Industrialization of the American Diet.

21. 니키 세그니트(2011). 플레이버 사전: 창의적 요리를 위한 페어링, 레시피 및 아이디어. 김민정 옮김. 윌북. 원제: Niki Segnit(2010). The Flavour Thesaurus: Pairings, Recipes and Ideas for the Creative Cook.

22. Amy Bentley(2014). Inventing Baby Food: Taste, Health, and the Industrialization of the American Diet. University of California Press.

23. Charles Spence & Betina Piqueras-Fiszman(2014). The Perfect Meal: The Multisensory Science of Food and Dining. Wiley-Blackwell.

24. Dan Jurafsky(2014). The Language of Food: A Linguist Reads the Menu. W. W. Norton & Company.

25. David Sutton(2010). Food and the Memory: From Oral to Digital. Berg.

26. Elizabeth Rozin(1982). The Flavor Principle Cookbook. Little, Brown and Company.

27. Gordon M. Shepherd(2012). Neurogastronomy: How the Brain Creates Flavor and Why It Matters. Columbia University Press.

28. Harold McGee(2004). On Food and Cooking: The Science and Lore of the Kitchen. Scribner.

29. Niki Segnit(2010). The Flavour Thesaurus: Pairings, Recipes and Ideas for the Creative Cook. Bloomsbury.

30. Peter Barham(2001). The Science of Cooking. Springer.

31. Richard Wrangham(2009). Catching Fire: How Cooking Made Us Human. Basic Books.

다차원 맛의 비밀

저자소개

이종필(Jason Lee)

- 대한민국 조리기능장
- 경희대학교 조리외식경영학 박사
- NCS 푸드플레이팅 학습모듈 저자
- 『맛의 기술』 외 다수 저술
- 부천대학교 대학원 호텔외식조리학과 교수

다차원 **맛의 비밀**

2025년 3월 5일 초판 1쇄 인쇄
2025년 3월 10일 초판 1쇄 발행

지은이 이종필
펴낸이 진욱상
펴낸곳 (주)백산출판사
교 정 박시내
본문디자인 오정은
표지디자인 오정은

저자와의
합의하에
인지첩부
생략

등 록 2017년 5월 29일 제406-2017-000058호
주 소 경기도 파주시 회동길 370(백산빌딩 3층)
전 화 02-914-1621(代)
팩 스 031-955-9911
이메일 edit@ibaeksan.kr
홈페이지 www.ibaeksan.kr

ISBN 979-11-6567-996-5 93590
값 33,000원